Mojib Latif

Klimahandel

Mojib Latif

Klimahandel

Wie unsere Zukunft verkauft wird

Sonderausgabe für die Zentralen für politische Bildung.
Diese Ausgabe ist nicht zum Verkauf bestimmt.

MIX
Papier | Fördert gute Waldnutzung
FSC® C014496

www.herder.de

Umschlaggestaltung: geviert.com, Michaela Kneißl
Umschlagmotiv: © Shutter_M / shutterstock

Satz: Daniel Förster, Belgern
Herstellung: GGP Media GmbH, Pößneck

Printed in Germany

ISBN Print 978-3-451-39585-7

Inhalt

Die verkaufte Zukunft – Vorwort 9

Die Fieberkurve der Erde –
Fakten zum Klimawandel 21
Was man über das Klimaproblem wissen sollte 21
In voller Fahrt 29
Verhallende Weckrufe 39
Der verstellte Blick 52
Hitze, Dürre, Starkregen 55
Tropische Wirbelstürme 73
Erdüberhitzung 80
2-Grad-Ziel und 1,5-Grad-Ziel 86

Ein verhängnisvolles Spiel auf Zeit –
Vom Klimawandel zum Klimahandel 93
Gesundheitsrisiko Klimawandel 93
Zerstörte Landschaften 99
Unser Krieg gegen die Umwelt 106
Untätigkeit 107
Sorglosigkeit 117
Spekulationsobjekt Umwelt 121
Greenwashing 127
Endspiel 138

**Im Mahlstrom der Interessen –
Zwischen Bangen und Hoffnung** 143
Runter mit den Emissionen! 143
Keine Experimente! 149
»Save Our Souls« 156
Die globale Dimension 168
Gründe der Skepsis 189
Nagende Zweifel 193
Aufholjagd 199
Die Lage in Deutschland 205
Im Zeitalter der Polarisierungen 212
Technologischer Fortschritt 223

Anmerkungen 229

Über den Autor 240

Über das Buch 240

»Aber ist es unrealistisch zu erwarten,
dass der Mensch weise genug ist,
das zu tun, was er für sein eigenes
Wohlergehen tun muss?«

Maurice Strong auf der Stockholm-Konferenz 1972

Die verkaufte Zukunft – Vorwort

Das Jahr 2023 hat der Welt gezeigt, dass Klimaschutz keine grüne Spielwiese ist, sondern die Lebensgrundlagen auf der Erde sichert. 2023 wird in diesem Buch eine besondere Rolle einnehmen, hat es doch deutlich gemacht, wie sehr die Welt schon im Klimawandel steckt und wie bedrohlich er inzwischen bereits ist. Das Klima zu schützen und es nicht weiter aufzuheizen wäre so einfach, wenn nur die Länder zusammenarbeiten würden. Der Titel dieses Buches *Klimahandel* soll darauf aufmerksam machen, dass die Menschen hauptsächlich aus wirtschaftlichen Erwägungen heraus dabei sind, das lebensfreundliche Klima auf der Erde zu ruinieren. Es handelt sich bei dem Titel um ein Wortspiel, das die menschliche Klimabeeinflussung, den Klimawandel mit dem Welthandel verknüpft. Im Welthandel läuft so einiges schief. Er richtet sich in seiner gegenwärtigen Ausgestaltung gegen die Umwelt, wobei der prominenteste Ausdruck der Fehlentwicklungen die Erderwärmung mit all ihren Auswirkungen wie der Zunahme von Wetterextremen oder dem ansteigenden Meeresspiegel ist.

Die menschliche Zivilisation stößt allmählich an ihre Belastungsgrenzen, was wir auch in Deutschland spüren. Wir nähern uns mit großen Schritten einem Bereich mit Temperaturen an der Erdoberfläche, deren Höhe die Menschheit noch nicht erlebt hat. Wollen wir das wirklich? Wollen wir völliges Neuland betreten, eine Welt, die wir Menschen noch nicht kennengelernt haben? Ich finde, dass wir dieses Wagnis nicht eingehen sollten. Ganz im Gegenteil, die Menschen müssen alles dafür tun, den Anstieg der Temperaturen schnellstmöglich zu stoppen, der inzwischen eine seit Jahrtausenden beispiellose Geschwindigkeit erreicht hat. Die Begrenzung der globalen Erwärmung ist eine Schicksalsfrage für die Menschheit und bedeutet zuallererst eine Neuausrichtung der Funktionsweise des Welthandels. Er muss sich an Nachhaltigkeitskriterien orientieren, sollte allen Menschen auf der Erde nutzen und nicht nur einer Minderheit. Sollte die Neuausrichtung des Welthandels nicht gelingen, droht eine ökologische Katastrophe, womit ich Verhältnisse auf der Erde meine, die wir Menschen nicht mehr zu kontrollieren imstande sein würden.

Das ist schon lange keine neue Erkenntnis mehr. Lassen Sie uns dazu, liebe Leserinnen und Leser, ins Jahr 1972 zurückblicken. 1200 Delegierte aus 113 Ländern hatten sich 1972 in der schwedischen Hauptstadt auf der sogenannten Stockholm-Konferenz getroffen, um über die damals bereits eingetretenen oder in der Zukunft zu erwartenden Umweltprobleme zu sprechen und um Wege zu finden, wie man die Erde besser vor der Ausbeutung durch die Menschen schützen könne. Der Ostblock, mit Ausnahme Rumäniens, war allerdings nicht nach Stockholm angereist. Dort spielten zu der Zeit Umweltprobleme auf der politischen Agenda so gut wie keine Rolle. In Russland hat sich selbst bis zum heutigen Tag immer noch kein nennenswertes Umweltbewusstsein entwickelt. In vielen Ländern des Westens hingegen machten sich die Menschen schon damals verstärkt Sorgen um Atomkraft, Waldsterben, sauren Regen und vergiftete Flüsse und Seen. Der Klimawandel drang erst später in das Bewusstsein der Weltpolitik. Die Empfehlungen der Stockholm-Konferenz sind jedoch universell und können auf alle Umweltprobleme übertragen werden.

»Aber ist es unrealistisch zu erwarten, dass der Mensch weise genug ist, das zu tun, was er für sein eigenes Wohlergehen tun muss?« Diese so fundamental wichtige Frage, mit der dieses Buch beginnt, hatte der kanadische Diplomat Maurice Strong vor mehr als einem halben Jahrhundert auf der Stockholm-Konferenz aufgeworfen, die »Konferenz der Vereinten Nationen über die Umwelt des Menschen«, deren Generalsekretär er war.[1] Strong eröffnete die Konferenz mit einer überaus lesenswerten Rede,[2] der ich die obige Frage entnommen habe. Die Konferenz war auf schwedische Initiative hin zustande gekommen. Das Land litt unter den Auswirkungen des sauren Regens, der aus den Industriegebieten Großbritanniens und Deutschlands kam, die mit ihrer Kohleverfeuerung die Luft verschmutzten. Die Stockholm-Konferenz gilt als der Beginn der internationalen Umweltpolitik. Einige Monate vor der Konferenz hatte der Club of Rome mit dem Bericht *Die Grenzen des Wachstums* die Weltöffentlichkeit geradezu erschüttert, eine Studie, die vor nicht weniger als dem Kollaps der menschlichen Zivilisation innerhalb von hundert Jahren gewarnt hatte, sollten die Menschen die Ressourcen der Erde immer weiter ausbeuten und die Umweltzerstörung fortsetzen.[3]

Maurice Strong beschwor in seiner Eröffnungsrede das, was wir inzwischen unter dem Begriff Nachhaltigkeit verstehen, mit den Worten: »Wir sind heute zusammengekommen, um unsere gemeinsame Verantwortung für die Umweltprobleme einer Erde zu bestätigen, deren Verwundbarkeit wir alle teilen. Diese Zusammenkunft dient nicht nur uns selber, sondern auch künftigen Generationen. Denn wir treffen uns als Treuhänder für alles Leben auf dieser Erde und für das Leben in der Zukunft.« Mangelnde internationale Zusammenarbeit war damals und ist heute mehr denn je ein großes Hindernis im Hinblick auf die Bewältigung der globalen Umweltprobleme. Um es vorwegzunehmen, die Stockholm-Konferenz und all die folgenden Konferenzen haben nicht zu den gewünschten Ergebnissen geführt. Die Welt steht heute vor dem Trümmerhaufen der internationalen Umweltdiplomatie. Da gibt es nichts zu beschönigen. Das klingt hart. Aber den Grad der Herausforderung etwa bei der Begrenzung des Klimawandels scheint außerhalb der Wissenschaft kaum jemand begriffen zu haben, und entsprechend mau sind die Anstrengungen der Länder.

Maurice Strong sprach in seiner Rede von einer Umweltkrise globalen Ausmaßes, die deutlich mache, dass »wir unsere Aktivitäten nicht nur im Hinblick auf den jeweiligen Zweck und die Interessen, denen sie dienen sollen, überprüfen müssen, sondern auch im Hinblick auf ihre Auswirkungen auf alle Wechselbeziehungen, die die Qualität des menschlichen Lebens bestimmen«. Aber diese so überaus notwendige und doch eigentlich selbstverständliche Überprüfung menschlichen Handels in alle Richtungen findet bis heute so gut wie nicht statt. Unser Handeln ist nach wie vor weitgehend von Gier, Eigennutz und kurzfristigem Denken geprägt – und dies auf allen Ebenen, von der persönlichen über die unternehmerische bis zur staatlichen und zwischenstaatlichen Ebene. Die Folgen für Natur und Mensch wie auch für die zukünftigen Generationen blenden wir konsequent aus, obgleich sie entweder schon unübersehbar sind oder zumindest mit großer Sicherheit vorhersehbar. Es stellt sich daher die Frage, was uns eigentlich eine intakte Umwelt wert ist. Die seelenlose Funktionsweise des Welthandels führt zu existenziellen Problemen wie Klimawandel und Artensterben, beides Prozesse, die ungebremst voranschreiten und nicht kurzfristig, sondern nur über Jahrzehnte in den Griff zu bekommen sein werden. Der Klimawandel wird das Leben auf der Erde in den kommenden Jahrzehnten entscheidend mitprägen, weswegen gerade die junge Generation zu Recht aufgebracht ist. Sie ist es, die im Vergleich zu den jetzt an den Schalthebeln der Macht sitzenden Generation die größeren Lasten bezogen auf die Auswirkungen der Erderwärmung zu tragen haben wird, ohne dass sie viel dagegen tun könnte.

Obwohl der nachfolgende Ausspruch für Sie, liebe Leserinnen und Leser, schon ziemlich abgedroschen klingen mag, möchte ich ihn dennoch an dieser Stelle wiederholen, um die Art und Weise zu beschreiben, wie sich die Menschen seit Jahrzehnten auf der Erde verhalten: »Nach uns die Sintflut.« Jeder und jede von uns weiß, was mit dem Ausspruch gemeint ist. Die vier Worte drücken in aller Einfachheit die Gleichgültigkeit von uns Menschen gegenüber Zukünftigem aus. Das ist zwar verrückt, aber nun einmal die Realität. Wissen führt nicht zum Handeln. Wir Menschen müssen unsere Umwelt wertschätzen lernen und entsprechend handeln, wir dürfen das Wohl des Planeten nicht aus den Augen verlieren und müssen entschieden gegen diejenigen vorgehen, die glauben, dass ihnen allein die Erde gehört und sie sich ihrer Besitztümer bemächtigen können. Diese Forderungen sind im Grunde genommen selbstverständlich. Ich denke, die allermeisten von Ihnen könnten sie ohne Weiteres unterschreiben. Es bekümmert mich, diese Forderungen trotzdem seit vielen Jahren wiederholen zu müssen, wie so viele meiner Kolleginnen und Kollegen aus den unterschiedlichsten Fachdisziplinen. Wir drehen uns im Kreis und kommen in Sachen Nachhaltigkeit einfach nicht vom Fleck.

Wir verkaufen unsere Zukunft. Wir verscherbeln das, was für das Leben am allerwichtigsten ist, die günstigen Lebensbedingungen auf der Erde und damit das Wohlergehen unserer Kinder und Enkel, als wäre eine intakte Umwelt eine Ramschware, die keinen Wert besitzt und die man sich einfach neu beschaffen kann, wenn sie zerstört ist. Der Preis, den wir jetzt für die von uns angerichteten Umweltschäden zahlen, die sich beim Klima erst in einigen Jahren oder Jahrzehnten in aller Deutlichkeit zeigen werden, erscheint uns noch verlockend niedrig zu sein, weswegen uns die Belange der Umwelt nicht so wichtig sind. Der Preis, den wir für die Umweltschäden zahlen müssen, steigt aber selbst für die heutige Generation mit jedem Jahr weiter an. Die durch die globale Erwärmung verursachten Kosten explodieren förmlich, was man an den Aufwendungen für die Beseitigung von Schäden an der Infrastruktur oder die Unterstützung bestimmter Wirtschaftszweige wie die Land- und Forstwirtschaft ablesen kann. Hinzu kommt der steigende Finanzbedarf für Klimaanpassungsmaßnahmen wie Hochwasserschutz oder Deicherhöhungen. Für die Kosten müssen wir alle über unsere Steuern aufkommen. Insofern sind alle Bürgerinnen und Bürger längst von der globalen Erwärmung betroffen.

Noch funktioniert unser Gemeinwesen einigermaßen, aber wie lange wird das noch der Fall sein? Die Klimaschäden werden zunehmen wie auch die Aufwendungen für den Klimaschutz. Wir stehen schließlich in der Pflicht, unsere eigenen Klimaziele einzuhalten. Das Ansteigen des CO_2-Preises in Deutschland ist beschlossene Sache und wird für uns alle spürbar sein. Die Proteste nehmen schon zu. Niemand, so scheint es, will für eine intakte Umwelt einen finanziellen Beitrag leisten. Ist uns also die Umwelt nichts wert? Wir haben so viele Ausreden parat, wenn es um den Schutz der Umwelt geht. Es gilt das Sankt-Florian-Prinzip. Sollen doch andere erst einmal ihren Beitrag leisten. In einigen Weltregionen ist die Lage mittlerweile geradezu prekär. Zum Teil sind die Schäden nicht mehr reparabel und auch nicht mehr finanziell auszugleichen, wobei Letzteres gerade in den armen Regionen der Welt gilt. Viele Menschen sind sich dort selbst überlassen und müssen zusehen, wie sie zurechtkommen. Wie sollen sie Landwirtschaft betreiben, wenn der Regen ausbleibt oder so stark ist, dass er ganze Ernten wegspült? Die Hilfe seitens der Industrienationen, die sich schließlich ihren Wohlstand auf Kosten der Umwelt erkauft haben und hauptsächlich für den Klimawandel verantwortlich sind, ist dabei ziemlich überschaubar.

Die Menschen sind dabei, die Umwelt regelrecht zu verhökern, ein Vorwurf, der insbesondere an die reichen Länder gerichtet ist. Zahlreiche Staaten generieren ihren Wohlstand schlicht durch Umweltzerstörung, etwa durch die Förderung fossiler Brennstoffe oder die Zerstörung von Lebensraum wie die tropischen Regenwälder. Konzerngewinne und persönlicher Profit scheinen in der heutigen Zeit über alles zu gehen. Und je größer die Konzerne und je wohlhabender die Menschen sind, umso mehr Treibhausgase, die die Erde aufheizen, stoßen sie im Schnitt aus. Das reichste eine Prozent der Weltbevölkerung verursachte 2019 laut einer Analyse der Entwicklungsorganisation Oxfam 16 Prozent der weltweiten CO_2-Emissionen. Das sind so viele klimaschädliche Treibhausgase wie die fünf Milliarden Menschen, die die ärmeren zwei Drittel der Weltbevölkerung ausmachten.[4] Oxfam untersuchte in einer anderen Studie auch 125 der reichsten Milliardäre auf ihren klimatischen Fußabdruck.[5] In der entsprechenden Pressemitteilung heißt es: »Schon die Emissionen durch ihren eigenen Konsum mit Privatjets, Superjachten oder Luxusvillen betragen das Tausendfache der weltweiten Pro-Kopf-Emissionen.« Und weiter heißt es dort, »dass die untersuchten Milliardäre die Emissionsintensität ihrer Investitionen schon allein dadurch auf ein Viertel reduzieren könnten, wenn sie ihre Investitionen in Fonds mit strengeren Umwelt- und Sozialstandards verlagern würden«. Und die Reichen werden immer reicher. In einer Anfang 2024 veröffentlichten Studie erklärt Oxfam: »Seit 2020 haben die reichsten fünf Männer der Welt ihr Vermögen verdoppelt. Im gleichen Zeitraum sind weltweit fast fünf Milliarden Menschen ärmer geworden. Not und Hunger sind für viele Menschen weltweit tägliche Realität. Bei den derzeitigen Raten wird es 230 Jahre dauern, um die Armut zu beenden, aber wir könnten in einem Jahrzehnt unseren ersten Billionär haben.«[6]

Die Investitionen der 125 reichsten Milliardäre in umweltschädliche Industrien wie fossile Brennstoffe und Zement sind doppelt so hoch wie der Durchschnitt der sogenannten S&P 500-Unternehmensgruppe, die die 500 größten börsennotierten US-Unternehmen umfasst.[7,8] Es kann doch nicht angehen, dass das Klima auf dem Altar des Profits von einigen wenigen Konzernen oder Superreichen geopfert wird. Aber auch im Kleinen spielen Umweltinteressen keine große Rolle: Hauptsache die Rendite stimmt, negative Aspekte der getätigten Investments mögen vielleicht verstanden worden sein, werden aber meistens ausgeblendet. Das Weltwirtschaftssystem, in dem wir leben, scheint Umweltzerstörung förmlich herauszufordern. Wir schwelgen im Wohlstand oder in dem, was wir dafür halten, und leisten uns allerlei Luxus, bezahlen tun wir letztlich mit unserer Umwelt. Nur wird es irgendwann beispielsweise das Klima, das wir gekannt haben und das uns ernährt hat, nicht mehr geben. Zurückkaufen können wir es dann nicht mehr, egal wie viel Geld wir auf den Tisch des Hauses legen und zu welchem Verzicht wir dann bereit sein sollten.

Ich habe stets betont, dass wir die gewaltigen Herausforderungen, wie zum Beispiel die Klimakrise oder das Artensterben, denen sich die Menschheit gegenübersieht, nicht in Isolation werden lösen können. Die zahlreichen Umweltprobleme sind schlicht die verschiedenen Symptome des Mangels an Nachhaltigkeit. Die damalige indische Ministerpräsidentin Indira Gandhi beschrieb es 1972 auf der Stockholm-Konferenz mit den folgenden Worten: »Das Leben ist eins, und wir haben nur diese eine Erde. Alles ist miteinander verknüpft: Bevölkerungsexplosion, Armut, Unwissenheit, Krankheit, Umweltverschmutzung, die Ansammlung von nuklearen, biologischen und chemischen Waffen. Ein Teufelskreis! Jedes Thema ist wichtig, aber es wäre vergebliche Mühe, jedes einzeln zu behandeln.« So ist es, Frau Gandhi! Wir müssen deswegen vom System her denken, das sich die Menschen geschaffen haben, welches nur dann gut funktionieren kann, wenn es Gerechtigkeit und ein gutes Miteinander der Menschen garantiert. Gerade beim Wirtschaftssystem ist dies nicht der Fall. Der zweifache Grimme-Preisträger Florian Opitz nennt es mit seiner Dokumentation beim Namen. Der Film heißt *System Error*. Treffender kann man es nicht ausdrücken. Der Systemfehler wird am Ende zum Absturz des Gesamtsystems führen, weswegen wir den Fehler schnellstens abstellen müssen. Der Systemfehler besteht im scheinbaren Zwang nach Wachstum auf Kosten der natürlichen Ressourcen der Erde, wodurch immer mehr Schaden an der Umwelt angerichtet wird. »Alle sind Teil dieses Systems, und zumindest diejenigen, die in den wohlhabenden Industrieländern leben, haben es sich in diesem System gemütlich gemacht«, so lautet die Botschaft der Dokumentation.[9] Wir in den reichen Ländern wissen es, trotzdem fällt es uns schwer, daran zu arbeiten, das System zum Besseren zu verändern, obwohl wir es doch wollen. Bei vielen Menschen, mit denen ich gesprochen habe, herrscht ein Ohnmachtsgefühl vor, weil die Aufgabe zu gewaltig und damit so gut wie unlösbar erscheint.

Hinzu kommt, dass wir Menschen offenbar nicht in Frieden miteinander leben können oder wollen. Enorm viel Kraft wird in sinnlose Kriege gesteckt, die unermessliches Leid über Millionen von Menschen bringen. Da ist der Krieg im Nahen Osten, ausgelöst durch die Terrororganisation Hamas, die Israel am 7. Oktober 2023 überfallen hatte, wobei der Konflikt zwischen Israel und den Palästinensern schon seit Jahrzehnten andauert. Der Überfall Russlands auf die Ukraine vom 24. Februar 2022 hält immer noch an, und ein Ende des jetzt schon über zwei Jahre langen Krieges ist nicht in Sicht. Das sind nur zwei Beispiele. Es gibt noch weitere kriegerische Auseinandersetzungen, zum Beispiel Bürgerkriege wie die im Jemen oder Sudan. Vielleicht steht demnächst ein Überfall Chinas auf Taiwan an, womit die chinesische Regierung dem Inselstaat offen droht. Die Voraussetzungen für eine enge internationale Kooperation und damit für einen globalen Umweltschutz, wie er auf der Stockholm-Konferenz vor über 50 Jahren eingefordert worden war, stehen schlechter denn je, wenn man die aktuellen geopolitischen Entwicklungen betrachtet. Die Despoten dieser Welt scheinen gemeinsame Sache zu machen, was man anhand des Krieges Russlands gegen die Ukraine ablesen kann. Zu den direkten oder indirekten Unterstützern Russlands zählen unter anderem China, Iran, Nordkorea und die Türkei. Eine Welt ohne Frieden wird sich immer mehr Krisen gegenübersehen. Deswegen, fürchte ich, wird es keinen nennenswerten Klimaschutz geben, solange die Menschen gegen sich selbst kämpfen und nicht gemeinsam für eine bessere Welt. Treibhausgase sind äußerst langlebig, kennen daher keine Grenzen und heizen den Planeten überall auf, wenn sie erst einmal in der Atmosphäre sind. Werden die Regierenden der Welt diese Zusammenhänge jemals begreifen, oder ist das Streben nach Macht einfach zu groß? Sollte am Ende Vernunft der menschlichen Natur widersprechen?

Ich werde zu Beginn des Buches die Dinglichkeit des Klimaschutzes beschreiben, obwohl diese inzwischen hinreichend klar sein sollte. Der Handlungsdruck ist durch das Jahr 2023 mit seinen vielen extremen Wetterereignissen überdeutlich geworden, weswegen ich einen besonderen Blick auf die Ereignisse des Jahres werfen werde. So wie viele meiner Kolleginnen und Kollegen aus den Klimawissenschaften habe auch ich schon seit Jahrzehnten auf die potenziellen und teilweise katastrophalen Auswirkungen der globalen Erwärmung hingewiesen, die sich in den letzten Jahren immer offener zeigen. Das Jahr 2023 hat den bisherigen Höhepunkt in dieser Entwicklung markiert. So war es unter anderem das heißeste Jahr seit Beginn der Messungen. Die Menschen haben ihr Schicksal herausgefordert, indem sie die Wissenschaft nicht ernst genommen haben, und müssen nun die Konsequenzen des an Fahrt gewinnenden globalen Klimawandels tragen, den sie selbst verursacht haben und der sich noch etliche Jahre lang weiter fortsetzen wird, ohne dass man dem viel wird entgegensetzen können.

Einerseits, weil das Erdsystem mit Verzögerung reagiert. Und andererseits, weil die Weltwirtschaft eben auch ein träges System ist. Sie fußt auf Ressourcenverschwendung und Umweltzerstörung. Die Funktionsweise der Weltwirtschaft wird sich nicht von heute auf morgen ändern lassen. Deswegen werden in den kommenden Jahrzehnten noch mehr Treibhausgase in die Atmosphäre gelangen, die den Planeten weiter erwärmen werden. Ich werde einige Gründe diskutieren, warum wir beim globalen Klimaschutz selbst nach Jahrzehnten des Wissens über Ursachen und Folgen nicht ins Handeln kommen. Das Verzwickte beim Klimawandel ist eben, dass der Ort des Ausstoßes von Treibhausgasen unerheblich ist, weil die Gase so überaus lange in der Atmosphäre verweilen. Deswegen sind sie imstande, sich um den Erdball zu verteilen, und überall auf der Welt wirksam. Die Staaten sitzen alle im selben Boot und müssen zu ihrer aller Wohl gemeinsam gegen die globale Erwärmung vorangehen. Das ist nicht der Fall, vielmehr bestimmen nationale, meist wirtschaftlich getriebene Interessen das Handeln der Länder, weswegen wir bei der Begrenzung der globalen Erwärmung nicht so richtig vom Fleck kommen. Das ist dumm, aber die Realität, der wir uns stellen müssen. Die Menschen haben sich ein völlig unzulängliches System geschaffen, und das gilt es zu reformieren. Ideen dazu gibt es viele, sie scheitern aber vor allem an der Praxistauglichkeit. Nehmen Sie als Beispiel China, den derzeit größten Verursacher von CO_2, oder Russland, den viertgrößten Emittenten. Diesen beiden Ländern wie auch einigen anderen Ländern können Sie beispielsweise nicht mit Gerechtigkeitsargumenten kommen. Die zählen bei denen nicht.

Eines möchte ich gleich zu Beginn klarstellen: Wir sollten uns nicht der Hoffnung hingeben, dass es in den nächsten Jahren oder Jahrzehnten Technologien geben wird, mit denen man nennenswerte CO_2-Mengen aus der Atmosphäre entfernen und dadurch die globale Erwärmung verlangsamen könnte. Es wird kein Weg daran vorbeiführen, auf der einen Seite den weltweiten Ausstoß von Treibhausgasen drastisch zu verringern und auf der anderen Seite die Ökosysteme besser zu schützen oder so weit es geht wiederherzustellen, damit wir ihre Funktion als Klimaregulatoren stärken. Wenn wir auf technische Maßnahmen setzen und weiterhin unsere Energieversorgung mit fossilen Brennstoffen sichern wollen, werden wir kostbare Zeit verlieren, um die Emissionen zu senken, und wir werden Innovation in nachhaltige und damit zukunftsorientierte Technologien behindern.

Ich werde in dem Buch aber auch deutlich machen, dass es trotz der vielen Hemmnisse prinzipiell immer noch möglich wäre, eine übermäßige Aufheizung der Erde zu vermeiden, die man langläufig als Klimakatastrophe oder Klimakollaps bezeichnen würde. Ob die Welt es verhindern wird, das Klima gegen die Wand zu fahren, steht in den Sternen. Die Leitlinie für den internationalen Klimaschutz ist das Pariser Klimaabkommen aus dem Jahr 2015. Darin haben sich die Länder darauf verständigt, die globale Erwärmung auf deutlich unter 2 Grad Celsius gegenüber der vorindustriellen Zeit zu begrenzen, besser auf 1,5 Grad Celsius, wobei man als vorindustrielle Zeit üblicherweise das Mittel der Jahre 1850 bis 1900 wählt. Die Welt läuft Gefahr, die Ziele des Abkommens zu reißen. Bezogen auf das 1,5-Grad-Ziel ist dies wohl schon geschehen, worauf ich unten noch im Detail eingehen werde. Der größte Haken des Abkommens besteht darin, dass es nicht bindend ist, sondern auf freiwillige Umsetzung in den einzelnen Staaten setzt. Trotzdem gibt es winzige Zeichen der Hoffnung. Völlig tatenlos ist die Welt in den letzten Jahren eben auch nicht gewesen. Die Dynamik beim Ausbau der erneuerbaren Energien und die Steigerung der Energieeffizienz war so vor einigen Jahren nicht vorherzusehen. Die Fortschritte haben gezeigt, dass die Welt durchaus zu Veränderungen fähig ist, wenngleich diese bislang nicht ausreichen, um von einer Kehrtwende beim Klimaschutz sprechen zu können. Was vor allen Dingen fehlt, ist der politische Wille in einer auseinanderfallenden Weltgesellschaft, in der gegensätzliche Interessen dominieren.

Die Fieberkurve der Erde – Fakten zum Klimawandel

Was man über das Klimaproblem wissen sollte

Ich bekomme viele Briefe und auch jede Menge E-Mails, in denen die menschliche Klimabeeinflussung zumindest angezweifelt oder auch mit zum Teil großer Vehemenz in Abrede gestellt wird. Oft werden meine Kolleginnen und Kollegen aus der Klimaforschung und selbstverständlich auch ich als Deppen hingestellt, die von Tuten und Blasen keine Ahnung hätten. Ich frage mich, warum das so ist, obwohl doch die wichtigsten Voraussagen der Klimaforschung aus den letzten Jahrzehnten eingetroffen sind. Beispielsweise ist die globale Durchschnittstemperatur an der Erdoberfläche mit einer Rate angestiegen, wie es vor einigen Jahrzehnten prognostiziert wurde, sollten die atmosphärischen Treibhausgaskonzentrationen fortgesetzt ansteigen.

Für die Skepsis gegenüber der Klimaforschung gibt es mehrere Gründe. So haben Verschwörungserzählungen in der heutigen Zeit Konjunktur, und es wird praktisch alles angezweifelt, selbst die Gefährlichkeit des Coronavirus. Das kann mich als Klimawissenschaftler aber keineswegs beruhigen, weil ich die Gefahr sehe, dass sich unsere Gesellschaft in eine Richtung entwickelt, in der Fakten nicht mehr die Rolle im gesellschaftlichen Diskurs spielen, die sie spielen sollten. Bei einigen mag das Zweifeln schlicht auf Unwissenheit beruhen. Schließlich handelt es sich beim menschengemachten Klimawandel um komplizierte physikalische Vorgänge, die für Nichtfachleute nicht ohne Weiteres nachzuvollziehen sind. Trotzdem würde ich selber es mir nicht anmaßen, Dinge zu beurteilen, von denen ich so gut wie nichts verstehe, wie zum Beispiel die Zweckmäßigkeit der sogenannten Stringtheorie in der theoretischen Physik, um zu einer vollständigen Weltformel zu gelangen.[10] Für diejenigen unter Ihnen, die das Klimaproblem in seinen Grundzügen verstehen möchten, ist dieses Kapitel gedacht. Die sogenannten Klimaleugner, die Fakten gegenüber nicht mehr zugänglich sind und ohnehin glauben, alles besser zu wissen als die weltweit renommiertesten Klimawissenschaftlerinnen und Klimawissenschaftler, und die abstrusesten Behauptungen aufstellen, warum es auf der Erde wärmer wird, dürfen die folgenden Zeilen aber auch gerne lesen.

Die Erde wird von der Sonne ständig mit Energie beliefert. Ein Teil der Sonnenstrahlung, die bei uns ankommt, wird in den Weltraum zurückreflektiert, ein anderer Teil von der Atmosphäre etwa in der Ozonschicht absorbiert, und der Rest gelangt durch die Atmosphäre an die Erdoberfläche. Die dort ankommende Energie des Sonnenlichts erwärmt die Land- und Meeresregionen, die ihrerseits Wärme in Form von Infrarotstrahlung in die Richtung des Weltraums aussenden.[11] Einige Gase in unserer Atmosphäre, Treibhausgase genannt, die nur einen äußerst geringen Anteil an der Atmosphäre besitzen, verhindern, dass der Großteil der von der Erdoberfläche ausgesendeten Infrarotstrahlung direkt in den Weltraum entweicht. Die Treibhausgase absorbieren die von der Erdoberfläche kommende Wärmestrahlung und senden ihrerseits wiederum Infrarotstrahlung in alle Richtungen aus, auch in Richtung der Erdoberfläche. Im Endeffekt wirken die Treibhausgase so ähnlich wie eine Decke, die Wärme am Körper hält. Eine andere Analogie wäre das Treibhaus. In diesem Bild übernehmen die Treibhausgase die Rolle des Glases. Daher rührt auch der Name Treibhauseffekt.

Der Treibhauseffekt hält die Erdoberfläche warm genug, um Leben zu ermöglichen. Der Wasserdampf, die unsichtbare und gasförmige Phase des Wassers (H_2O), ist das wichtigste Treibhausgas und liefert mit etwa zwei Dritteln den größten Beitrag zum (natürlichen) Treibhauseffekt, gefolgt von Kohlendioxid (CO_2), Ozon, Methan und Lachgas. Die Menschen stoßen seit dem Beginn der

Industrialisierung große Mengen Treibhausgase in die Atmosphäre aus, die sich dort ansammeln. Mehr Treibhausgase in unserer Lufthülle verstärken den Treibhauseffekt, wobei man die Verstärkung durch die Menschen als den zusätzlichen oder anthropogenen Treibhauseffekt bezeichnet. Der stärkere Treibhauseffekt führt zu einem Temperaturanstieg an der Erdoberfläche über das natürliche Maß hinaus, weswegen man in diesem Zusammenhang auch von der globalen Erwärmung spricht. Darin besteht der Kern des Klimaproblems. Hierbei geht es in erster Linie um das Treibhausgas CO_2. Die Menschen emittieren derzeit ungefähr 40 Milliarden Tonnen des Gases. Das geschieht in allererster Linie durch die Verfeuerung der fossilen Brennstoffe Kohle, Erdöl und Erdgas zur Energiegewinnung. Dabei ist die Kohle global betrachtet immer noch der am meisten verbrannte fossile Energieträger, zugleich derjenige mit dem größten CO_2-Ausstoß pro Energieeinheit und der mit den größten bekannten Reserven. Der Wasserdampf wirkt als sehr wichtiges Rückkopplungsgas. Er selbst wird nicht in nennenswerten Mengen von den Menschen ausgestoßen. Der Anteil des Wasserdampfs in der Luft erhöht sich allerdings, wenn sich die Lufttemperaturen infolge des Anstiegs der anderen Treibausgase wie etwa des CO_2 erhöhen, was die Erwärmung durch die von den Menschen ausgestoßenen Treibhausgase erheblich verstärkt.

In den Jahrhunderten vor dem Beginn des Industriezeitalters war die Strahlungsbilanz der Erde in etwa ausgeglichen. Die globale Durchschnittstemperatur an der Erdoberfläche war recht stabil und nur geringen Schwankungen unterlegen. Die Temperatur ging von der Mittelalterlichen Warmzeit vor etwa tausend Jahren bis zum späten 19. Jahrhundert infolge einer etwas geringeren Sonneneinstrahlung und verstärkter Vulkanaktivität um ein paar Zehntel Grad Celsius zurück. Danach kehrte sich der Trend um und die Erde erwärmte sich, wobei sich der Erwärmungstrend mit der Zeit noch beschleunigt hat und in den letzten Jahrzehnten besonders stark gewesen ist. Inzwischen verzeichnen wir Rekordtemperaturen

(Abbildung 1). Allein in den letzten 50 Jahren hat sich die Erdoberfläche um etwa 1 Grad Celsius erwärmt, was zumindest für die letzten zwei Jahrtausende einmalig ist, für die wir sehr gute Rekonstruktionen der Temperaturen besitzen, und mit einiger Wahrscheinlichkeit selbst für die letzten hunderttausend Jahre.

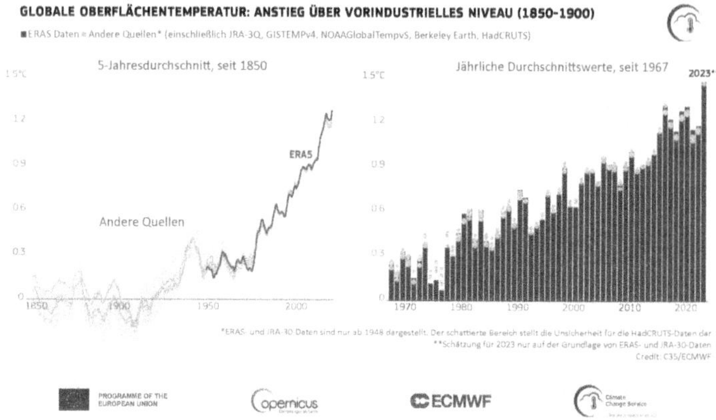

Abbildung 1: Die Temperaturen an der Erdoberfläche (°C) als Abweichung der Temperaturen in der vorindustriellen Zeit (1850–1900). Das Jahr 2023 war mit Abstand das bisher wärmste Jahr. Links seit 1850 und geglättet mit einem Fünf-Jahres-Filter (der schraffierte Bereich gibt die Unsicherheit an), rechts Jahreswerte seit 1967 (die Unsicherheit ist mit Punkten dargestellt).[12]

Nach einem deutlichen Anstieg in der ersten Hälfte des 20. Jahrhunderts kühlten sich die globalen Durchschnittstemperaturen nach 1940 um etwa 0,2 °C ab und blieben bis 1970 auf einem niedrigen Niveau; danach begannen sie wieder rasch anzusteigen. Klimaskeptiker behaupten, dass die Erwärmungspause in der Mitte des 20. Jahrhunderts von ungefähr 1940 bis 1970 nach dem Anstieg der Temperatur zu Beginn des 20. Jahrhunderts ein Beweis gegen den Einfluss von CO_2 auf die Temperatur sei. Schließlich seien die CO_2-Konzentrationen in der Zeit der Erwärmungspause weiter angestiegen, weswegen die globale Erwärmung nicht menschlichen Ursprungs sein könne. Die Abkühlung in der Mitte des Jahrhunderts ist weitgehend auf eine außergewöhnlich hohe Konzentration sogenannter Sulfataerosole in der Atmosphäre zurückzuführen, die durch industrielle Aktivitäten und durch Vulkanausbrüche freigesetzt werden. Sulfataerosole wirken sich kühlend auf das Klima aus, weil sie das Licht der Sonne streuen und ihre Energie teilweise zurück ins All reflektieren. Der Anstieg der Sulfataerosole war weitgehend der Zunahme der industriellen Aktivitäten am Ende des Zweiten Weltkriegs geschuldet. Darüber hinaus erzeugte der gewaltige Ausbruch des Vulkans Mount Agung im Jahr 1963 Aerosole, die die untere Atmosphäre um mehrere Zehntel Grad Celsius abkühlten, während die Sonnenaktivität nach einem Anstieg zu Beginn des Jahrhunderts abflachte. Die in Europa und Nordamerika eingeführten Gesetze zur Luftreinhaltung verringerten die Emissionen von Aerosolen signifikant. Als die Aerosolwerte in der Atmosphäre sanken, wurde ihre kühlende Wirkung bald durch die wärmende Wirkung der stetig ansteigenden atmosphärischen Treibhausgaskonzentrationen übertroffen. Die Erklärung der Erwärmungspause in der Mitte des 20. Jahrhunderts auf der Basis der Sulfataerosole wird nicht nur von den Beobachtungen, sondern auch von zahlreichen Klimamodellen gestützt, die den beobachteten Temperaturverlauf an der Erdoberfläche seit 1850 – trotz gegenteiliger Behauptungen aus der Klimaskeptikerszene – realistisch simulieren. Klimamodelle, die lediglich natürliche Faktoren wie die Sonnenaktivität und Vulkanausbrüche berücksichtigen, geben die Temperaturen des 20. Jahrhunderts nur ungenügend wieder und zeigen keinen nennenswerten Erwärmungstrend. Wenn die Modelle die menschlichen Treibhausgas- und Aerosolemissionen mit einbeziehen, simulieren sie die historische Temperaturentwicklung einschließlich der Erwärmungspause recht gut.

An dieser Stelle möchte ich einen kleinen Exkurs machen und die Frage erörtern, was es eigentlich mit der globalen Durchschnittstemperatur auf sich hat, die im Zentrum der Debatte steht. Ich bekomme des Öfteren zu hören, dass es aus verschiedenen Gründen nicht sinnvoll sein kann, eine Durchschnittstemperatur für die gesamte Erdoberfläche zu definieren. Das Konzept einer über den ganzen Globus gemittelten Temperatur mag in der Tat seltsam erscheinen. Schließlich können sich zu einem Zeitpunkt die höchste und die niedrigste Temperatur an der Erdoberfläche um zig Grade Celsius voneinander unterscheiden. Die Temperaturen schwanken von Nacht zu Tag und zwischen den jahreszeitlichen Extremen in der nördlichen und südlichen Hemisphäre. Das bedeutet, dass einige Teile der Erde recht kalt sein können, während es in anderen Teilen unerträglich heiß ist. Von einer durchschnittlichen Temperatur zu sprechen, mag daher auf den ersten Blick als unsinnig erscheinen. Das Konzept einer globalen Durchschnittstemperatur ist jedoch praktisch, um vergangene Veränderungen im Energiehaushalt der Erde zu erkennen. Wenn die einfallende Sonnenenergie durch einen gleich großen Wärmeverlust in den Weltraum ausgeglichen ist, befindet sich die Erde im Strahlungsgleichgewicht, und die globale Temperatur ist relativ stabil. Alles, was die Menge der ein- oder ausgehenden Energie erhöht oder verringert, stört das Strahlungsgleichgewicht der Erde; die global gemittelte Temperatur steigt oder fällt daraufhin, wobei es wegen der trägen Meere eine Zeitverzögerung gibt. Der Anstieg der Treibhausgase in der Atmosphäre durch menschliche Aktivitäten hat in den letzten Jahrzehnten zu einer positiven Imbalance im Energiehaushalt der Erde geführt, die durch Satellitenmessungen belegt ist und einen Anstieg der Durchschnittstemperatur an der Erdoberfläche nach sich ziehen muss, die wir auch beobachten. Schließlich sei erwähnt, dass die Definition einer Durchschnittstemperatur auch für politische Verhandlungen sehr hilfreich ist.

Der Grund für die globale Erwärmung der letzten Jahrzehnte ist demnach der Ausstoß von Treibhausgasen durch die Menschen, hauptsächlich von CO_2, dessen kumulativer Klimaeffekt sich jetzt in aller Deutlichkeit zeigt. Der Gehalt des Gases in der Atmosphäre ist beispiellos in der Geschichte der Menschheit. Die CO_2-Werte, die wir heute in der Luft messen, gab es zuletzt vermutlich vor 14 Millionen Jahren.[13] Allein dieser Sachverhalt sollte uns Menschen wachrütteln. Wir nehmen die Information aber nur stoisch zur Kenntnis, wohlwissend, dass in der Vergangenheit sehr hohe Treibhausgaskonzentrationen auch Phasen sehr hoher Temperaturen an der Erdoberfläche gewesen sind.

Der Anteil des CO_2 in der Atmosphäre erreicht Jahr für Jahr historische Höchststände, obwohl dessen Konzentration schon seit Jahrzenten weit außerhalb der natürlichen Schwankungsbreite während der letzten Jahrmillionen liegt. Auch die Anstiegsrate des atmosphärischen CO_2-Gehalts, in der Wissenschaft als CO_2-Wachstumsrate bezeichnet, ist einmalig. Der CO_2-Gehalt der Luft ist um etwa 50 Prozent gegenüber der vorindustriellen Zeit angestiegen. Zum Vergleich: Die atmosphärische Kohlendioxidkonzentration lag in den 10 000 Jahren vor der industriellen Revolution recht konstant bei ungefähr 280 ppm.[14] Heute messen wir schon ca. 420 ppm. Das scheint aber kaum jemanden zu interessieren. Der Anstieg der Treibhausgase in der Atmosphäre ist den Medien kaum noch eine Nachricht wert, obwohl uns Menschen ob der ihresgleichen suchenden Veränderung in der Zusammensetzung der Atmosphäre die Alarmglocken läuten müssten.

Daten für sich allein erzeugen halt keine Gefühle oder Emotionen und führen deswegen auch nicht notwendigerweise zum Handeln. Bei Fieber fühlen wir Menschen uns schlecht, weswegen wir im Allgemeinen Maßnahmen ergreifen, um es zu senken. Offenbar geht es der Menschheit noch nicht schlecht genug, wenn es sich um die globale Erwärmung handelt, obwohl die Erdtemperatur durch menschliche Aktivitäten im Mittel schon um mehr als ein Grad Celsius angestiegen ist und die Auswirkungen der Erwärmung deutlich spürbar sind. Das Klimaproblem ist so gesehen tatsächlich so etwas wie ein Test für die Weisheit der Menschen, wie es Maurice Strong 1972 in seiner Eröffnungsrede auf der Stockholm-Konferenz ausgedrückt hatte, als er die Delegierten fragte, ob die Menschen weise genug wären, das zu tun, was sie für ihr Wohlergehen tun müssten.

Die Scharlatane dieser Welt, die die menschliche Klimabeeinflussung bestreiten, sind in der öffentlichen Diskussion ziemlich präsent und vor allem laut, sodass die wissenschaftlichen Erkenntnisse in der öffentlichen Debatte unterzugehen drohen und die Gefahr besteht, dass sie als nur eine Meinung unter vielen wahrgenommen werden. Die sogenannten Argumente der Klimaleugner sind seit Jahren widerlegt, weswegen ich hier nicht weiter auf sie eingehen werde. Es hält sich jedoch hartnäckig eine Erzählung gegen die menschliche Klimabeeinflussung, die ich an dieser Stelle aufgreifen möchte, weil ich mit ihr in den letzten Jahren des Öfteren konfrontiert worden bin, unter anderem auch von Forschenden aus Disziplinen jenseits der Klimaforschung. Ein Beweis dafür, dass CO_2 nicht der Hauptgrund für die Erwärmung auf unserem Planeten ist, würde durch die zeitgleiche Erwärmung anderer Planeten und Monde in unserem Sonnensystem geliefert, obwohl diese offenkundig keine menschlichen Emissionen von Treibhausgasen hätten. Deswegen sei es die Sonne, die die Erwärmung auf der Erde verursache.

Zunächst einmal: Die Planeten und Monde, von denen behauptet wird, dass sie sich erwärmen, sind insgesamt nur acht von Dutzenden von großen Himmelskörpern in unserem Sonnensystem. Es gibt zudem bei einigen der infrage stehenden Planeten wie Mars und Jupiter überhaupt keine belastbare Beobachtungsevidenz dafür, dass sie sich tatsächlich erwärmen. Und schließlich – und das ist das gewichtigste Argument gegen die Sonne als Treiber der globalen Erwärmung – hat die Leuchtkraft der Sonne seit 1950 leicht abgenommen, und damit hat die Sonne in den letzten Jahrzehnten einen abkühlenden Effekt gehabt. Zuletzt noch diese Information: Alle äußeren Planeten in unserem Sonnensystem besitzen wesentlich längere Umlaufzeiten als die Erde. Saturn und seine Monde zum Beispiel brauchen 30 Erdjahre, um die Sonne zu umkreisen, sodass drei Jahrzehnte Beobachtungen nur einem Saturnjahr entsprechen. Uranus hat eine 84-jährige Umlaufbahn und eine Achsneigung von 98 Grad, sodass seine Jahreszeiten extrem sind. Der Planet dreht sich wie ein umgekippter Kreisel. Das bedeutet, dass die Sonne manchmal direkt über den Polen steht. Neptun schließlich hat seit seiner Entdeckung im Jahr 1846 gerade mal etwas mehr als eine Umlaufbahn um die Sonne vollendet. Die Klimaveränderungen auf den äußeren Planeten unseres Sonnensystems können also schlicht jahreszeitlicher Natur sein.

Halten wir fest: Die globale Erwärmung, die wir seit Beginn des Industriezeitalters beobachten, ist durch den Ausstoß von Treibhausgasen durch die Menschen verursacht. Oftmals haben die angeblichen Beweise gegen den menschlichen Einfluss einfach nur den Anschein von Wissenschaftlichkeit, bei denen einem bei näherer Betrachtung die Haare zu Berge stehen. All die sogenannten Beweise, die den Faktor Mensch bei der Erklärung der globalen Erwärmung wegzudiskutieren versuchen, halten einer wissenschaftlichen Überprüfung nicht stand, stammen aus dubiosen Quellen[15] und nicht aus der wissenschaftlichen Literatur, beruhen auf der Fehlinterpretation von Messdaten, oder sie sind das Resultat von falschen Annahmen in den Berechnungen oder haarsträubenden physikalischen Fehlern.

In voller Fahrt

Der Großteil der globalen Erwärmung von inzwischen deutlich mehr als 1 Grad Celsius gegenüber der vorindustriellen Zeit wurde in den letzten Jahrzehnten beobachtet (Abbildung 1). Das Jahr 2023 ragte dabei in fast jeder Hinsicht heraus und hatte es wirklich in sich. Es war ein Warnsignal für die Welt im Hinblick auf die

Dringlichkeit von Klimaschutzmaßnahmen – und ein ganz besonders lautes dazu. So war 2023 auch das Jahr mit den bisher historisch höchsten fossilen CO_2-Emissionen.[16] Es war darüber hinaus das Jahr mit der heißesten Durchschnittstemperatur an der Erdoberfläche seit Beginn der flächendeckenden Messungen 1850. Die Temperatur hatte am 17. November 2023 die 2-Grad-Marke übertroffen, wie das europäische Erdbeobachtungsprogramm Copernicus mitteilte.[17] Dieser Novembertag war der allererste Tag überhaupt, an dem die globale Durchschnittstemperatur um 2 Grad Celsius über dem vorindustriellen Niveau gelegen hatte. 2 Grad ist die Grenze, die nach den Erkenntnissen der Wissenschaft besser nicht dauerhaft überschritten werden sollte, um unliebsame Überraschungen wie zum Beispiel das Überschreiten von Kipppunkten zu vermeiden, deren Eintrittswahrscheinlichkeit ab einer globalen Erwärmung von 2 Grad Celsius extrem zunehmen würde. Aus diesem Grund steht die 2-Grad-Grenze auch als Hauptziel im Pariser Klimaabkommen aus dem Jahr 2015. Das Abkommen scheint allerdings bis zum heutigen Tag von den Staaten nicht so richtig ernst genommen zu werden, obwohl sie es doch unterschrieben hatten. Die Länder spielen eine Art Klimamikado. Die meisten Länder sehen in keiner Weise ein, dass gerade ihr Land jetzt Klimaschutzanstrengungen unternehmen sollte, und warten darauf, dass andere Länder den Anfang machen. Die Folge dieser Untätigkeit sind die immer weiter ansteigenden Treibhausgaskonzentrationen in der Atmosphäre und die unvermindert voranschreitende Erderwärmung.

Die lauen Klimaschutzanstrengungen der Länder haben vielfältige Gründe, wobei einer von ihnen die natürliche Variabilität des Klimas ist. Viele Menschen, darunter auch einige führende Politikerinnen und Politiker, haben immer noch den Eindruck, dass es mit der Erderwärmung nicht so weit her sein kann. Schließlich kommen doch immer noch recht kalte Temperaturen vor. Man wundert sich beispielsweise auch, wenn die Temperaturen an der Erdoberfläche ein paar Jahre lang nicht ansteigen. Macht die Klimaerwärmung eine Pause oder hat sie vielleicht ganz aufgehört? Umgekehrt stellt sich vielen Menschen die Frage, ob sich die Klimaerwärmung nach einem besonders warmen Jahr beschleunigt hat. Letzteres war gerade 2023 der Fall, als neue Rekordtemperaturen an der Erdoberfläche im Gebietsmittel vieler Länder und auch bei uns in Deutschland gemessen wurden. Viele Menschen waren in Sorge, ob vielleicht ein Kipppunkt überschritten worden sei, und auch die Medien thematisierten die Frage einer sich beschleunigenden Erderwärmung. Ich sehe derzeit weder das eine noch das andere, d. h. für mich läuft die globale Erwärmung nach »Plan«, also so, wie es von den Klimamodellen schon vor vielen Jahren unter der Annahme weiter ansteigender atmosphärischer Treibhausgaskonzentrationen vorhergesagt worden war.

Es ist gar nicht so lange her, als in der Öffentlichkeit heftig über den sogenannten Stopp der globalen Erwärmung gestritten wurde, wobei es in der Wissenschaft diese Kontroverse überhaupt nicht gegeben hatte. In der Debatte ging es um eine Phase relativ stagnierender Oberflächentemperaturen zwischen 1998 und 2013, die angeblich der Erderwärmung durch die Menschen widersprochen hätte. Die Debatte wurde hauptsächlich von Klimawandelleugnern angeführt, um die Notwendigkeit von Klimaschutzmaßnahmen in Abrede zu stellen. Und auch aus Teilen der Politik und Wirtschaft wurden Zweifel laut: Die Wissenschaft hätte sich geirrt, die Karten wären neu gemischt, so war es zu vernehmen. Mit den Temperaturrekorden an der Oberfläche ab 2014 fiel dann der Mythos des Stopps der globalen Erwärmung in sich zusammen, wie es auch die Abbildung 1 dokumentiert. Ein paar Jahre sagen eben kaum etwas über die langfristige Klimaentwicklung aus. Trotzdem sind viele Menschen und auch Medien versucht, jedes Ereignis, und sei es noch so kurzfristig, in Zusammenhang mit der globalen Erwärmung zu bringen.

Woran kann die Wissenschaft festmachen, dass sich die Erderwärmung beständig weiterentwickelt, auch wenn wir persönlich wegen des ständigen Aufs und Abs der Temperaturen an der Erdoberfläche vielleicht gar nicht das Gefühl haben, dass dies der Fall ist? Es gibt eine Reihe von Indizien und Parametern, mit denen man die voranschreitende Klimaerwärmung dokumentieren kann. Die dicht aufeinander folgenden Wetterrekorde, die wir in diesem Jahrtausend verzeichnen und die die alten, zum Teil nicht lange zurückliegenden Rekorde bei weitem übertroffen haben, sind schon für sich genommen ein klares Indiz für die außergewöhnliche Klimaentwicklung, die sich gerade vollzieht. Neben der durchschnittlichen Temperatur an der Erdoberfläche und der Zunahme der Wetterextreme sind auch die schwindenden Eismassen wie die Gebirgsgletscher, die weniger hektisch auf die ansteigenden Temperaturen reagieren, ein guter Gradmesser für die Erwärmung der Atmosphäre.

In der Schweiz war es im August 2023 so wie in anderen Weltgegenden extrem heiß gewesen, und die Temperaturen lagen selbst in großen Höhen immer noch deutlich über dem Gefrierpunkt. Die sogenannte Nullgradgrenze, die Fläche in der Atmosphäre, auf der eine Temperatur von 0 Grad Celsius herrscht, stieg auf eine Rekordhöhe an. Die Fläche lag nach Angaben des Wetterdienstes Meteoschweiz am 21. August bei 5298 Metern.[18] Damit war der Wert der höchste in der Schweiz seit Beginn der Wetteraufzeichnungen im Jahr 1954. Der vorherige Rekord mit 5184 Metern Höhe war erst am 25. Juli 2022 aufgestellt worden. Die Nullgradgrenze ist wichtig, weil sich aus ihr die Schneefallgrenze ableiten lässt, die wiederum für die Gletscher wichtig ist. Bewegt sich die Nullgradgrenze dauerhaft nach oben, verlagert sich auch die Schneefallgrenze in größere Höhen und die Gletscher ziehen sich zurück.

Seit 2002 war in der Schweiz die Gletscherbilanz immer negativ, d.h. die Gletscher haben an Volumen verloren. Dies steht im Einklang mit der überaus starken Erwärmung in diesem Jahrtausend. 2022 schmolzen die Gletscher in den Schweizer Alpen so stark wie nie zuvor. Die Gletscher verzeichneten dann 2023 den zweitstärksten Rückgang seit Messbeginn. Im Sommerhalbjahr 2023 sind in den Schweizer Alpen ca. vier Prozent des Eisvolumens verlorengegangen. Zählt man die beiden Sommer 2022 und 2023 zusammen, gingen ungefähr zehn Prozent des Eisvolumens in den beiden Jahren verloren. Zum Vergleich: Der Rückgang im 30-Jahre-Zeitraum von 1960 bis 1990 hat in derselben Größenordnung gelegen, was die beschleunigte Gletscherschmelze während der letzten Jahre veranschaulicht. In den Wintermonaten gab es zudem nur wenig Schnee. Der Schnee ist auch deswegen wichtig, weil er als weiße, das Sonnenlicht reflektierende Decke das Gletschereis vor einer allzu starken Erwärmung schützt. Die dünne Schneedecke schmilzt im Frühsommer schneller weg und gibt das Eis der Sonnenstrahlung preis. Eine geringere Schneehöhe bedeutet also weniger Schutz. In Zukunft wird sich die Gletscherschmelze wegen der weiter steigenden Temperaturen noch beschleunigen, worin sich alle Fachleute einig sind. Bis Mitte dieses Jahrhunderts werden viele Gletscher in der Schweiz wie auch in anderen Ländern in und außerhalb Europas ganz verschwunden sein. Die Gebirgsgletscher sind das sichtbare Zeichen der Auswirkungen der globalen Erwärmung bei uns in den mittleren Breiten. Man kann förmlich zusehen, wie die Gletscher verschwinden. Inzwischen verlieren auch die kontinentalen Eisschilde in den Polarregionen, auf Grönland und in der Antarktis an Masse, Komponenten des Erdsystems, die noch sehr viel langsamer auf die Erwärmung reagieren als die Gebirgsgletscher. Trotzdem liefern die kontinentalen Eisschilde schon den größten Beitrag zum durchschnittlichen Meeresspiegelanstieg, wobei wir deren Massenverluste aus Satellitenmessungen bestimmen können.

Erwärmen tun sich nicht nur die Erdoberfläche und die unteren Schichten der Atmosphäre, mit der wir Menschen durch das Wettergeschehen in direktem Kontakt stehen und deren Veränderungen wir unmittelbar wahrnehmen können – etwa in Form von Hitzewellen oder Starkregenereignissen und eben auch in

Form von kurzfristigen Kälteperioden, die so viele Menschen verunsichern. Erwärmen tut sich das gesamte Klimasystem, zu dem auch die trägen Komponenten des Erdsystems zählen. In der Tat stammen die wichtigsten Belege für die relativ kontinuierliche Erwärmung des Klimasystems von den Langzeitmessungen aus den Weltmeeren, anhand derer wir in der Wissenschaft ablesen können, dass sich die Erderwärmung während der letzten Jahrzehnte beständig und ohne nennenswerte kurzfristige Schwankungen fortgesetzt hat.

Die Weltmeere bedecken etwa zwei Drittel der Erdoberfläche, weswegen sie schon aus diesem Grund von allergrößter Wichtigkeit für das Klima sind. Sie speichern riesige Mengen an Wärme. Wie oben beschrieben halten Treibhausgase Wärme in der Atmosphäre zurück. Das weiß inzwischen jedes Kind. Was aber kaum jemand außerhalb der Klimaforschung weiß, ist die Tatsache, dass die Weltmeere mehr als 90 Prozent der Wärme aufgenommen haben, die durch den Anstieg der Treibhausgase in der Atmosphäre im System verblieben sind. Gerade mal gut zwei Prozent der Energie sind für die Erwärmung der Atmosphäre verwendet worden. Der Rest entfällt auf die Erwärmung der Landflächen und auf die Eisschmelze. Ohne die gewaltige Wärmeaufnahme der Meere würde der Klimawandel an der Erdoberfläche deutlich schneller und noch radikaler verlaufen, als es ohnehin schon der Fall ist.

Inzwischen ist ein deutlicher Temperaturanstieg selbst in den tieferen Schichten der Ozeane messbar, wohin sich die Wärme ausbreitet. Die Bestimmung des Wärmeinhalts der Weltmeere bis hinab in große Tiefen hilft uns in der Wissenschaft, die Beständigkeit der Klimaerwärmung zu dokumentieren. Die Abbildung 2 zeigt die in den Ozeanen gespeicherte Wärmemenge von der Oberfläche bis hinab zu einer Tiefe von 2000 Meter seit 1950, aufgespalten für die oberen 700 Meter und den Tiefenbereich zwischen 700 und 2000 Meter.

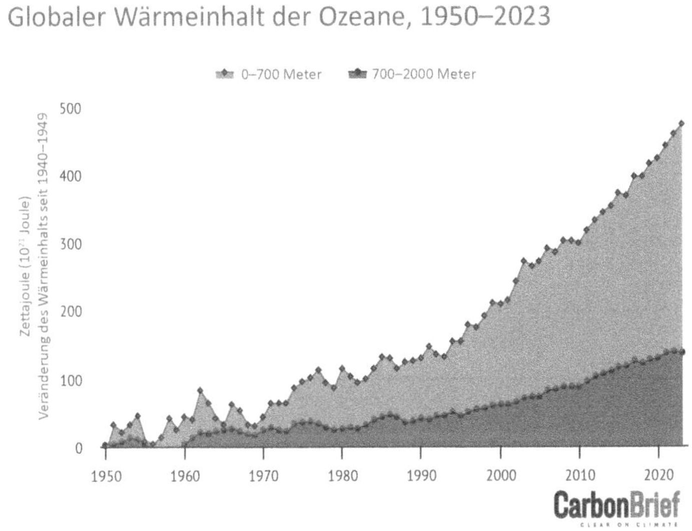

Abbildung 2: Der ozeanische Wärmeinhalt (Zettajoule, ZJ = 10^{21} J) der oberen zwei Kilometer seit 1950, aufgespalten in die oberen 700 Meter und in den Bereich 700–2000 Meter.[19]

Etwa zwei Drittel der zusätzlichen Wärme hat sich in den oberen 700 Meter angesammelt, ein nicht geringer Teil ist aber bereits in tiefere Meeresschichten gelangt. Der ozeanische Wärmeinhalt der oberen zwei Kilometer hat nahezu jedes Jahr während der letzten 30 Jahre einen neuen Höchstwert erreicht, was verdeutlicht, dass sich die Wärme im Erdsystem stetig aufgestaut hat, konsistent mit dem Anstieg der Konzentrationen der atmosphärischen Treibhausgase.[20] Der Aufwärtstrend im ozeanischen Wärmeinhalt ist mit nur relativ kleinen und hauptsächlich jahreszeitlichen Schwankungen behaftet. Deswegen ist der Wärmeinhalt der Meere der oberen zwei Kilometer ein exzellenter Parameter, um den beständigen Fortgang der Klimaerwärmung zu dokumentieren, und ein viel besserer Indikator für die Kontinuität der Erwärmung als die Erdoberflächentemperatur. Der Wärmeinhalt zeigt eine deutliche Beschleunigung nach 1991, die mit dem Anstieg der Treibhausgasemissionen in den letzten Jahrzehnten übereinstimmt.

Die in den Meeren gespeicherte Wärme hatte schon 2021 einen neuen Rekord aufgestellt. Die globale mittlere Temperatur an der Erdoberfläche hingegen war 2021 je nach Analyse nur die fünft- oder sechstwärmste seit Beginn der Aufzeichnungen,[21] was hauptsächlich auf die gleichzeitige La-Niña-Phase zurückzuführen war, ein natürliches Klimaphänomen, das alle paar Jahre auftritt, für kühle Bedingungen im tropischen Pazifik sorgt, das Wettergeschehen weltweit beeinflusst und einen dämpfenden Einfluss auf die globale Erdoberflächentemperatur ausübt.[22] Der nächste Temperaturrekord an der Erdoberfläche wurde dann erst 2023 beobachtet. Hier ein Beispiel, um Ihnen einen Eindruck von der unfassbar großen Wärmemenge zu vermitteln, die die Weltmeere jedes Jahr aus der Atmosphäre aufnehmen: 2023 hat der Wärmeinhalt der Ozeane der oberen zwei Kilometer um etwa 15 Zettajoule gegenüber 2022 zugenommen,[23] eine unermesslich große Energiemenge und ungefähr 25 Mal so viel wie die gesamte Energie, die im Jahr 2021, dem letzten verfügbaren Jahr, durch alle menschlichen Aktivitäten auf der Erde erzeugt worden ist. Man kann sich die Energiemenge auch so vorstellen: 15 Zettajoule sind ausreichend Energie, um 2,3 Milliarden Schwimmbecken von olympischer Größe (50 m Länge, 25 m Breite und 2 m Tiefe) zum Kochen zu bringen.[24]

Halten wir an dieser Stelle Folgendes fest: Der ozeanische Wärmeinhalt ist ein besseres Maß für die Entwicklung der Klimaerwärmung als die durchschnittliche Erdoberflächentemperatur. Die Ozeane sind schließlich der Ort, an dem der größte Teil der zusätzlichen Wärme landet, die durch den Anstieg der Treibhausgase im System verbleibt. Die in den Meeren gespeicherte Wärme steigt recht kontinuierlich an und schwankt von Jahr zu Jahr nur relativ wenig.

Die Meere sind alles andere als statisch, sondern sie bewegen sich bis hinab in die Tiefsee. Aus diesem Grund schwankt die Wärmemenge, die die Ozeane aus der Atmosphäre aufnehmen, bis zu einem gewissen Grad. Es spielt für den ozeanischen Wärmeinhalt keine große Rolle, ob die Meere mal etwas mehr oder weniger Wärme aus der Atmosphäre aufnehmen. Die von den Ozeanen gespeicherte Wärmemenge ist so riesengroß, dass die Unterschiede in der Wärmeaufnahme für den Wärmeinhalt nicht ins Gewicht fallen. Die Schwankungen in der ozeanischen Wärmeaufnahme spiegeln sich aber sehr wohl an der Meeresoberfläche wider und damit auch in der durchschnittlichen Erdoberflächentemperatur, weswegen sich Letztere relativ unruhig entwickelt und mit nicht geringen Schwankungen von Jahr zu Jahr behaftet ist.

Die Meereserwärmung ist Fluch und Segen zugleich. Auf der einen Seite verzögert die Wärmeaufnahme der Ozeane den Temperaturanstieg an der Erdoberfläche. Die Wärmeaufnahme hat aber auf der anderen Seite auch eine Kehrseite und führt zu einer Reihe von unerwünschten Begleiterscheinungen. Die Meereserwärmung verursacht einen Anstieg der Meeresspiegel, weil sich Wasser wie jeder Körper bei Erwärmung ausdehnt. Etwa 30 Prozent des bisherigen globalen Meeresspiegelanstiegs seit 1880 von insgesamt etwa 25 Zentimeter gehen auf die Wärmeausdehnung zurück, der Rest in großen Teilen auf die Landeisschmelze. Dabei hat der Beitrag der Landeisschmelze in den letzten Jahren deutlich zugenommen und wird in den kommenden Jahrzehnten immer bedeutender werden. Die Veränderungen des mittleren Meeresspiegels sind ein enorm wichtiger Indikator für Entwicklungen im Klimasystem, da die Meereshöhen sowohl die thermische Ausdehnung durch die Wärmeaufnahme als auch die Zunahme der Ozeanmasse aufgrund des Abschmelzens der kontinentalen Eisschilde und der Gebirgsgletscher widerspiegeln. Regional spiegeln die Meeresspiegel auch Veränderungen der Meeresströmungen wider.

Aufgeheizte Ozeane liefern zudem mehr Energie für Stürme und führen auch zu mehr heftigen Niederschlägen. Wärmere Meere verringern darüber hinaus über Eis-Ozean-Wechselwirkungen die Stabilität der kontinentalen Eisschilde auf Grönland und in der Antarktis und lassen dadurch die Meeresspiegel schneller ansteigen. Weiterhin nehmen Hitzewellen im Meer zu, die verheerende Auswirkungen auf die marine Lebenswelt haben können und beispielsweise die gefürchtete Korallenbleiche in tropischen Riffen verursachen, Ereignisse, die in den letzten Jahren schon gehäuft aufgetreten sind wie zum Beispiel im australischen Great Barrier Reef. Es steht außerdem zu befürchten, dass die Erwärmung der Ozeane die marinen Nahrungsnetze radikal verändern könnte, indem sie das Wachstum von Algen fördert und die Arten verringert, von denen sich die Menschen ernähren. Wärmere Ozeane können zudem weniger Sauerstoff aus der Atmosphäre aufnehmen, ein Trend, den man schon an dem abnehmenden Sauerstoffgehalt der Meere ablesen kann. Während mariner Hitzewellen kann es sogar zu einer extremen Sauerstoffarmut in den betroffenen Meeresregionen kommen, in denen so gut wie überhaupt kein Sauerstoff mehr vorhanden ist. Und schließlich nehmen sich erwärmende Ozeane tendenziell weniger von dem CO_2 auf, das von den Menschen in die Atmosphäre emittiert wird. In den letzten Jahren haben die Meere ungefähr ein Viertel der Emissionen absorbiert. In der Zukunft könnte ein kleinerer Anteil der anthropogenen CO_2-Emissionen in den Ozeanen landen und damit mehr in der Atmosphäre verbleiben, was zu einer Beschleunigung der globalen Erwärmung an der Erdoberfläche führen würde.

Die Meereserwärmung ist so etwas wie eine tickende Zeitbombe. Wärme, die in den tieferen Schichten der Ozeane gespeichert ist, wird über lange Zeiträume wieder freigesetzt werden, sodass die Erde in der Zukunft allein schon deswegen eine zusätzliche Erwärmung an ihrer Oberfläche erfahren wird. Ich möchte aber auch darauf hinweisen, dass die Treibhausgaskonzentrationen in der Atmosphäre im Vergleich zu der vorindustriellen Zeit schon so hoch sind und auch in den kommenden Jahrzehnten nicht zurückgehen werden, dass man die Wärme gar nicht aus dem Ozean zurück an die Oberfläche bringen muss, um eine künftige weitere Erwärmung an der Oberfläche zu erreichen – man muss nur die Wärmeaufnahme durch die Ozeane verlangsamen, und die Treibhausgase würden den Rest erledigen. Angesichts der enormen Wärmebelastung der Meere hätte selbst eine dauerhafte winzige Verringerung in der marinen Wärmeaufnahme einen erheblichen Anstieg der Erdoberflächentemperatur zur Folge.

Wenn wir über die Bewertung der aktuellen Klimaentwicklung sprechen, sollten wir die Trends in den Ozeanen unbedingt mit zu Rate ziehen, weil die Meere das Ausmaß und die Geschwindigkeit des Wandels dokumentieren.

Verhallende Weckrufe

Am 12. Februar 1979 fand in Genf die erste Weltklimakonferenz statt.[25] Die Vorstellung eines menschengemachten Klimawandels war damals nicht weit verbreitet, zumal der Winter 1978/1979 in Europa doch recht kalt war. Einige von Ihnen, liebe Leserinnen und Leser, werden noch die damalige Schneekatastrophe in Norddeutschland im Gedächtnis haben. Ich kann mich noch sehr gut an dieses Ereignis erinnern. Wir versanken im Schnee. Stürme tobten, meterhohe Schneeverwehungen blockierten Straßen und Eisenbahntrassen, Stromleitungen brachen unter der Last des Schnees zusammen, und viele Ortschaften waren von der Außenwelt abgeschnitten. An der Ostseeküste hatte man mit schwerem Hochwasser zu kämpfen. Bundeswehr und Nationale Volksarmee waren im Dauereinsatz. Helikopter übernahmen die Versorgung der Bevölkerung aus der Luft.[26] Panzer versuchten Straßen passierbar zu machen.

Dass der Mensch für eine Erwärmung des Klimas verantwortlich sein könne, klang damals in den Ohren vieler Menschen absurd. Die Welt steckte in einer Kältephase. Von globaler Erwärmung war wenig zu spüren. Dementsprechend gering war das Interesse an einer Konferenz zum Klimawandel. Immerhin kamen Wissenschaftler, Politiker und Behördenvertreter aus 53 Nationen in Genf zur ersten Weltklimakonferenz zusammen. Eingeladen hatte die Weltorganisation für Meteorologie (WMO) auf Bestreben einiger besorgter Wissenschaftlerinnen und Wissenschaftler. Die hatten in ihren Klimamodellen und in den Beobachtungen immer deutlichere Hinweise darauf gesehen, dass sich das Klima erwärmt – durch den zunehmenden Anteil von CO_2 in der Atmosphäre. Trotz aller wissenschaftlicher Aufklärungsarbeit sind die menschengemachten CO_2-Emissionen bis zum heutigen Tag weiter angestiegen und in der Folge auch die Temperaturen. Heute sind die Folgen der Erderwärmung allgegenwärtig. Der Weckruf aus der Wissenschaft, der von der ersten Weltklimakonferenz ausgegangen war, wurde lange Zeit nicht gehört.

Aber nicht allein aus Genf kam ein Weckruf. Auch die Natur hat den Menschen schon so viele Weckrufe gesendet, die bislang allesamt mehr oder weniger ungehört verhallt sind, wenn wir es an den weltweiten Klimaschutzbemühungen messen. Wir können förmlich zuschauen, wie der Klimawandel um sich greift, wie die Temperaturen steigen, die Eismassen schmelzen oder sich die Meeresspiegel erhöhen. Was sonst Jahrtausende gedauert hat, passiert auf einmal in Jahrzehnten. Die Daten sind unmissverständlich. Temperaturen von über 40 Grad Celsius beispielsweise wurden bei uns in Deutschland erst in den letzten Jahrzehnten gemessen. Daten allein aber verfangen nicht bei den Menschen. Wir geben weiterhin im wahrsten Sinne des Wortes Gas – noch nie waren die fossilen CO_2-Emissionen so hoch wie 2023 – und lassen die Treibhausgase in der Atmosphäre immer weiter ansteigen. Um allerdings eine Erdüberhitzung, d. h. eine katastrophale Klimaveränderung zu verhindern, dürften der Kohlendioxidgehalt der Atmosphäre und die Konzentration der anderen Treibhausgase nur noch geringfügig anwachsen, obwohl sie eigentlich schon zu hoch sind.

Um die notwenige Begrenzung der Treibhausgase in der Atmosphäre zu erreichen, wäre zuallererst die Weltpolitik gefragt. Schließlich handelt es sich bei der Erderwärmung um ein globales Problem. Alle Länder müssen sich ernsthaft zum Klimaschutz bekennen und sich nicht nur in Floskeln ergehen, nationale Interessen zurückstellen und gemeinsam Schritte ergreifen, um den Anstieg der Treibhausgase in der Atmosphäre zu bremsen und schließlich zum Stillstand zu bringen. Das Gegenteil ist jedoch der Fall. Jedes Land scheint nur seine eigenen kurzfristigen Interessen im Blick zu haben, egal wie sich Umwelt und Klima entwickeln. Die Natur sendet uns pausenlos Hilferufe, dass es so nicht weitergehen darf. Wie lange will die Weltgemeinschaft noch warten, bis sie daraus die notwendigen Schlüsse zieht?

Auch aus der Wissenschaft hat es zahlreiche Warnungen gegeben und einige schon Jahrzehnte vor der ersten Weltklimakonferenz 1979. Der Deutsche Meteorologe und Klimaforscher Hermann Flohn war der erste Klimatologe, der den anthropogenen Klimawandel beim Namen genannt hatte. Dafür genießt er auch heute noch – über ein Vierteljahrhundert nach seinem Tod 1997 – hohe wissenschaftliche Anerkennung. Flohn stellte als erster Forscher öffentlich eine These auf, von der wir heute wissen, dass sie stimmt: Der Klimawandel ist menschengemacht. In seiner 1941 veröffentlichten Habilitationsschrift konstatierte er: »Mit einem Fortschreiten dieser sehr langsamen Erhöhung der Temperatur muss gerechnet werden. Damit wird aber die Tätigkeit des Menschen zur Ursache einer erdumspannenden Klimaänderung, deren zukünftige Bedeutung niemand ahnen kann.«[27] Flohn hatte die CO_2-Messungen eines englischen Chemikers ausgewertet und mit anderen Daten verglichen. Die wissenschaftlichen Ergebnisse Flohns gingen in den Wirren des Zweiten Weltkriegs unter. Jahrzehnte gingen ins Land, bis die Politik wie auch die Öffentlichkeit die Warnungen von Herrmann Flohn und ihm nachfolgender Wissenschaftlerinnen und Wissenschaftler wenigstens zur Kenntnis genommen hatten.

Ich bin niemand, der die Politik so einfach verurteilt, wohlwissend, dass Politik ein Knochenjob ist und es kaum jemandem recht machen kann. Die Zeiten sind schwierig und geprägt von Krisen. Das kann aber die Untätigkeit der politisch Handelnden in den letzten Jahrzehnten nicht entschuldigen, eine Untätigkeit, die in unbestechlicher Art und Weise durch das immer noch schnelle Anwachsen der Treibhausgase in der Atmosphäre dokumentiert wird. Schon als Hermann Flohn 1941 seine Habilitationsschrift verfasst hatte, war der CO_2-Gehalt der Luft um etwa zehn Prozent gegenüber der Zeit vor der Industrialisierung angestiegen. Heute sind es 50 Prozent, was schon für sich genommen ein Alarmsignal ist. Die Politikerinnen und Politiker der Welt versagen bei der Begrenzung der globalen Erwärmung und schaffen es einfach nicht, ihren vollmundigen Ankündigungen Taten folgen zu lassen. Das sage ich nicht einfach nur so dahin. In den Daten gibt es tatsächlich keine Anzeichen dafür, dass wir in absehbarer Zeit den Anstieg der Treibhausgase in der Luft werden stoppen können. Um es konkret zu machen: Der Anstieg des CO_2-Gehalts in der Atmosphäre nimmt Jahrzehnt für Jahrzehnt zu und hat im letzten Jahrzehnt die höchste Wachstumsrate erreicht, die jemals in der Neuzeit beobachtet wurde.

Die Wahrheit, die sich daraus ergibt und die ich kaum auszusprechen wage, lautet: Wir bewegen uns beim Klimaschutz in gewisser Weise rückwärts und sind mit jedem Jahrzehnt weniger nachhaltig geworden, wobei sich Letzteres nicht nur auf das CO_2 bezieht, sondern auch auf andere Problemfelder wie die Vernichtung von Lebensraum oder den Eintrag von Plastik in die Weltmeere. In den letzten 100 Jahren bedurfte es in der Regel einer Krise globalen Ausmaßes, um die weltweiten CO_2-Emissionen sinken zu lassen. Beispiele sind die Ölkrisen in den 1970er Jahren, der Zusammenbruch der Sowjetunion Anfang der 1990er Jahre, die Weltwirtschaftskrise 2009 als Folge der globalen Finanzkrise 2008 oder zuletzt die Coronapandemie 2020. Die Krisen hatten allerdings keine grundlegende Trendwende zur Folge und führten lediglich zu kurz andauernden Rückgängen beim globalen CO_2-Ausstoß. Bei Corona war es nur das Jahr 2020, in dem die energiebedingten CO_2-

Emissionen um einige Prozentpunkte zurückgingen. Im Jahr danach stiegen die Emissionen wieder an und liegen inzwischen sogar etwas über dem Vor-Corona-Niveau.

Der Klimawandel ist in voller Fahrt, was ich im letzten Kapitel anhand der Veränderungen in den Weltmeeren verdeutlicht habe. Die Wissenschaft hat es aber nach wie vor schwer, diese Botschaft zu kommunizieren, trotz der wetterbedingten Katastrophen, die die Menschen in vielen Regionen der Erde in den letzten Jahren gehäuft heimgesucht haben, und trotz der Mahnungen aus der Wissenschaft. Die Welt handelt nur zögerlich, um den Klimawandel zu bremsen, obwohl dieser mit einem aus wissenschaftlicher Sicht atemberaubenden Tempo voranschreitet. Aussagen aus dem Umweltprogramm der Vereinten Nationen (UNEP) zum Stand der internationalen Klimaverhandlungen und zum Zustand des Klimas klingen schon fast verzweifelt. »Die Menschheit bricht beim Klimawandel alle falschen Rekorde. Die Treibhausgasemissionen und die globale Durchschnittstemperatur erreichen neue Höchststände, während extreme Wetterereignisse häufiger auftreten, sich schneller entwickeln und intensiver werden.« Diese Zeilen sind dem *Emissions Gap Report 2023*[28] (EGR 2023) entnommen. Der Bericht ist überschrieben mit den Worten »Gebrochener Rekord – Temperaturen erreichen neue Höchststände, doch die Welt versäumte es (wieder), die Emissionen zu senken«, eine Überschrift, die schonungslos beschreibt, wie unglaublich schlecht die Welt in Sachen Klimaschutz dasteht. In dem Vorwort zum EGR 2023 heißt es: »Die 2023-Ausgabe des EGR sagt uns, dass die Welt ihren Kurs ändern muss, oder wir werden im nächsten Jahr dasselbe sagen – und das Jahr darauf und das Jahr darauf, wie eine kaputte Schallplatte.«

Der EGR ist eine jährliche Reihe, die einen Überblick bietet über die Abweichung zwischen den für das Jahr 2030 prognostizierten globalen Treibhausgasemissionen und dem Stand, der entsprechend des Pariser Klimaabkommens hätte erreicht werden sollen, um die gravierendsten Auswirkungen der globalen Erwärmung abzuwenden. Allein die Existenz des EGR spricht Bände und ist eine schallende Ohrfeige für die Weltpolitik. Eigentlich bräuchte es ihn doch gar nicht, wenn die Länder das ernst nehmen würden, was sie in Paris 2015 unterzeichnet haben. Der EGR 2023 unterstrich, dass die Welt zurzeit auf einen Temperaturanstieg zusteuere, der weit über die Ziele des Pariser Abkommens hinausgehen würde, wenn die Länder nicht mehr leisteten, als sie bisher versprochen hätten zu tun. Wobei wir selbst bei dem bisher Versprochenen ein dickes Fragezeichen setzen müssen, was uns die Vergangenheit lehrt, weil internationale Umweltabkommen des Öfteren von einigen Ländern nicht eingehalten wurden.

Im *Emissions Gap Report 2022*[29] (EGR 2022) aus dem Vorjahr, der überschrieben ist mit den Worten »Das sich schließende Fenster – Die Klimakrise erfordert eine rasche Umgestaltung der Gesellschaft«, heißt es: »Angesichts der zunehmenden Auswirkungen des Klimawandels auf der ganzen Welt ist die Botschaft, dass die Treibhausgasemissionen sinken müssen, unzweideutig.« Außerdem liest man auch schon im EGR 2022, dass »die internationale Gemeinschaft die Ziele von Paris weit verfehlt und kein glaubwürdiger Pfad zur Erreichung von 1,5°C vorhanden ist«. Und weiter heißt es dort: »Nur ein dringend notwendiger systemweiter Wandel kann die Klimakatastrophe verhindern.«[30] Deutlicher als in den letzten beiden Emission Gap Reports kann man die bisher völlig unzureichende Antwort der Weltgemeinschaft auf die Herausforderungen in Verbindung mit der globalen Erwärmung nicht beschreiben. Das Jahr 2024 startete dann auch mit einem Paukenschlag. Nach Angaben des europäischen Klimawandeldienstes Copernicus war der Januar 2024 global der wärmste je gemessene Januar. Außerdem war die zurückliegende zwölfmonatige Periode von Februar 2023 bis Januar 2024 um 1,52 Grad Celsius wärmer gegenüber dem vorindustriellen Referenzzeitraum 1850 bis 1900.

Der anthropogene Klimawandel ist das prominenteste Beispiel für ein Umweltproblem, das aus dem Mangel an Nachhaltigkeit entsteht, derer es eine ganze Reihe gibt wie etwa die Luft- und Meeresverschmutzung, die Zerstörung von Lebensraum oder das Artensterben. Bekommen wir die globalen Umweltprobleme nicht in den Griff, die letzten Endes über die Qualität des menschlichen Lebens entscheiden, von der Maurice Strong 1972 in seiner Eröffnungsrede auf der Stockholm-Konferenz gesprochen hatte, werden es die Menschen zusehends schwerer haben, ein lebenswertes Dasein auf der Erde zu führen. Die mit der globalen Erwärmung direkt in Zusammenhang stehenden Ereignisse sollten uns längst aus dem Tiefschlaf gerissen haben wie auch einige Entwicklungen, die man nicht sofort mit dem Klimawandel in Verbindung bringen würde. So sind Hunger und Trinkwasserknappheit auf der Welt auf dem Vormarsch, was zum Teil auch an den Auswirkungen der globalen Erwärmung liegt. In einigen Weltregionen – wie zum Beispiel in Teilen Afrikas – haben sich die Umweltbedingungen schon derart verschlechtert, dass die Menschen gezwungen sind, ihre Heimat zu verlassen, was neben Krieg oder Armut auch ein Faktor für Migration ist. Wobei die Zahl der Klimaflüchtlinge in den kommenden Jahrzehnten deutlich anwachsen wird, weil extreme Wetterverhältnisse zunehmen werden und sich der Anstieg der Meeresspiegel beschleunigen wird.

Es hat in jüngster Zeit rund um den Globus schon so viele Weckrufe in Form von wetterbedingten Katastrophen gegeben, die ohne große Wirkung geblieben sind, weswegen die Treibhausgase in der Luft weiterhin ansteigen und sich die Temperaturen an der Erdoberfläche erhöhen. Die Regierungen vieler Länder haben offensichtlich trotz ihrer anderslautenden Bekenntnisse vor offenen Mikrofonen und laufenden Kameras andere Prioritäten als den Klimaschutz, wobei wirtschaftliche Interessen ganz oben auf der Vorrangliste stehen. Dabei handelt es sich aber nur um die Interessen der heute lebenden Generation, um es präziser auszudrücken. Ist den Menschen die Zukunft wirklich egal, wie es der Neurowissenschaftler Henning Beck formuliert hat?[31] Weil wir uns die

Zukunft nicht vorstellen können und sie deswegen für uns wie ein Fremder daherkommt, so Beck.

Das Jahr 2023 hatte zahlreiche schier unfassbare Wetterrekorde im Gepäck, von denen unten noch die Rede sein wird. Es hat uns gezeigt, was für außergewöhnlich starke Wetterereignisse bei höheren Temperaturen möglich sind. Dabei stehen wir erst am Beginn der globalen Erwärmung. Man kann mit Sicherheit davon ausgehen, dass es in den kommenden Jahrzehnten an der Erdoberfläche noch wärmer werden wird. Wie stark, das wird vom Verhalten der Menschen abhängen, weil das Klima der Zukunft hauptsächlich vom zukünftigen weltweiten Treibhausgasausstoß bestimmt wird. Mit seinen vielen wetterbedingten Katastrophen hat uns 2023 mit Nachdruck vor Augen geführt, wie sehr das Klima schon aus dem Lot geraten ist. Hitze, Dürre, Waldbrände, Starkregen und Überflutungen waren 2023 in einem Ausmaß über die Menschen gekommen wie nie zuvor seit Beginn der regelmäßigen Aufzeichnungen, und dies mit einer zum Teil ungekannten Wucht. Wie viele Weckrufe benötigt die Welt eigentlich noch, um endlich aufzuwachen und die längst überfälligen Klimaschutzmaßnahmen einzuleiten?

Das Klimaproblem scheint für uns Menschen als Herausforderung ganz und gar nicht geeignet zu sein. Das hat mehrere Gründe, zum Beispiel, dass wir Treibhausgase mit unseren fünf Sinnen nicht wahrnehmen können, was logischerweise für sich allein schon das Akzeptieren einer Krisensituation enorm erschwert. Die Krise ist in unseren Köpfen rational existent, aber emotional nicht angekommen. Hinzu kommt, dass die Auswirkungen der globalen Erwärmung erst mit einiger Zeitverzögerung eintreten, was eine Einladung zum Abwarten ist. Das Erdsystem reagiert nicht instantan, also unverzüglich auf die Erhöhung der Treibhausgase in der Atmosphäre, weswegen wir die volle Wirkung des Anstiegs ihrer Konzentrationen auf das Wettergeschehen, die kontinentalen Eismassen oder die Meeresspiegel noch gar nicht beobachten können, was ein sofortiges Handeln überhaupt nicht für dringlich erscheinen lässt. Trotz der langen Reaktionszeit des Erdsystems auf die schnell ansteigenden atmosphärischen Treibhausgaskonzentrationen sind einige klimatische Trends schon jetzt seit Jahrtausenden beispiellos wie etwa der mittlere Temperaturanstieg an der Erdoberfläche oder die Rate des durchschnittlichen Meeresspiegelanstiegs während der letzten Jahrzehnte.

Die für die Wissenschaftlerinnen und Wissenschaftler aus der Klimaforschung erschreckend schnell ansteigenden atmosphärischen Treibhausgaskonzentrationen, die immer neue Höchststände erreichenden Temperaturen mit ihren nicht mehr zu übersehenden Folgen wie Starkregenfälle nicht gekannten Ausmaßes, all die schmerzvollen Erfahrungen, die schon so viele Millionen Menschen rund um den Globus machen mussten, und die Abertausenden von Todesopfern durch Extremwetterereignisse scheinen in den Überlegungen der Länder so gut wie keine Rolle oder eine nur untergeordnete zu spielen. Nennenswertes an Klimaschutzmaßnahmen ist schwer zu finden, wenn man es an den weltweiten fossilen CO_2-Emissionen festmacht, die trotz des Pariser Klimaabkommens aus dem Jahr 2015 weiter angewachsen sind und 2023 erneut einen historischen Höchststand erreicht haben. Noch nie hatten die Menschen so viel CO_2 durch die Verbrennung von fossilen Brennstoffen ausgestoßen. Positiv ist lediglich anzumerken, dass die globalen CO_2-Emissionen nicht mehr so schnell ansteigen wie noch gegen Ende des letzten und zu Beginn dieses Jahrhunderts.

Für die meisten Menschen vollzieht sich die globale Erwärmung wahrscheinlich viel zu langsam, um eine nachhaltige Wirkung in ihren Köpfen zu entfalten. Von 1970 bis heute hat sich die durchschnittliche Temperatur an der Erdoberfläche im Schnitt um ungefähr 0,2 Grad Celsius pro Jahrzehnt erhöht. Im Zeitraum 1850–1969 waren es nur 0,02 Grad Celsius pro Jahrzehnt. Die Rate der globalen Erwärmung war demnach in den zurückliegenden gut 50 Jahren schon zehnmal größer als in den vorangegangenen Jahrzehnten. Trotzdem sind wir immer noch in einem Temperaturbereich, der sich nicht sehr weit außerhalb der natürlichen Schwankungsbreite während der letzten 10 000 Jahre befindet. Deswegen bewegen wir Menschen uns weiterhin im Wohlfühlbereich, wie ich es ausdrücken möchte, wobei das eine sehr subjektive Aussage meinerseits und dieser Bereich in keiner Weise wissenschaftlich untermauert ist. Den komfortablen Bereich werden wir aber in den kommenden Jahrzehnten verlassen, sollte die globale Erwärmung so weiter voranschreiten, wie es in den letzten Jahrzehnten der Fall war, wovon, Stand heute, auszugehen ist. In diesem Fall wäre das Klima schon gegen Mitte des Jahrhunderts eines, das die Menschheit vor enorme und fast unlösbare Herausforderungen stellen würde.

Die Zukunft ist uns aber weniger wichtig als die Gegenwart. Was wir sofort wahrnehmen, bewerten und worauf wir reagieren, ist das aktuelle Wetter. Was uns deswegen auf jeden Fall zu denken geben sollte, sind die Extremwetterereignisse, die in den letzten Jahren vielerorts zugenommen und sich zum Teil auch intensiviert haben, oder die sich erhöhenden Meeresspiegel, die die Menschen in einigen Küstenregionen schon heute vor kaum noch zu bewältigende Probleme stellen. Viele Menschen hierzulande haben ob der vielen außergewöhnlichen Geschehnisse während der letzten Jahre zu Recht ein mulmiges Gefühl und fragen sich, wo das noch hinführen soll. Aber auch dieses Gefühl scheint kaum eine Wirkung zu entfalten in dem Sinne, dass die Menschen dem Klimaschutz eine hohe Priorität einräumen würden und schon gar nicht in Krisenzeiten, in denen wir leben, was sich schließlich im politischen Handeln widerspiegelt. Die Politik reagiert nicht systematisch auf das Klimaproblem, mit zum Teil nicht durchdachten Maßnahmen, die man durchaus als Schnellschüsse bezeichnen kann, anstatt mit einer langfristigen Strategie. Zwei Schritte vor und einer zurück, so kommt es mir vor. Deswegen kommen wir im Endeffekt viel zu langsam beim Klimaschutz voran. Was uns fehlt, ist der Mut, die Welt verbessern zu wollen, und dazu braucht es Veränderungen. Das muss doch jedem und jeder von uns klar sein.

»Wer aufhört, besser zu werden, hat aufgehört, gut zu sein«, sagte einst der Industrielle und Politiker Philip Rosenthal. Noch plakativer formulierte es der Topmanager Rudolf von Bennigsen-Foerder: »Stillstand ist Rückschritt.« Die Welt wird sich aufmachen, von den fossilen Brennstoffen Abschied zu nehmen, auch wenn es noch lange dauern könnte, bis das Ziel realisiert ist. Wer bei dieser Transformation der Energiesysteme nicht vorn dabei ist, wird seinen Wohlstand verlieren. Das möchte ich all denen sagen, die gegen jede Form der Veränderung unserer Energieversorgung sind.

Wann immer sich eine bis dahin kaum für möglich gehaltene Wetterkatastrophe mit riesigen Schäden oder vielen Opfern ereignet, sind die Menschen spontan bereit, alles für den Klimaschutz zu tun. Nach nur ein paar Tagen, Wochen oder Monaten, wenn das Ereignis aus den Medien verschwunden und kein Thema mehr ist, sind die guten Vorsätze meist verflogen, bei uns Bürgerinnen und Bürgern, in der Wirtschaft und in der Politik. Dann hört man wieder die alten Glaubenssätze, dass man es mit dem Klimaschutz doch bitte nicht übertreiben solle. Man müsse die Bevölkerung mitnehmen und dürfe sie nicht überfordern, was bedeutet, dass im Wesentlichen alles so bleiben soll, wie es ist. Und dass es Klimaschutzmaßnahmen erst einmal nur in homöopathischen Dosen geben wird. Deutschland ist zu einem Land geworden, in dem Veränderungen kaum noch möglich zu sein scheinen. Wir sind ein Volk von Bedenkenträgern geworden und mit großen Ansprüchen, die aber nicht erfüllt werden können, wenn wir nicht zu systemischen Veränderungen bereit sind. Wobei ich ausdrücklich nicht die Demokratie meine. Unsere Reformunwilligkeit wird sich auch ökonomisch rächen. Wir werden wirtschaftlich den Anschluss verlieren, wenn wir bei den neuen Entwicklungen nicht vorne mit dabei sind. Irgendwann wird der Punkt kommen, an dem wir merken werden, dass wir zu lange gewartet haben, weil uns der Mut zum Aufbruch gefehlt hat. Ob es dann gelingen wird, wieder an die wirtschaftliche Weltspitze heranzukommen, ist mehr als fraglich.

Uns Menschen fehlt einfach das Gefühl für Situationen, bei denen ein unverzüglicher Handlungsbedarf besteht. So realisieren wir nicht die außergewöhnliche Geschwindigkeit des Klimawandels und damit die Bedrohungen, die mit der Erwärmung des Planeten einhergehen. Wir in der Wissenschaft sehen die Dringlichkeit von schnellen Emissionsminderungen anhand der unzähligen Messungen, die wir seit Jahrzehnten gewonnen haben und im Kontext der globalen Erwärmung interpretieren können. Für die Öffentlichkeit handelt es sich oftmals um abstraktes Zeug, das die Wissenschaft da von sich gibt und das man als Laie nicht oder nur schwer verstehen kann. Einige Menschen hängen Verschwörungserzählungen nach, wollen vielleicht gar nicht die Zusammenhänge rund um den Klimawandel verstehen und blocken sofort ab, wenn man sie ihnen erläutern möchte. Aber muss man eigentlich die Zusammenhänge rund um den Klimawandel wirklich verstehen, um die Notwendigkeit von Maßnahmen zu akzeptieren? Ich finde, das muss zumindest im Detail nicht so sein. Was es vor allem braucht, ist das Vertrauen der Bevölkerung in die staatlichen Institutionen und in die Wissenschaft.

Ich darf Ihnen versichern, dass wir in der Wissenschaft keine Eigeninteressen haben, in dem Sinne, dass wir das Klimaproblem künstlich aufbauschen oder gar erfunden haben, etwa um Forschungsgelder zu ergattern. Und von Lobbyinteressen oder der Politik sind wir schon gar nicht gesteuert, was zwar gerne von bestimmten Kreisen behauptet wird, aber jeglicher Basis entbehrt. In diesem Zusammenhang möchte ich aber auch klarstellen, dass wir in der Wissenschaft nicht allwissend sind. Natürlich gibt es Verständnislücken, zum Beispiel was die genaue Funktionsweise der Wolken anbelangt, wie auch Unsicherheiten bezüglich der zukünftigen Klimaentwicklung, insbesondere was mögliche Kipppunkte betrifft. Wer aus der Klimaforschung würde das bestreiten wollen? Auf der Habenseite können wir allerdings verbuchen, dass in den letzten Jahrzehnten in etwa das eingetreten ist, was die Wissenschaft vorausgesagt hatte, sollten die atmosphärischen Treibhausgaskonzentrationen schnell ansteigen. Ich finde, das rechtfertigt Vertrauen in die Klimaforschung und in ihre Rechenmodelle.

Mir ist durchaus bewusst, dass so manche Sachverhalte die globale Erwärmung betreffend schwer nachvollziehbar sind. Warum kann ein Gas wie CO_2 eine so wichtige Rolle im Klimageschehen spielen, wenn es doch nur einen Bruchteil eines Prozents zur Erdatmosphäre beiträgt? Was kann dann schon der Anstieg des atmosphärischen CO_2-Gehalts um 50 Prozent von vorindustriell 0,028 Prozent auf heute 0,042 Prozent bedeuten? Diese lächerlich kleine Veränderung in der Zusammensetzung der Luft soll einen wesentlichen Einfluss auf das Klima haben? Was bedeutet schon eine globale Erwärmung an der Erdoberfläche von gut 1 Grad Celsius oder ein durchschnittlicher Anstieg der Meeresspiegel um derzeit ungefähr 4,5 Millimeter pro Jahr, die wir jetzt messen? Wie oft sind mir schon diese oder ähnliche Fragen gestellt worden. Viele Menschen können mit unseren Kennzahlen nichts anfangen. Einige von ihnen machen sich über diese »irrelevanten« Veränderungen sogar lustig, was ich aus den vielen entsprechenden E-Mails ersehen kann, die ich tagtäglich bekomme. Die Vermittlung von Klimadaten und dem, was diese bedeuten, ist für mich als Wissenschaftler so unglaublich schwer, was ich selbst nach fast 40 Jahren der Klimakommunikation immer noch feststellen muss. Hinzu kommt, dass statistische Aussagen wie die Häufung von Wetterextremen schwer zu fassen sind, weil es ja auch schon vor Jahrhunderten Unwetterereignisse gegeben hat, was man zum Beispiel in Chroniken von Klöstern nachlesen kann.

Einige meiner Kolleginnen und Kollegen wie auch ich selber arbeiten hin und wieder mit Künstlerinnen und Künstlern zusammen, um die Sinne der Menschen für den Klimawandel und seine Auswirkungen zu schärfen. So habe ich an einigen Theateraufführungen mitgewirkt. Diese Art der Kommunikation funktioniert bis zu einem gewissen Grad, was ich an den Gesichtern des Publikums ablesen konnte. Die Menschen sind betroffen, aber oft nur für kurze Zeit, und gehen dann wieder ihrer ursprünglichen

Routine nach. Nachhaltig scheint mir die künstlerische Form der Klimakommunikation auch nicht zu sein in dem Sinne, dass sie lange nachwirkt. Die großen Veränderungen zur Bewältigung globaler Herausforderungen müssen ohnehin von der Weltpolitik in die Wege geleitet werden und können nicht an die Bevölkerung delegiert werden. Wir sollten den Bürgerinnen und Bürgern nicht einzureden versuchen, dass sie die Wende herbeiführen können. Das heißt nicht, dass nicht jede und jeder von uns einen Beitrag zum Klimaschutz leisten kann und auch muss. Die großen Veränderungen müssen aber von »oben« kommen, genauer gesagt von der Weltpolitik, die die Weltwirtschaft in die richtigen Bahnen lenken muss.

Die allermeisten Politikerinnen und Politiker wissen über den wissenschaftlichen Sachstand in Bezug auf den menschengemachten Klimawandel bestens Bescheid, in Deutschland und auch weltweit, was ich aus persönlichen Gesprächen weiß. Mehr kann Wissenschaft eigentlich nicht leisten. Die Umsetzung der Ergebnisse aus der Forschung obliegt letzten Endes den einzelnen Staaten und deren Legislative. Alles andere wird nicht funktionieren, es sei denn, es wird bahnbrechende technologische Innovationen im Bereich der Energiesysteme geben. Erfreuliche Fortschritte in der Entwicklung und Anwendung der erneuerbaren Energien sind durchaus erkennbar, die ich am Ende des Buches aufgreifen werde. Revolutionäre Technologien, die uns ganz schnell von allen Klimasorgen befreien würden, sehe ich aber nicht am Horizont auftauchen.

Der verstellte Blick

Eigentlich sagt einem schon der gesunde Menschenverstand, dass es bei der außerordentlich großen Zahl von Wetterrekorden in den letzten Jahren rund um den Globus nicht mehr mit rechten Dingen zugehen kann und dass natürliche Prozesse als Ursache ausscheiden. Viele Menschen lügen sich aber in die eigene Tasche. Wetterkatastrophen habe es schließlich immer gegeben. Man möge die jüngsten Extremereignisse nicht überbewerten. Insgeheim glauben diese Leute vermutlich, dass es vielleicht nicht so schlimm kommen mag, wie es die Wissenschaft für den Fall voraussagt, dass sich die Treibhausgase immer weiter in der Atmosphäre anreichern. Für derlei Zweifel gibt es wenig Anlass, weil die Vorhersagen aus der Klimaforschung im Großen und Ganzen eingetreten sind, wobei die ersten Berechnungen schon vor weit über einhundert Jahren angestellt wurden. Sorge bereitet mir, dass die Skepsis gegenüber der Wissenschaft insgesamt und vor allem gegenüber der Klimaforschung in vielen Landern zunimmt. Das gilt auch für Deutschland.

Das Wetter ist recht launisch und hält für uns so manche Überraschungen bereit. Es scheint für viele Menschen schwierig zu sein – was ich sehr gut nachvollziehen kann –, Wetter und Klima auseinanderzuhalten. Auch in der heutigen Welt, die sich in den letzten Jahrzehnten stark erwärmt hat, gibt es immer noch lokale und zeitlich begrenzte Kälteperioden, die oftmals Diskussionen in der Öffentlichkeit darüber aufkommen lassen, ob die globale Erwärmung weiterhin anhält oder ob sich die Wissenschaft vielleicht sogar hinsichtlich der menschlichen Klimabeeinflussung geirrt haben könnte. So hatte man zu Beginn des Jahres 2024 in Teilen Skandinaviens die kältesten Temperaturen seit 25 Jahren gemessen. In einigen Regionen Deutschlands war es während einiger Wochen im Sommer 2023 gemessen an den Rekordtemperaturen in den vorangehenden Sommern gefühlt etwas kühl, aber insgesamt waren nach den Auswertungen des Deutsche Wetterdienstes (DWD) die Temperaturen mit 2,3 Grad Celsius über dem Wert gegenüber der international gültigen Referenzperiode 1961–1990 immer noch deutlich zu warm. Im Vergleich zur aktuellen Vergleichsperiode 1991 bis 2020 betrug die Abweichung ziemlich genau ein Grad Celsius, wobei dieser spätere Zeitraum schon ziemlich stark durch die globale Erwärmung geprägt ist. Dabei sind die Temperaturen in Mitteleuropa inklusive Deutschlands in den letzten Jahrzehnten viel stärker als im globalen Durchschnitt gestiegen. »Seit nun 27 Jahren werden in Deutschland zu warme Sommer gemessen«, sagte DWD-Sprecher Uwe Kirsche bei der Vorstellung der Daten des Sommers 2023. »Wieder können wir den Klimawandel live erleben«, so Kirsche.[32] Dieses Statement lässt an Klarheit nichts vermissen.

Nichtsdestotrotz bekam ich auch im Sommer 2023 diese dümmlichen E-Mails mit der Frage, wo denn die globale Erwärmung geblieben sei, als es bei uns in Norddeutschland mal etwas kühl gewesen war. Hier ein Auszug aus einer dieser E-Mails, die ich am 8. August 2023 bekommen hatte: »Klima-Alarmisten sind arrogant und dumm, sagen alle Schwimmbäder. Schwimmbäder sind die wahren Klima-Experten, Professoren sind dümmer. Drohungen mit Dürre und Hitze-Sommer waren falsche Prognosen, es kam ganz anders: Sommer 2023 ist kalt und fällt ins Wasser.« So kann man sich irren, liebe Besserwisser und Besserwisserinnen. Der Sommer 2023 war viel zu warm, wie schon erwähnt. In Hamburg wurde ich an einem Tag im Sommer auf der Straße ob des kühlen, windigen und regnerischen Wetters von einer Frau angepöbelt, ob dies denn nun die globale Erwärmung sei, über die ich pausenlos spräche. Dass es ungefähr zur selben Zeit in Südeuropa eine extreme Hitzewelle mit außer Kontrolle geratenen Waldbränden gegeben hatte, von denen ich im nächsten Kapitel berichten werde, und am Polarkreis fast 30 Grad Celsius herrschten, wird bei solchen Gelegenheiten schlicht nicht wahrgenommen und von Klimaskeptikern auch gerne einfach mal unter den Tisch fallen gelassen, weil extreme Hitze nicht in ihr Zerrbild der Welt passen will. Im spanischen Valencia beispielsweise wurde am 10. August 2023 mit 46,8 Grad Celsius ein neuer Allzeittemperaturrekord gemessen. Damit war die alte »Bestmarke« aus dem Jahr 1986 um mehr als 3 Grad Celsius übertroffen worden.

Normalerweise werden Allzeittemperaturrekorde nur knapp überboten. In diesem Fall hatte eine Föhnwetterlage die Hitze noch einmal erheblich verstärkt. Dieser Sachverhalt veranschaulicht das Miteinander von langfristiger globaler Erwärmung und kurzfristigen Wetter- und Klimaschwankungen. Weder die relativ kühlen Phasen im Hochsommer 2023 bei uns in Norddeutschland noch die extrem hohen Temperaturen ganz im Norden und Süden Europas sind repräsentativ für die langfristige globale Klimaentwicklung. Einzelne Monate oder Jahre lassen im Allgemeinen keinerlei Rückschlüsse auf die langfristige Klimaentwicklung zu. Die Tatsache allerdings, dass der September 2023 bei uns in Deutschland um fast 4 Grad Celsius im Vergleich zum Mittel der Jahre 1961 bis 1990 zu warm gewesen war, ist ein deutliches Anzeichen dafür, dass wir im Begriff sind, uns klimatisch auf Neuland zu begeben. Im Vergleich zur aktuellen und wärmeren Vergleichsperiode 1991 bis 2020 betrug die Abweichung immer noch 3,4 Grad Celsius. Damit wurden die bisherigen Rekorde aus den Septembermonaten 2006 und 2016 aus meteorologischer Sicht geradezu pulverisiert. Der September 2023 war temperaturmäßig mit einem typischen Sommermonat vergleichbar. Verbreitet gab es noch einmal viele sogenannte Sommertage mit Temperaturen von 25 Grad Celsius und darüber. »Die außergewöhnlichen Temperaturen im diesjährigen Rekord-September in Deutschland sind ein weiterer Beleg dafür, dass wir uns mitten im Klimawandel befinden,« kommentierte mein Kollege Tobias Fuchs, der den Geschäftsbereich Klima und Umwelt beim Deutschen Wetterdienst leitet, die Messungen.[33]

Hitze, Dürre, Starkregen

Wir stecken schon längst tief im Klimawandel, und die Lage spitzt sich weiter zu, will heißen, dass die Fieberkurve der Erde steil nach oben zeigt (Abbildung 1). Die Auswirkungen des sich aufheizenden Planeten sind gravierend und vielfältig. So verlieren viele Menschen rund um den Globus ihr Leben allein durch die direkten meteorologischen Auswirkungen der globalen Erwärmung, Tendenz steigend. Selbst in Europa sind jedes Jahr viele Tausend Hitzetote zu beklagen. Und auch die Kosten, die die klimabedingten Schäden etwa in der Infrastruktur, der Land- und Forstwirtschaft und anderen wetteranfälligen Wirtschaftszweigen verursachen, steigen ins Unermessliche wie auch die finanziellen Aufwendungen für Klimaanpassungsmaßnahmen. Nach Angaben der Bundesregierung sind in Deutschland mindestens 145 Milliarden Euro Schäden zwischen 2000 und 2021 durch die Folgen des Klimawandels entstanden.[34] Das Geld fehlt an anderer Stelle, zum Beispiel für die Konsolidierung des Bundeshaushalts. Die so notwendigen Investitionen in Bildung, Infrastruktur und Zukunftstechnologien können auch wegen der Klimaschäden nicht oder nur im geringen Umfang getätigt werden. Je nachdem, wie die globale Erwärmung fortschreitet, werden die zukünftigen Kosten durch den Klimawandel bis 2050 auf zwischen 280 und 900 Milliarden Euro beziffert. Dabei nicht mit eingerechnet sind gesundheitliche Beeinträchtigungen, Todesfälle etwa durch Hitze oder Überflutungen, die negativen Auswirkungen auf die Ökosysteme, der Verlust von Artenvielfalt und eine schlechtere Lebensqualität, allesamt Auswirkungen, die schwer in Form von Kosten ausgedrückt werden können.

Das Jahr 2023 war im globalen Durchschnitt das heißeste Jahr an der Erdoberfläche seit Beginn der flächendeckenden Messungen. Auch in Deutschland war die Durchschnittstemperatur seit Beginn der Aufzeichnungen des Deutschen Wetterdienstes (DWD) noch nie so hoch gewesen wie 2023. Laut den Messungen des DWD lag die Temperatur 2023 bei 10,6 Grad Celsius – und damit minimal über dem Wert des Vorjahres mit 10,5 Grad Celsius. Bislang hatten die Jahre 2022 und 2018 als die beiden wärmsten Jahre seit Beginn der Wetteraufzeichnungen gegolten. Natürlich können die Rekordtemperaturen keine Überraschung sein. Schließlich steigen die atmosphärischen Treibhausgaskonzentrationen weiterhin schnell an, vor allem die Konzentration von CO_2. Dass 2023 global das wärmste Jahr seit Beginn der Messungen werden würde, war schon im Sommer des Jahres abzusehen. Zu der Zeit entwickelte sich das natürlich auftretende Klimaphänomen El Niño[35] im tropischen Pazifik, das das Klimageschehen weltweit beeinflusst und auch die weltweite Durchschnittstemperatur ansteigen lässt. Der Hauptgrund für den neuen Temperaturrekord bleibt jedoch die durch die Menschen verursachte globale Erwärmung, die ungebremst voranschreitet und nur gelegentlich von kurzfristigen natürlichen Schwankungen unterbrochen wird.

Schon der kalendarische Sommer 2023, definiert über die drei Monate Juni bis August, war nach den Analysen des EU-Klimawandeldienstes Copernicus der mit Abstand heißeste seit 1940. Die oberflächennahe globale Durchschnittstemperatur lag im Mittel des Dreimonatszeitraums bei knapp 16,8 Grad Celsius und damit gut 0,6 Grad über dem Durchschnitt der Jahre 1940 bis 2023, eine Temperatur, die noch einmal deutlich höher war als im bisherigen Rekordjahr 2019 mit 16,5 Grad Celsius. Die Abbildung 3 zeigt die 30 global wärmsten Sommer.

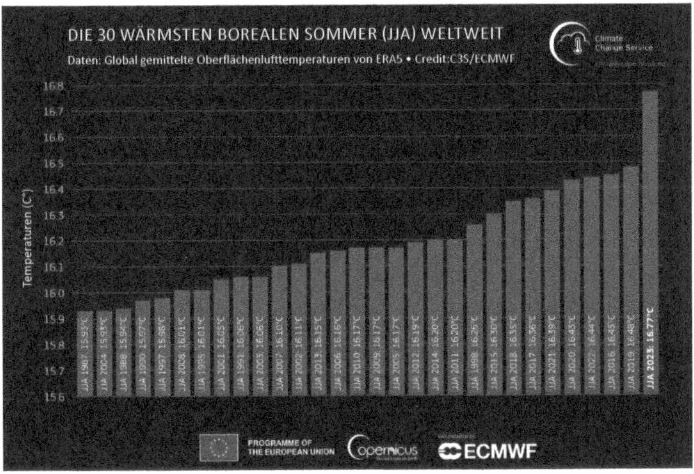

Abbildung 3: Die 30 global wärmsten Sommer seit Beginn der Analysen 1940. Gezeigt sind die durchschnittlichen Temperaturen (°C) an der Erdoberfläche gemittelt über die Monate Juni, Juli und August in aufsteigender Folge beginnend mit 1987.[36]

Der Anstieg der Temperaturen im Sommer 2023 gegenüber den Sommern der Vorjahre ist meteorologisch gesehen eine Art Quantensprung. Dabei wurden die bisher 30 wärmsten Sommer allesamt erst nach 1986 beobachtet, was die enorme Dynamik der globalen Erwärmung verdeutlicht. UN-Generalsekretär Antonio Guterres erklärte zu den Copernicus-Daten: »Unser Klima implodiert schneller, als wir mit extremen Wetterereignissen, die jeden Winkel des Planeten treffen, fertigwerden können.« Er forderte die Staats- und Regierungschefs auf, endlich zu handeln, mit den Worten: »Wir können das schlimmste Klimachaos immer noch verhindern – und wir haben keine Sekunde zu verlieren.«[37] Er sagte diese Sätze auch mit Blick auf die 28. Weltklimakonferenz, die im Herbst 2023 in Dubai stattgefunden hatte, wohl ahnend, dass auch diese Konferenz mehr oder weniger ergebnislos bleiben würde.

Das Klima ist gnadenlos, weil es nur den Gesetzen der Physik folgt. Das müssen die Menschen verstehen. Es rächt sich jetzt, dass die Welt das Klimaproblem nicht frühzeitig angegangen ist und dass das kurzfristige Gewinnstreben den Lauf der Dinge bestimmt hat, ohne dass man auf die Konsequenzen geachtet hätte. Viele Länder haben das Problem lange Zeit ignoriert und tun es immer noch, andere Länder haben die Treibhausgasemissionen nur zögerlich gesenkt und wiederum andere Länder wie China sogar noch erhöht. In den letzten Jahren hat es immerhin so etwas wie ein Plateau bei den weltweiten fossilen CO_2-Emissionen gegeben, d. h. die Emissionen sind deutlich langsamer angestiegen als in den Jahrzehnten zuvor, worin ein kleiner Hoffnungsschimmer liegen mag, dass die Welt doch noch die Kurve kriegen könnte. Die weltweiten Emissionen müssten aber, und das sei hier noch einmal hervorgehoben, ab sofort schnell und drastisch sinken, um eine Klimakatastrophe zu verhindern. Ein Verharren auf dem Emissionsplateau ist keine Option, weil der CO_2-Gehalt der Atmosphäre weiter ansteigen würde und mit ihm die Temperatur an der Erdoberfläche. In diesem Fall würde sich die durchschnittliche Temperatur um mindestens 3 Grad Celsius bis 2100 gegenüber der vorindustriellen Zeit erhöhen. Wie die Welt dann aussehen würde, ist im Detail nur schwer vorherzusagen. Klar ist nur, dass sie uns nicht gefallen würde. Einen Vorgeschmack darauf haben die Menschen in den letzten Jahren bekommen, ganz besonders 2023, und dies bei einer globalen Erwärmung von »nur« gut 1 Grad Celsius.

Die Welttemperaturen werden in den kommenden Jahren neue Höchstwerte erklimmen, verursacht durch den bereits extrem hohen und noch weiter ansteigenden Gehalt von Treibhausgasen in der Atmosphäre. Da sollten wir uns nichts vormachen. Ich wünschte, es wäre anders. Die Weltorganisation für Meteorologie (WMO) konstatierte in ihrem im Mai 2023 veröffentlichten Statusbericht: »Es besteht eine 66%ige Wahrscheinlichkeit, dass die jährliche Durchschnittstemperatur an der Erdoberfläche zwischen 2023 und 2027 mindestens ein Jahr lang um mehr als 1,5°C über dem vorindustriellen Niveau liegen wird. Es besteht eine 98%ige Wahrscheinlichkeit, dass mindestens eines der nächsten fünf Jahre und der Fünfjahreszeitraum insgesamt der wärmste seit Beginn der Aufzeichnungen sein wird.«[38] Das Jahr 2023 hat mit seinem neuen Temperaturrekord diese Ankündigung unterstützt. WMO-Generalsekretär Petteri Taalas sagte anlässlich der Veröffentlichung des Statusberichts: »Dieser Bericht bedeutet nicht, dass wir dauerhaft die im Pariser Abkommen festgelegte Grenze von 1,5 °C überschreiten werden, die sich auf eine langfristige Erwärmung über viele Jahre bezieht. Die WMO schlägt jedoch Alarm, dass wir die 1,5°C-Grenze vorübergehend und immer häufiger überschreiten werden.« Das ist recht vorsichtig formuliert. Wir müssen uns aber ehrlich machen und die Dinge klar benennen. Die Welt wird das 1,5-Grad-Ziel auf jeden Fall verfehlen. Deswegen sollte sich die Politik jetzt darauf konzentrieren, die Erwärmung auf zumindest 2 Grad Celsius zu begrenzen, worin bereits eine Herkulesaufgabe besteht.

Eigentlich ist es schon viel zu heiß auf der Erde. Die Auswirkungen sind inzwischen so gravierend, dass man sie nicht mehr bagatellisieren kann. Die Wetterabläufe sind durcheinandergeraten, vielleicht sollte man inzwischen besser von Unwetterabläufen sprechen. Wetterrekorde treten in vielen Weltregionen auch früher im Jahr auf. Unser Leben ist allerdings in keiner Weise an die neuen Verhältnisse angepasst. Vielerorts sind die Menschen dem Geschehen mehr oder weniger schutzlos ausgeliefert. Gerade in den letzten Jahren ist dies immer offensichtlicher geworden. Es vergeht kaum noch ein Monat, an dem nicht ein neuer Wetterrekord zu verzeichnen wäre. So jagt beispielsweise ein Temperaturrekord den nächsten. Europa ist der Kontinent, der sich in den letzten Jahrzehnten von allen Kontinenten am stärksten erwärmt hat, und Südeuropa ist von dem Temperaturanstieg ganz besonders betroffen. So brachte das Frühjahr 2023 in Spanien ungeahnte Hitzerekorde. Noch nie seit Beginn der Wetteraufzeichnungen war es im April in Spanien und auch in Portugal so heiß gewesen. Der 27. April 2023 verzeichnete historische Temperaturen. In Südspanien wurde an diesem Tag ein neuer Temperaturrekord für den Monat April aufgestellt. In Córdoba in Andalusien zeigte das Thermometer 38,8 Grad Celsius an. Damit wurde der bisherige Rekord von 37,4 Grad Celsius, aufgestellt in der südostspanischen Stadt Murcia, noch einmal deutlich übertroffen. Hinzu kam die extreme Trockenheit im Süden Spaniens, die sich durch die Rekordhitze noch weiter verschärft hatte. Erste Regionen erlebten schon im April 2023 einen Trinkwassernotstand. Flüsse und Speicherseen im Gebiet um Córdoba waren weitgehend ausgetrocknet. Die Menschen in den umliegenden Dörfern mussten per Tankwagen mit Trinkwasser versorgt werden. Bereits im April warnten die spanischen Behörden vor einer erhöhten Waldbrandgefahr. Die sogenannte Waldbrand-Wacht wurde aufgenommen – anderthalb Monate früher, als es normalerweise der Fall ist.

Im Dezember 2023 war dann in der südspanischen zu Andalusien gehörenden Stadt Málaga mit 29,9 Grad Celsius ein neuer Hitzerekord für einen Dezember gemessen worden. Spanien scheint zu den Ländern zu gehören, die von den Auswirkungen der globalen Erwärmung ganz besonders betroffen sind. Und die Reihe der Extreme setzte sich weiter fort. Im Winter 2023/2024 war die spanische Region Katalonien zum wiederholten Mal von einer schweren Dürre betroffen. Dort herrschten Temperaturen von 30 Grad Celsius, die sonst nur im Sommer vorkommen sollten. Die Verantwortlichen sahen sich gezwungen, den Wassernotstand auszurufen.[39] Der Wasserverbrauch der Bürgerinnen und Bürger wurde drastisch eingeschränkt. Von den insgesamt etwa acht Millionen Einwohnerinnen und Einwohnern der Region waren sechs Millionen betroffen. In drei Dutzend Gemeinden der Provinz Tarragona hatte schon seit mehreren Monaten ein Notstand gegolten. In anderen Gebieten hatte es einen sogenannten Vornotstand gegeben. Die Stauseen im Gebiet um die Hauptstadt Barcelona waren im Schnitt nur noch zu 16 Prozent gefüllt, einige so gut wie komplett leer. »Katalonien leidet unter der schlimmsten Dürre seit Beginn der Aufzeichnungen vor einem guten Jahrhundert«, erklärte Regionalpräsident Pere Aragonès.[40] Symbol für die extreme Dürre in der Region ist die Kirche in dem versunkenen spanischen Dorf Sant Romà de Sau, die aus dem Wasser eines Stausees aufgetaucht war. Vor 60 Jahren überflutet, um den Stausee zu bilden, der Barcelona mit Trinkwasser versorgt, ragte normalerweise nur die Spitze des Turms der Kirche aus dem Wasser. Jetzt steht das Gebäude aus dem 11. Jahrhundert auf dem Trockenen und hat begonnen, Touristen anzuziehen. Der Wasserstand des Stausees lag im Januar 2024 bei nur noch sechs Prozent der Kapazität. Im Januar 2023 lag er bei knapp 20 Prozent, und der Durchschnitt für Januar liegt normalerweise bei über 90 Prozent.

Der Wasserkreislauf auf der Erde gerät aus dem Gleichgewicht. Schauen wir auf Italien. In Teilen Norditaliens folgte nach einer verheerenden Jahrhunderttrockenheit im vorangegangenen Winter im Mai 2023 eine zweite Apokalypse in Form von sintflutartigen Regenfällen. Es hatte in der besonders betroffenen Region

Emilia-Romagna innerhalb von einigen Stunden so viel geregnet wie sonst in mehreren Monaten. In der Region ereigneten sich über einhundert Erdrutsche. Viele Flüsse traten über die Ufer, die einige Monate zuvor noch ausgetrocknet waren. Mehr als ein Dutzend Todesopfer waren zu beklagen. Viele Einwohner mussten sich in höhere Stockwerke oder auf das Dach ihrer Häuser retten, bevor sie geborgen werden konnten. Über zehntausend Menschen in den betroffenen Gebieten der Region mussten evakuiert werden. Zigtausende waren ohne Strom. Der Bürgermeister der besonders betroffenen Stadt Forlì beschrieb die Geschehnisse mit den Worten: »Das ist das Ende der Welt.« Seine Stadt sei »am Boden«.[41] Sebastiano »Nello« Musumeci, Minister für Zivilschutz und Meerespolitik, verglich die Verhältnisse in Italien mit dem tropischen Wetter in Afrika, wo lange Dürreperioden unterbrochen werden von heftigen Regenfällen. Als Reaktion auf die Überschwemmungen und Erdrutsche hatte das deutsche Auswärtige Amt eine Reisewarnung für Italien herausgegeben.[42]

Folgen die Starkregen zeitnah auf eine Dürre, wie es in Norditalien im Frühjahr 2023 der Fall gewesen war, ist die Katastrophe programmiert. Die ausgetrockneten Böden können die Wassermassen nicht mehr aufnehmen. »Wenn Erdboden für eine lange Zeit trocken bleibt, wird er nicht aufnahmefähiger, sondern zementiert«, sagte Minister Musumeci bei einer Pressekonferenz.[43] Dann ströme das Regenwasser über die Oberfläche, »was absolut unvorstellbare Zerstörung bringt«. Der Klimawandel erhöht die Wahrscheinlichkeit für das Auftreten von Extremereignissen unterschiedlicher Art, und dadurch wird es auch wahrscheinlicher, dass Ereignisse wie Dürre und Starkregen dicht aufeinander folgen. Solche sogenannten »Compound Events« zählen zu den ganz großen Risiken des Klimawandels.

Auch im darauffolgenden Sommer fielen in Teilen Europas sintflutartige Niederschläge, die zum Teil neue Höchstwerte aufstellten und einige vorherige Rekorde bei Weitem übertrafen. Die extremen

Regenfälle in Südösterreich Anfang August beispielsweise hatten an mehreren Orten historische Dimensionen angenommen. Es waren dort seit Messbeginn innerhalb von 48 Stunden noch nie so große Regenmengen gefallen. Die Niederschläge erreichten an mindestens drei Messstationen mehr als 200 Liter auf den Quadratmeter.[44] An der Station Loiblpass, Österreichs südlichster Messstation, an der die Messungen 1959 begonnen haben, wurden gleich mehrere Regenrekorde gebrochen. Bereits im Juli gab es mit 430 Liter auf den Quadratmeter einen neuen Monatsrekord. Damit war schon Ende Juli auch ein neuer Rekord für den gesamten Sommer aufgestellt, obwohl der Sommer ja noch einen weiteren Monat länger dauert. Innerhalb von 48 Stunden fielen über 260 Liter auf den Quadratmeter, ebenfalls eine neue Rekordmarke. Die 184 Liter Regen innerhalb von nur 24 Stunden bedeuteten einen neuen Tagesrekord. Zum Vergleich: Der Jahresniederschlag bezogen auf die Fläche Österreichs liegt in etwa zwischen 1000 und 1200 Millimeter oder Liter auf den Quadratmeter.

In Slowenien, dem südlichen Nachbarland Österreichs, war die Lage zu der Zeit zum Teil noch dramatischer. Zwei Drittel des Landes waren von den Folgen der Starkniederschläge betroffen. Zahlreiche Bäche und Flüsse traten über die Ufer. Die extrem starken Regenfälle führten zudem zu Erdrutschen und Schlammlawinen. Ganze Orte und Landstriche wurden von den Fluten überschwemmt und waren zeitweilig von der Außenwelt abgeschnitten. Es hatte mehrere Todesfälle gegeben. Die Regenmengen in den Ostalpen zu Beginn des Augusts 2023 übertrafen sogar die Mengen während der Ahrtal-Flut in Deutschland im Juli 2021. Anfang September 2023 wurde dann auch Spanien von Starkregenereignissen heimgesucht. Vor allem der Nordosten Spaniens und die Region rund um die Stadt Valencia im Osten des Landes waren von den heftigen Niederschlägen betroffen. Der spanische Wetterdienst meldete Niederschlagsrekorde an mehreren Messstationen. In Pamplona zum Beispiel fielen innerhalb von 24 Stunden mehr als 140 Liter Regen auf den Quadratmeter. Das war fast dreimal so viel wie normalerweise im ganzen Monat September. Wegen der schweren Unwetter in weiten Teilen Spaniens durften knapp zehntausend Menschen ihre Häuser und Wohnungen nicht verlassen. Für die katalanische Gemeinde Alcanar war aufgrund der Gefahr von schweren Überschwemmungen ein zunächst unbefristetes Ausgehverbot verhängt worden. Innerhalb von nur 24 Stunden war dort eine Regenmenge von 215 Litern auf den Quadratmeter gefallen. Der Bevölkerung wurde empfohlen, sich nach Möglichkeit in die oberen Stockwerke der Häuser zu begeben. In vielen Orten wurden Straßen überflutet, Keller und Tiefgaragen liefen voll.

Das sind Bilder, an die wir uns in Europa gewöhnen müssen. Auch aus Skandinavien im Norden des Kontinents kamen solche Bilder – wie die von den Verwüstungen, die im August 2023 aus Südnorwegen zu uns kamen. Schweden und Dänemark waren ebenfalls betroffen. Das Tiefdruckgebiet Hans hatte tagelang zu heftigen Regenfällen und in Norwegen zu Überschwemmungen, Unterspülungen, Erdrutschen und Verkehrschaos geführt. Hunderte Menschen mussten evakuiert werden. Erhebliche Schäden an der Infrastruktur des Landes waren zu beklagen, wovon auch ich betroffen war, weil ich von der norwegischen Hauptstadt Oslo, die ich aus Kiel kommend mit dem Fährschiff erreicht hatte, zu meinem Zielort in der Nähe von Lillehammer nicht wie gewohnt die Bahn nehmen konnte, die ihren Betrieb auf der Strecke wegen Hangrutschungen und Unterspülungen eingestellt hatte. In Schweden entgleiste ein Zug nach starken Regenfällen.

2023 war im wahrsten Sinne des Wortes ein Katastrophenjahr, auch wenn wir in Deutschland vergleichsweise glimpflich davongekommen sind. Anfang September wurden Griechenland und der ganze Südosten Europas wie auch Teile Nordafrikas vom Sturm Daniel heimgesucht mit Regenfällen, die man bisher nicht gekannt hatte. Meteorologen ordneten den Sturm als schlimmsten in Griechenland seit Beginn der Aufzeichnungen im Jahr 1930 ein. An einigen Orten waren die Niederschläge so intensiv, dass sie die Regenfälle während der Ahrtal-Flut bei uns in Deutschland um ein Vielfaches übertrafen. An einer Station in der griechischen Stadt Volos in der Region Thessalien wurden mehr als 700 Liter auf den Quadratmeter in nur 18 Stunden gemessen. Das ist so viel, wie in Deutschland typischerweise in einem ganzen Jahr fällt. Die wegen der vorangegangenen langanhaltenden Dürre ohnehin ausgedörrten Böden konnten die Wassermassen nicht aufnehmen. Die Folge waren schwerste Überschwemmungen mit den schon fast zur Gewohnheit gewordenen Bildern – wie zum Beispiel denen aus Norditalien einige Monate zuvor, von denen ich oben berichtet habe – und mehr als einem Dutzend Todesopfern. In so einer Situation funktioniert nicht mehr viel. Der Strom fiel aus, ebenso das Internet und der Mobilfunk. Ganze Ortschaften waren von der Außenwelt abgeschnitten. Hilfe war nur äußerst schwer zu organisieren, sodass die Menschen vielfach auf sich allein gestellt waren. Aber das war nur der Anfang.

Derselbe Sturm intensivierte sich über dem außergewöhnlich warmen östlichen Mittelmeer einige Tage später zu einer Art Medicane.[45] Medicanes sind Stürme, die im Herbst eigentlich nicht unüblich sind und ein- bis zweimal im Jahr auftreten können. Daniel war aber der bisher bei weitem tödlichste und teuerste Medicane, der je verzeichnet wurde. Medicanes sind im Mittelmeerraum auftretende Sturmtiefs, die sowohl Eigenschaften tropischer Wirbelstürme als auch außertropischer Tiefdruckgebiete aufweisen. Die Bezeichnung Medicane ist ein Kunstwort aus mediterran (mittelmeerisch) und Hurricane. Medicane weisen oftmals wie ein Hurrikan ein Auge im Zentrum des Sturms auf, welches man auf Satellitenbildern gut erkennen kann. Eine offizielle Definition eines Medicane existiert allerdings nicht. Die theoretisch mögliche maximale Intensität eines Medicanes entspricht der eines Hurrikans der Kategorie 1, die niedrigste Einstufung auf der Hurrikan-Skala. Medicanes erreichen aber nur sehr selten die Windgeschwindigkeit eines echten Hurrikans der Kategorie 1, die bei 119 Kilometer pro Stunde (km/h) beginnt. Die Windgeschwindigkeiten von Medicanes erreichen in der Regel zumeist diejenigen von Tropenstürmen, die im Bereich von 63–118 km/h liegen.[46,47] Trotzdem sind Medicanes extrem zerstörerisch.

Der nordafrikanische Staat Libyen war ganz besonders von Medicane Daniel betroffen. Ein solch katastrophales Ereignis hatte das Land noch nicht gesehen. Tausende Todesopfer waren zu beklagen. Daniel sorgte in Libyen für Verhältnisse, für die man kaum noch Worte finden kann. Libyen ist ein Land, das von einem jahrelangen Bürgerkrieg gebeutelt ist und als sogenannter »failed state« (gescheiterter Staat) bezeichnet werden kann, ein Land, in dem es so gut wie keine staatliche Ordnung gibt. Deswegen wurde auch die Infrastruktur total vernachlässigt. Sicherlich hat dies mit dazu beigetragen, dass die von Daniel ausgelöste Katastrophe ein solches Ausmaß angenommen hatte. Ein wesentlicher Grund für die unfassbar große Zahl von Toten waren zwei gebrochene Dämme in der Nähe der Hafenstadt Derna. Durch die Dammbrüche rollte eine gewaltige Flutwelle durch die Stadt, die die Menschen mitten in der Nacht überrascht hatte. Viele Opfer wurden von Trümmern verschüttet oder gemeinsam mit ihren Stadtvierteln ins Mittelmeer gespült. Das Extremwetterereignis in Libyen war das mit den meisten Todesopfern in Afrika seit Beginn der Aufzeichnungen. Vermutlich waren es mehr als 11 000 Tote. Die genaue Zahl wird man wohl nie erfahren. Der Medicane Daniel ist zugleich der Sturm mit den meisten Opfern weltweit seit mindestens 2013, als der Supertaifun Haiyan auf den Philippinen weit mehr als 7000 Menschen tötete. Der tropische Wirbelsturm hatte Windböen von über 300 km/h erreicht und zu Wellen mit einer Höhe von über fünf Metern geführt. Erwähnenswert ist in diesem Zusammenhang auch, dass sich sieben der 30 tödlichsten Wetterkatastrophen in Afrika seit 1900 in den Jahren 2022 und 2023 ereignet haben.

Daniel hatte sich erst unmittelbar vor dem Landfall zu einem Medicane entwickelt, weswegen die Vorwarnzeit sehr kurz gewesen war. Es kam an der Küste Libyens zu Sturmfluten und auch zu schweren Überschwemmungen durch Starkregen. Die Bilder der Verwüstungen, die der Sturm in einigen Städten des Landes angerichtet hatte, vor allem in der Hafenstadt Derna im Nordosten Libyens, waren nicht zu fassen und die Berichte über das menschliche Leid für mich kaum zu ertragen. Die außergewöhnlich warmen Wassertemperaturen des Mittelmeers waren höchstwahrscheinlich der Hauptgrund für die Rekordniederschläge, die die Katastrophe in Libyen ausgelöst hatten. Das Mittelmeer hat sich in den letzten 40 Jahren um durchschnittlich etwa 2 Grad Celsius erwärmt. Im Sommer 2023 erreichten die durchschnittlichen Tagestemperaturen an der Meeresoberfläche des Mittelmeers nach Angaben des spanischen Forschungszentrums CEAM sowohl im Juli, als zum ersten Mal in einem Monat überhaupt die 28-Grad-Marke überschritten wurde, als auch im August neue Rekordwerte.[48] Wie bei den tropischen Wirbelstürmen spielt die Temperatur an der Meeresoberfläche auch bei den Medicanes eine entscheidende Rolle für die Entwicklung und Intensivierung der Stürme.

Was die Medicanes anbelangt, könnte ein sich weiter aufheizendes Mittelmeer ihnen zusätzliche Energie verleihen und sie zerstörerischer werden lassen. Sie könnten echten Hurrikanen noch ähnlicher werden, länger stabil bleiben und vor allem deutlich mehr Regen als bisher bringen. In dieser Hinsicht sind die verheerenden Regenfälle in Griechenland und Nordafrika im Sommer 2023 möglicherweise schon ein Vorgeschmack auf das, was der Region in einer noch wärmeren Welt bevorsteht. In einer eigens zum Zwecke der Bestimmung des menschlichen Einflusses durchgeführten Studie des Netzwerkes World Weather Attribution (WWA) kam man zu dem Schluss, dass extreme Niederschläge, wie sie über Libyen durch den Medicane Daniel verursacht wurden, aufgrund des vom Menschen verursachten Klimawandels bereits bis zu 50 Mal wahrscheinlicher und um bis zu 50 Prozent intensiver geworden sind.[49]

Die Situation in Libyen war so verheerend wie die in Marokko, das Land weiter im Westen Nordafrikas. Marokko war nur ein paar Tage vorher von einem schweren Erdbeben in der Nähe der Stadt Marrakesch heimgesucht worden, wobei ebenfalls Tausende Todesopfer zu beklagen waren. Ich möchte an dieser Stelle auf den Unterschied zwischen Erdbeben und Wetterextremen hinweisen, weil die beiden oft im selben Atemzug genannt werden, wenn über den Einfluss des Menschen auf das Erdsystem diskutiert wird. Erdbeben sind auf natürliche Vorgänge zurückzuführen, die die Folge der Kontinentalverschiebung sind, d. h. der Bewegung und des Verhakens der Erdplatten. Diese haben wir Menschen nicht zu verantworten. Die globale Erwärmung aber ist eindeutig die Folge menschlicher Aktivitäten und des anthropogenen Ausstoßes von Treibhausgasen. Viele Gesellschaften erreichen wegen des Klimawandels allmählich die Grenzen ihrer Belastbarkeit. Das haben insbesondere die Länder rund um das Mittelmeer in den letzten Jahren auf tragische Weise zu spüren bekommen, die ohnehin schon von Erdbeben bedroht sind und inzwischen zusätzlich mit Wetterextremen bisher ungekannten Ausmaßes zu kämpfen haben.

Bleiben wir noch in Afrika. Im Nordwesten des Kontinents war es Ende Juni 2023 selbst für dortige Verhältnisse unerträglich heiß gewesen. In Marokko wurden neue Temperaturrekorde für den Monat Juni aufgestellt. Dort hatten die Spitzenwerte die 45-Grad-Marke überschritten. Am 26. Juni 2023 wurde in der Hauptstadt Rabat eine Tageshöchsttemperatur von 46,3 Grad Celsius erreicht. Seit Beginn der Wetteraufzeichnungen war es in der Stadt im Juni noch nie so heiß gewesen. Damit wurde der alte Temperaturrekord um mehrere Grad Celsius übertroffen. Der alte Höchstwert lag bei 43,3 Grad Celsius und wurde am 18. Juni 1998 aufgestellt. Auch in Nouaceur, einer Stadt im Hinterland von Casablanca nahe der Atlantikküste Marokkos, wurde mit 45,4 Grad Celsius ein neuer

Spitzenwert verzeichnet. Obwohl sehr hohe Temperaturen in Nordafrika im Frühjahr und Sommer keine Seltenheit sind, waren die extremen Werte im Juni 2023 selbst für Marokko eine neue Erfahrung.

Auch in Asien wurden 2023 einige Wetterextreme beobachtet, die man bis dahin nicht gekannt hatte. In Thailand wurde im April des Jahres erstmals die 45-Grad-Marke überschritten. Die Temperaturen im Westen des Landes stiegen auf 45,4 Grad Celsius. Sie lagen damit fast ein Grad über dem bisherigen Landesrekord aus dem Jahr 2016. In Vietnam hatte man Anfang Mai mit 44,1 Grad Celsius eine neue Rekordtemperatur für das Land gemessen. Der bisherige Rekord mit 43,4 Grad Celsius im war April 2019 gemessen worden. Auch in weiteren Ländern Südostasiens herrschte eine Gluthitze. So meldete Laos mit 43,5 Grad Celsius ebenfalls einen neuen Höchstwert. Auch China litt im Frühjahr 2023 unter einer Rekordhitze. In dem Land wurden an mehr als 100 Wetterstationen lokale Höchstwerte erreicht. In der chinesischen Millionenmetropole Shanghai beispielsweise stiegen die Temperaturen auf einen neuen Höchstwert für den Monat Mai, auf 36,1 Grad Celsius. Der bisherige Rekord gemessen im Jahr 2018 lag bei 35,7 Grad Celsius. Dabei ist zu erwähnen, dass die Monate April und Mai in Süd- und Südostasien im Durchschnitt die heißesten Monate des Jahres sind, da die Temperaturen in der Regel so lange ansteigen, bis die jahreszeitlichen Monsunregen einsetzen. Diese bringen dann die ersehnte Abkühlung. In der chinesischen Hauptstadt Peking hat es Ende Juli/Anfang August 2023 dann allerdings so viel geregnet wie seit Beginn der Aufzeichnungen vor 140 Jahren nicht. In einem Bezirk der Hauptstadt wurden innerhalb von nur fünf Tagen knapp 750 Millimeter Regen gemessen, wie das amtliche Wetterbüro mitteilte. Noch einmal zur Erinnerung: Das ist ungefähr so viel Regen wie typischerweise in Deutschland im Gebietsmittel während eines ganzen Jahres fällt.

Die globale Erwärmung besitzt neben dem Einfluss auf das Wettergeschehen noch weitere Auswirkungen. So führen die steigenden Temperaturen und die zunehmende Trockenheit in einigen Regionen zu einer Steigerung der Häufigkeit und Intensität von Waldbränden und zu einer Verlängerung der Feuersaison. Besonders dramatisch waren 2023 die Waldbrände in Kanada. 2023 war mit großem Abstand die schlimmste Waldbrandsaison in der Geschichte des Landes. Kanada hatte bereits zu Beginn des Sommers den Rekord für die größte durch Waldbrände verbrannte Fläche in einem einzigen Jahr übertroffen. Insgesamt waren 2023 in Kanada 18 Millionen Hektar[50] abgebrannt, das entspricht in etwa der Hälfte der Fläche Deutschlands. Die extreme kanadische Waldbrandsaison war auch der Hauptgrund dafür, dass 2023 bezogen auf ganz Nordamerika trotz der moderaten Feueraktivität in den USA die intensivste Waldbrandsaison seit Beginn der Aufzeichnungen vor 40 Jahren verzeichnet wurde.

Die Auswirkungen der exzessiven Brände waren auch außerhalb Kanadas in Form von gesundheitsgefährdender Luftverschmutzung spürbar. Millionenmetropolen in den USA wie New York City, Chicago oder Cleveland waren tagelang in dichten Rauch gehüllt mit einem unwirklichen, kupfergelben Himmel. New York City gehörte zeitweise zu den zwölf am stärksten belasteten Großstädten der Welt und wies die schlechteste Luftqualität seit Einführung des sogenannten »Clean Air Act« vor mehr als einem halben Jahrhundert auf,[51] ein Gesetz zur Reinhaltung der Luft. Die Luftqualität wurde von behördlicher Seite als teils »sehr ungesund« eingestuft. Teilweise waren etwa 127 Millionen Menschen in den USA von den Luftqualitätswarnungen betroffen, das ist mehr als ein Drittel der Bevölkerung des Landes.[52]

Die Waldbrände in Kanada verursachten auch Rekordmengen an Aerosolemissionen, wobei die Partikel in den höheren Luftschichten mit dem sogenannten Jetstream quer über den Atlantik bis nach Europa zogen und selbst noch über Deutschland in Form von farbenprächtigen Sonnenaufgängen und Sonnenuntergängen wahrzunehmen waren. Und schließlich hatten die gigantischen

Waldbrände in Kanada schon im Sommer 2023 mehr als doppelt so viel CO_2 freigesetzt wie im gesamten vorigen Rekordjahr 2014. Nach Schätzungen des EU-Erdbeobachtungsprogramms Copernicus beliefen sich die Emissionen der kanadischen Waldbrandsaison 2023 auf insgesamt rund 1,8 Milliarden Tonnen CO_2. Das ist mehr als das Zweieinhalbfache des CO_2-Ausstoßes Deutschlands des Jahres 2023. Kanada selbst stößt jährlich nur ungefähr 550 Millionen Tonnen CO_2 durch die Verbrennung von fossilen Energieträgern aus. Die Waldbrände in Kanada waren für knapp ein Viertel aller weltweiten Kohlenstoffemissionen durch Waldbrände verantwortlich. Trotzdem ist ein langfristiger Klimaeffekt durch die Brände nicht unbedingt zu erwarten. Nach verheerenden Waldbrandsaisons wird ein Großteil des freigesetzten CO_2 in den darauffolgenden Jahrzehnten durch die Erholung der Wälder und durch Wiederaufforstung erneut in Pflanzen gebunden und somit der Atmosphäre wieder entzogen. Und schließlich noch eines: Obwohl Waldbrände in den betroffenen Gebieten regelmäßig auftreten, zeigt der Klimawandel auch hier schon seine Handschrift. Infolge der ansteigenden Temperaturen und der immer länger anhaltenden Trockenheit in den Gebieten erhöht sich die Wahrscheinlichkeit, dass es zu verheerenden Waldbränden kommt. Die weltweite, durch Brände verursachte Luftverschmutzung dürfte darüber hinaus in den nächsten Jahrzehnten ein immer wichtigeres Problem für die öffentliche Gesundheit sein.[53]

Auch die USA erlebten 2023 neue Wetterrekorde. Im gesamten Süden der Vereinigten Staaten, von Arizona bis Florida, war der Sommer 2023 einer der brutalsten in der Geschichte. Mehrere Städte an der Golfküste – darunter Brownsville (Texas), Baton Rouge (Louisiana), Tampa (Florida) – und Miami an der Atlantikküste erlebten im Juli den heißesten Monat seit Beginn der Aufzeichnungen, die vor mehr als 120 Jahren begonnen haben, um dann im August noch heißere Werte zu messen. Die Stadt Phoenix in Arizona erreichte vom 30. Juni bis zum 30. Juli jeden Tag eine Temperatur von über 43 Grad Celsius und brach damit den bisherigen Rekord um 13 Tage. Das Netzwerk World Weather Attribution untersuchte mehrere Hitzewellen auf verschiedenen Kontinenten und berichtete: »Ohne den vom Menschen verursachten Klimawandel wären diese Hitzeereignisse jedoch extrem selten gewesen. In China käme ein solches Ereignis etwa einmal in 250 Jahren vor, während eine maximale Hitze wie im Juli 2023 in der Region USA/Mexiko und in Südeuropa praktisch unmöglich gewesen wäre, wenn der Mensch den Planeten nicht durch die Verbrennung fossiler Brennstoffe erwärmt hätte.«[54] Es ist davon auszugehen, dass extreme Hitzeperioden in den kommenden Jahrzehnten noch häufiger vorkommen und dass sie intensiver und das neue Normal sein werden. Die Menschen werden lernen müssen, mit der Hitze umzugehen, soweit dies überhaupt möglich sein wird. Wie so oft bei globalen Krisen werden insbesondere die armen Menschen und vor allem die im globalen Süden an die Grenzen der Anpassung stoßen, weil sie sich entweder nur ungenügend oder gar nicht vor der Hitze schützen können.

Die Hawaii-Insel Maui erlebte im August 2023 ein wahres Feuerinferno. Beim Brand in der Kleinstadt Lahaina hatten knapp 100 Menschen ihr Leben verloren. Lahaina war einst die Hauptstadt des hawaiianischen Königreichs. Von der Stadt mit ihren vielen historischen Stätten blieb nach dem Brand nur noch ein Schutthaufen übrig. »Die Zerstörung ist überwältigend«, sagte US-Präsident Joe Biden sichtlich betroffen beim Anblick der verwüsteten Stadt, als er Maui besuchte. Es war das Zusammenspiel mehrerer Faktoren, das dafür verantwortlich war, dass so viele Menschen in Lahaina sterben mussten. Zu diesen zählen Dürre, vertrocknete Vegetation, ein vorbeiziehender tropischer Wirbelsturm mit starken Winden, die geografische Lage der Stadt und der Ausfall der Warnsysteme. Die Katastrophe von Lahaina hat uns gezeigt, dass die Menschen sich besser auf die Gefahren durch den Klimawandel vorbereiten müssen. Selbst wenn die globale Erwärmung für das Inferno nicht die

Hauptursache war, so müssen doch Landschaftspflege und Warnsysteme kontinuierlich überprüft und gegebenenfalls an die sich verändernden Umweltbedingungen angepasst werden. Wir sind immer noch zu sorglos. Die drohenden Auswirkungen der globalen Erwärmung werden nach wie vor maßlos unterschätzt.

Südeuropa war 2023 nicht nur von zahllosen Hitzewellen und Starkregenereignissen geplagt, sondern auch von katastrophalen Waldbränden. Auf der griechischen Ferieninsel Rhodos beispielsweise mussten im Juli etwa 30 000 Menschen vor einem tagelang wütenden Waldbrand in Sicherheit gebracht werden, darunter viele Touristen. Es handelte sich um die größte Evakuierungsaktion, die es jemals in Griechenland gegeben habe, hieß es aus dem Büro des griechischen Ministerpräsidenten Kyriakos Mitsotakis. Es herrschten zum Teil chaotische Zustände. Videoaufnahmen in griechischen und sozialen Medien zeigten lange Kolonnen von Menschen, die teilweise zu Fuß ihre Urlaubsorte verließen – einige mit nichts außer den Kleidern am Leib. Für Tausende Touristen auf Rhodos war der Urlaub, auf den sie sich so gefreut hatten, zum Alptraum geworden. Einige Reiseanbieter stoppten daraufhin die Flüge auf die Insel.

Das Jahr 2023 hat uns eines gelehrt: Die Gesellschaften müssen sich auf völlig neue Gefahrensituationen einstellen, die alles in den Schatten stellen, was sie in der Vergangenheit kennengelernt haben. In einigen Gegenden der Welt haben die Menschen derartige Situationen schon erleben müssen. Nicht jedes Jahr wird in Zukunft so extrem ausfallen wie 2023, aber die langfristige Entwicklung wird in diese Richtung gehen.

Tropische Wirbelstürme

Für die tropischen Wirbelstürme sind die Bedingungen in den Meeren von herausragender Bedeutung. Die Meere waren 2023 an ihrer Oberfläche so warm und speicherten so viel Wärme wie nie zuvor. Die durchschnittlichen Meeresoberflächentemperaturen waren bereits im April 2023 so hoch wie noch nie seit Beginn der Aufzeichnungen. Mit einer Oberflächentemperatur der Ozeane von im Mittel 21,1 Grad Celsius wurde in dem Monat ein neuer Rekord aufgestellt.[55] Der alte Rekord stammt aus dem Jahr 2016 und lag bei 21,0 Grad Celsius. Die Temperaturen blieben 2023 während des gesamten Jahres auf einem Rekordniveau, und Monat für Monat purzelten die alten Rekorde für den entsprechende Kalendermonat. Besonders in Erinnerung bleiben werden die Wassertemperaturen von über 38 Grad Celsius, die an einer Boje im flachen Wasser südlich von Florida gemessen wurden. Das Wasser hatte sich durch eine wochenlang anhaltende Hochdruckwetterlage, die den Süden der USA zu der Zeit fest im Griff hatte, und die damit in Zusammenhang stehende intensive Sonneneinstrahlung regelrecht überhitzt. War schon 2022 das bis dahin global wärmstes Jahr an der Meeresoberfläche seit Beginn der Aufzeichnungen vor über 150 Jahren gewesen, wurde dieser Rekord von 2023 dann noch einmal deutlich übertroffen. Und die aufgeheizten Ozeane besitzen erhebliche Auswirkungen auf das Wettergeschehen.

Schauen wir auf die tropischen Wirbelstürme. Auch diese zeigten 2023 in einigen Regionen erschreckende Rekorde. Der tropische Wirbelsturm Freddy im südlichen tropischen Indischen Ozean, wo die Stürme als Zyklone bezeichnet werden, ist ein Beispiel für ein Extremwetterereignis, das höchstwahrscheinlich durch die höheren Temperaturen an der Meeresoberfläche noch gefährlicher geworden war. Ich spreche an dieser Stelle bewusst von »höchstwahrscheinlich«, weil man niemals exakt zeigen können wird, dass die Meereserwärmung für die Außergewöhnlichkeit des Ereignisses ursächlich gewesen ist. Denn dies könnte man nur unter kontrollierten Bedingungen in einem Labor, was aber wegen der immensen Dimension tropischer Wirbelstürme aus naheliegenden Gründen nicht möglich ist. Zudem sind die heutigen Klimamodelle wegen mangelnder Computerkapazitäten noch nicht in der Lage, tropische Wirbelstürme in globalen Modellen realistisch zu simulieren. Der tropische Indische Ozean hat sich an der Oberfläche in den letzten Jahrzehnten großflächig um bis zu 1 Grad Celsius erwärmt, was für einen ohnehin schon sehr warmen Ozean wahre Welten sind. Freddy wütete im Februar und März 2023 und ist mit einer Lebensdauer von über fünf Wochen der bisher am längsten andauernde tropische Wirbelsturm auf der Südhalbkugel seit Beginn der Wetteraufzeichnungen.[56] Der Zyklon forderte mehr als 1400 Menschenleben und verursachte Schäden von mehr einer Milliarde US-Dollar.

Freddy entwickelte sich zwischen Indonesien und Australien, zog dann vom östlichen Indischen Ozean quer über das Meer und hatte zuerst die Inseln im westlichen Teil (Mauritius, Réunion, Madagaskar) und dann den Südosten Afrikas heimgesucht. Der Wirbelsturm führte zu gewaltigen Verwüstungen durch Starkwinde und sintflutartige Regenfälle. Die Rekordlebensdauer des Zyklons von über fünf Wochen ist, so die gängige Hypothese in der Wissenschaft, auf die deutlich angestiegenen Temperaturen an der Oberfläche in weiten Teilen des Indischen Ozeans zurückzuführen.[57] Das außergewöhnlich warme Wasser des Indischen Ozeans hatte Freddy über die so überaus lange Zeit am Leben gehalten. Auf seinem langen Weg war stets hinreichend warmes Meerwasser an der Oberfläche vorhanden gewesen und somit eine sehr hohe Verdunstungsrate garantiert, worin gewissermaßen der Treibstoff für tropische Wirbelstürme besteht. Nach Angaben der NASA hatte Freddy auch den Rekord für die höchste akkumulierte Wirbelsturmenergie (ACE) aller Stürme der südlichen Hemisphäre in der Geschichte aufgestellt. ACE ist ein Index, mit dem die Gesamtmenge an Windenergie gemessen wird, die ein tropischer Wirbelsturm im Laufe seines Lebens aufbringt.[58]

Der Zyklon Ilsa hatte im April 2023 gleich mehrere Rekorde für Australien aufgestellt.[59] Er erreichte laut dem staatlichen australischen Wetterdienst während des Landfalls an der Pilbara-Region des Bundesstaates Westaustralien zehn Minuten lang eine Windgeschwindigkeit von 218 Kilometer pro Stunde (km/h). Das hat es zuvor auf dem fünften Kontinent noch nicht bei einem Landfall gegeben. Neben dem Rekord für zehn Minuten erzielte Ilsa mit 240 km/h auch einen Rekord für die Dauer einer Minute und mit unglaublichen 295 km/h einen Rekord für die Dauer von drei Sekunden. Sind letztere, die extremen Böen von nur wenigen Sekunden Dauer, überhaupt von Interesse, oder sind sie nur eine Randnotiz und lediglich von akademischem Interesse? Bei den tropischen Wirbelstürmen sind es in der Regel genau diese nur sehr kurz andauernden Böen, die die größten Schäden verursachen. Wenn es darum geht, potenzielle Schäden zu bewerten, legen die Versicherungsunternehmen deswegen ein besonderes Augenmerk auf die Schäden, die mit einer für drei Sekunden anhaltenden Windgeschwindigkeit verbunden sind.

Der Zyklon Mocha, der sich im Mai 2023 entwickelte, war zusammen mit Fani, der 2019 die Ostküste Indiens als auch die Küste Bangladeschs heimsuchte, der stärkste jemals verzeichnete tropische Wirbelsturm im Nordindischen Ozean. Mocha traf vor allem Myanmar in Südostasien, wo weit über 400 Menschen ums Leben kamen. Der Wirbelsturm erreichte maximal anhaltende Windgeschwindigkeiten von 250 km/h und Windböen von bis zu sage und schreibe 305 km/h. Mocha war schon der vierte Kategorie-5-Sturm[60] des Jahres 2023 auf der südlichen Hemisphäre und gesellte sich zu den drei vorangehenden tropischen Wirbelstürmen. Diese waren der oben beschriebene Sturm Ilsa, der im April auf den Nordwesten Australiens traf, Freddy, der im Februar östlich von Madagaskar die Stärke der Kategorie 5 erreichte, und Kevin, der im März südöstlich von Vanuatu, einem Inselstaat im Südpazifik, die höchste Kategorie erreichte. So früh im Jahr hatte es seit Beginn der Satellitenmessungen noch nie so viele tropische Wirbelstürme der höchsten Kategorie 5 gegeben. In der Klimaforschung reicht die Satellitenära bis 1978 zurück, als Beobachtungen klimatologisch wichtiger Größen wie der Meeresoberflächentemperatur oder der Meereisausdehnung aus dem Weltraum global verfügbar wurden, zu denen auch Charakteristika tropischer Wirbelstürme zählen. Und schließlich hat es 2023 zum ersten Mal, seit Satelliten die Erde aus dem Weltall beobachten, in jedem tropischen Meeresbecken einen tropischen Wirbelsturm der Kategorie 5 gegeben.

Blicken wir auf einen ganz besonderen Hurrikan, der 2023 die Welt erschütterte. Am Mittwoch, dem 25. Oktober 2023, traf der tropische Wirbelsturm Otis mitten in der Nacht als Hurrikan der Kategorie 5 mit anhaltenden Windgeschwindigkeiten von 270 km/h und Böen von bis zu 330 km/h in unmittelbarer Nähe des Badeorts Acapulco an der südlichen Pazifikküste Mexikos auf Land. Die Stadt Acapulco bot ein Bild der Verwüstung, nachdem der Sturm sie hinter sich gelassen hatte. Nach Angaben des National Hurricane Center der USA war Otis der stärkste Hurrikan im östlichen Pazifik, der während der Satellitenära an Land gegangen war.[61] Berichte und Bilder aus Acapulco zeigten schwere und umfangreiche Schäden an den allermeisten Gebäuden, darunter auch viele Hotels und Hochhäuser, sowie umgestürzte Bäume und schwere Überschwemmungen. Darüber hinaus waren Strom und Internet in der Stadt ausgefallen, Schlammlawinen, durch Starkregen ausgelöst, gingen außerhalb der Stadt in bergigem Gelände nieder und hinderten die Rettungskräfte daran, in die Stadt zu fahren und die so dringend benötigte Hilfe zu leisten.

Was Otis am Ende zu einer solchen Katastrophe werden ließ, war die Tatsache, dass er sich erst kurz vor dem Landfall zu einem Monstersturm entwickelt hatte. Nach Angaben des National Hurricane Centers wurde Otis in nur zwölf Stunden von einem Tropensturm[62] zu einem Hurrikan der höchsten Kategorie 5. Die extrem schnelle Intensivierung eines tropischen Wirbelsturms kurz vor dem Landfall ist ein regelrechtes Alptraumszenario. Die Wettermodelle neigen in solchen Situationen oftmals dazu, die Stärke der Wirbelstürme zu unterschätzen. Hurrikan Otis sollte sich entsprechend den Vorhersagen nur zu einem starken Tropensturm oder schwachen Hurrikan entwickeln, weswegen die Menschen in der Zugbahn des Sturms viel schwächere Winde erwartet hatten und aus diesem Grund auf seine extreme Stärke in keiner Weise vorbereitet gewesen waren. Die Bevölkerung von Acapulco wurde von der außergewöhnlichen Heftigkeit des Hurrikans völlig überrascht. Den Menschen blieb so gut wie keine Zeit, um sich in Sicherheit zu bringen oder andere Vorkehrungen zu treffen, zumal Hurrikan Otis die Stadt in der Nacht heimgesucht hatte. Der Sturm hatte mindestens 50 Todesopfer gefordert und viele Menschen verletzt oder obdachlos hinter sich gelassen.

Ein wichtiger Faktor für die außergewöhnlich schnelle Intensivierung von Hurrikan Otis waren die sehr hohen Meeresoberflächentemperaturen von bis zu 31 Grad Celsius vor der Westküste Mexikos, die dort wie auch in anderen tropischen Meeresregionen aufgrund der globalen Erwärmung häufiger auftreten. Sehr warme Temperaturen befinden sich inzwischen auch weit unterhalb der Meeresoberfläche, sodass den tropischen Wirbelstürmen insgesamt mehr Energie zur Verfügung steht und ihnen deswegen nicht so schnell die Puste ausgehen kann, wenn die starken Winde Wasser aus der Tiefe an die Meeresoberfläche befördern. Andere Faktoren trugen sicherlich auch noch zu der raschen Intensivierung von Otis bei wie die für den Sturm günstigen Windverhältnisse in der oberen Atmosphäre, die das Aufsteigen der Luftmassen bis in große Höhen unterstützten und dem Sturm einen zusätzlichen Antrieb verliehen hatten. Am Ende war es vielleicht auch ein Stück weit Pech, dass es zu der Katastrophe in Acapulco gekommen war, was man als Verkettung unglücklicher Umstände bezeichnen könnte. Dabei sollten allerdings keinesfalls die steigenden Meerestemperaturen infolge des Klimawandels und weitere damit möglicherweise in Zusammenhang stehende Effekte außer Acht gelassen werden.

Eine recht neue Studie zeigt, dass die schnelle Intensivierung von tropischen Wirbelstürmen gerade in den küstennahen Meeresgebieten während der letzten Jahrzehnte erheblich zugenommen hat.[63] Die schnelle Intensivierung von tropischen Wirbelstürmen kurz vor dem Landfall könnte in einem sich weiter erwärmenden Klima noch zunehmen. Das Phänomen der schnellen Intensivierung bedeutet auf jeden Fall eine Herausforderung für die Vorhersage von tropischen Wirbelstürmen unter den sich schnell ändernden klimatischen Bedingungen, bei denen bestimmte physikalische Prozesse, die sonst weniger wichtig gewesen sind, eine größere Rolle bekommen könnten. Noch rätselt man in der Wissenschaft darüber, warum die Vorhersagemodelle die extrem schnelle Intensivierung des tropischen Wirbelsturms Otis nicht simuliert hatten und Acapulco von der Stärke des Sturms total überrascht wurde. Waren es nur die fehlenden Daten, die nicht in ausreichender Frequenz vorgelegen hatten? Oder gab es noch andere Faktoren? Ich möchte aber an dieser Stelle eine Lanze für die Wettervorhersage brechen. Eigentlich ist die Hurrikanprognose für einige Tage im Voraus seit vielen Jahren sehr zuverlässig, in den letzten Jahrzehnten immer vertrauenswürdiger geworden, und sie zählt zu den großen Erfolgen in der numerischen, d. h. computerbasierten Wettervorhersage.[64] Aus diesem Grund arbeitet die Forschung mit Hochdruck an dem Verständnis der schnellen Intensivierung und der Verbesserung ihrer Vorhersage, um Fehlprognosen so weit es geht zu vermeiden.

Was wir in letzter Zeit bezüglich der tropischen Wirbeltürme beobachten, kann nicht mehr schöngeredet werden. Blicken wir am Ende dieses Kapitels auf den tropischen Atlantischen Ozean. Seit Beginn dieses Jahrhunderts haben sich dort insgesamt 16 Hurrikane der Kategorie 5 gebildet. Im Gegensatz dazu erreichten von 1970 bis 2000 nur sechs der tropischen Wirbelstürme die Kategorie 5. Das bedeutet, dass sich die Häufigkeit von Hurrikanen der Kategorie 5 im Vergleich zu den letzten drei Jahrzehnten des letzten Jahrhunderts schon knapp verdreifacht hat. Es sieht ganz danach aus, dass die wärmeren Meerestemperaturen den Einfluss der dämpfenden Faktoren wie eine stärkere vertikale Windscherung[65] übertreffen, was in der Summe für günstigere Bedingungen für tropische Wirbelstürme sorgt. So wurde 2023 im Atlantik eine außergewöhnlich starke Hurrikansaison beobachtet, obwohl sich zur gleichen Zeit ein El-Niño-Ereignis im tropischen Pazifik entwickelte, ein Klimaphänomen, das generell zu einer stärkeren vertikalen Windscherung und deswegen zu weniger tropischen Wirbelstürmen über dem Atlantik führt. In der Tat hatte es 2023 über dem Atlantik die meisten benannten tropischen Wirbelstürme während eines El-Niño-beeinflussten Jahres in der modernen Geschichte gegeben. Die außergewöhnlich hohen Ozeantemperaturen im Atlantik bildeten offensichtlich ein starkes Gegengewicht zu den traditionellen El-Niño-Einflüssen. Im Kampf zwischen vertikaler Windscherung und warmen Meeresoberflächentemperaturen scheint inzwischen das warme Wasser die meiste Zeit die Oberhand zu behalten.

Erdüberhitzung

Wir leben im Anthropozän, einem neuen Erdzeitalter, das sehr stark durch die menschlichen Einflüsse geprägt ist. Zum Anthropozän gehört es, dass sich die Erde durch die menschlichen Aktivitäten schon ziemlich aufgeheizt hat. Dass die klimatischen Verhältnisse nicht mehr normal sind, sollten wir in den letzten Jahren gelernt haben. Die Pariser Klimaziele, wonach die Erderwärmung auf deutlich unter 2 Grad Celsius gegenüber der vorindustriellen Zeit begrenzt werden soll und besser auf 1,5 Grad Celsius, waren schon ein Kompromiss, eigentlich hätte sich die Erde um nicht mehr als 1 Grad Celsius erwärmen dürfen. Das war aber 2015, als das Pariser Klimaabkommen verhandelt wurde, nicht mehr in Reichweite, weswegen man sich auf das noch Machbare geeignet hatte, wobei die 1,5-Grad-Marke auch nicht mehr zu halten ist. Heute liegt die Erderwärmung schon bei ungefähr 1,5 Grad Celsius, wobei der exakte Temperaturanstieg mit einer gewissen Unsicherheit behaftet ist. Das Jahr 2023 war im Jahresmittel je nach Analyse um 1,34 bis 1,54 wärmer gegenüber dem Mittel der Jahre 1850 bis 1900. Allein der Temperaturanstieg in den letzten fünf Jahrzehnten hat bereits ungefähr 1 Grad Celsius betragen. Die heutigen Temperaturen sind so hoch wie seit Jahrtausenden nicht mehr. Spätestens jetzt sind die Menschen Teil eines Großexperiments mit ungewissem Ausgang. Und niemand kann mit Sicherheit sagen, ob es für uns Menschen gut ausgehen wird, selbst wenn wir die Erderwärmung auf 2 Grad Celsius begrenzen.

Die Aufzählung der unfassbaren Wetterereignisse, die wir in den letzten Jahren zu verzeichnen hatten und von denen ich einige schon in den vorangehenden Kapiteln beschrieben habe, ließe sich noch weiter fortführen. In Pakistan beispielsweise stand im Sommer 2022 nach beispiellosen Monsunregenfällen etwa ein Drittel des Landes unter Wasser. Über 30 Millionen Menschen waren betroffen, und mehr als 1700 Tote waren zu beklagen. Ein weiteres Beispiel: Das Wetteramt in Hongkong registrierte in der Nacht vom 7. auf den 8. September 2023 mit gut 158 Liter Regen auf den Quadratmeter innerhalb von nur einer Stunde einen neuen Rekord für einen Teil der Stadt. Das ist die dort bisher größte gemessene einstündliche Regenrate seit Beginn der Aufzeichnungen im Jahr 1884.

Die Zunahme der Extremwetterereignisse kommt nicht überraschend und wurde von der Klimaforschung schon vor vielen Jahren vorhergesagt, sollten die atmosphärischen Treibhausgaskonzentrationen unvermindert ansteigen und sich die globale Erwärmung dementsprechend fortsetzen. Wärmere Ozeane lassen mehr Wasser verdunsten und wärmere Luft kann dauerhaft mehr Wasserdampf aufnehmen. Eine Erhöhung der Temperatur um 1 Grad Celsius lässt den Wasserdampfgehalt der Luftsäule um sieben Prozent ansteigen, gleichbedeutend mit mehr Energie, die potenziell im System versteckt ist.[66] Deswegen spricht man in der Wissenschaft auch von latenter Energie. Diese wird beim

Kondensationsprozess wieder frei. Mehr Wasserdampf und mehr Energie ermöglichen stärkere Niederschläge.

Wir Menschen lügen uns in die eigene Tasche. Trotz der zum Teil kaum mehr zu fassenden Rekorde etwa bei den Temperaturen oder den Niederschlägen und der sich daraus ergebenden häufigeren Wetterkatastrophen verhalten wir uns immer noch so, als könnten wir das irdische Klima als billiges Tauschobjekt nutzen, das den Industrieländern ihren Wohlstand auf Dauer sichern und den aufstrebenden Ländern einen schnellen Wohlstand garantieren würde – als wenn ein intaktes Klima eine unbegrenzt verfügbare Währung wäre, die man ohne Weiteres wie Geld beliebig nachdrucken könne. Diese Rechnung kann und wird nicht aufgehen. Die Lebensbedingungen werden sich weiter zum Nachteil der Menschheit verändern, falls sich die Erde um mehrere Grad Celsius aufheizen sollte, und auch die Weltwirtschaft wird immer öfter in Turbulenzen stürzen, wenn die Menschen ihre Lektion nicht lernen und die Bedeutung des Klimaschutzes nicht anerkennen wollen. Es gibt Belastungsgrenzen für Mensch und Natur, und die erreichen wir gerade. Die weltweiten Treibhausgasemissionen müssen endlich schnell sinken und schließlich innerhalb der zweiten Hälfte des Jahrhunderts auf einen Bruchteil der heutigen gebracht werden. Andernfalls drohen unkalkulierbaren Folgen für das Leben auf dem Planeten samt uns Menschen. Eine derart geschundene Welt können wir nicht wollen, weswegen wir alle in der Verantwortung stehen, sie nicht zur Realität werden zu lassen.

Die Menschen laufen wegen ihrer Untätigkeit beim Klimaschutz tatsächlich Gefahr, die Erde zu überhitzen. Der Begriff Erdüberhitzung ist an dieser Stelle erklärungsbedürftig. Er soll andeuten, dass das Leben auf der Erde bei weiter steigenden Temperaturen unter einen erheblichen Anpassungsdruck geraten würde, den es nicht überall und zu jeder Zeit aushalten würde. Ohne die Verringerung des weltweiten Treibhausgasausstoßes wird es nichts mehr mit der Klimarettung, wenn man die Einhaltung der Ziele des Pariser Klimaabkommens als solche bezeichnen will, wobei ich hier die 2-Grad-Grenze meine. Das Jahr 2023 war ein Paukenschlag. Die durchschnittliche Lufttemperatur an der Erdoberfläche erreichte im Juli 2023 den höchsten jemals für einen Monat gemessenen Wert seit Beginn der flächendeckenden Messungen 1850.[67] Möglicherweise waren es sogar die höchsten Temperaturen seit vielen Jahrzehntausenden. Der US-Sender CNN zitierte die renommierte Klimawissenschaftlerin Jennifer Francis[68] mit der Aussage, dass es sich im Juli 2023 wohl »um die heißesten Tage auf der Erde seit 100 000 Jahren« gehandelt habe.[69]

Ich finde, dass die Bezeichnung Erdüberhitzung vor diesem Hintergrund durchaus angebracht ist. »Die Welt sitzt auf einem heißen Stuhl«, sagte UN-Generalsekretär António Guterres im Sommer 2023 angesichts der zu der Zeit die Welt heimsuchenden Wetterextreme. »Der Juli bricht alle Rekorde. Das Zeitalter des weltweiten Siedens ist angebrochen«, so Guterres, der für seine klaren Worte bekannt ist, auch, wenn es um den Klimawandel geht. Der Juli 2023 folgte auf einen Juni, der bereits so warm gewesen war wie kein anderer Juni. Der neue Vorsitzende des Weltklimarats (IPCC), der Brite Jim Skea, äußerte zu Beginn seiner Amtszeit angesichts dieser Daten, dass es nun klar sei, dass die Welt das in Paris 2015 formulierte Ziel einer maximalen Erderwärmung um 1,5 Grad Celsius reißen werde. Die Regierungen hätten keine Maßnahmen ergriffen, die ehrgeizig genug gewesen seien, um dieses Ziel des Pariser Klimaabkommens zu erreichen. Wobei ich an dieser Stelle darauf hinweisen möchte, dass für mich das Hauptziel des Pariser Abkommens darin besteht, die globale Erwärmung auf »deutlich unter 2 Grad« zu begrenzen. An die Einhaltung der 1,5-Grad-Grenze hatte ich schon 2015 bei Abschluss des Abkommens nicht geglaubt.

Wie zur Bestätigung der Aussage von IPCC-Chef Skea waren auch die restlichen Monate des Jahres 2023 global die wärmsten für den jeweiligen Kalendermonat seit Messbeginn. Die Geschwindigkeit, mit der sich die Erde erwärmt habe, sei nach Ansicht Skeas überraschend. Wobei ich hier nicht unerwähnt lassen möchte, dass die derzeitige Erwärmungsrate im Großen und Ganzen immer noch im Rahmen der Berechnungen liegt, die vor einigen Jahrzehnten mit Klimamodellen angestellt worden waren. Die Temperaturrekorde aus dem Jahr 2023 haben mich persönlich keineswegs überrascht. Sie sind die logische Folge des jahrzehntelangen Treibhausgasausstoßes durch die Menschen. Allerdings ist es wegen der chaotischen Natur des Klimas prinzipiell nicht möglich, das Auftreten von Temperaturrekorden aufs Jahr genau vorherzusagen. Kurzfristige natürliche Schwankungen überlagern den durch die Menschen verursachten Erwärmungstrend, weswegen man nicht einzelne Jahre für die Bewertung der langfristigen Klimaentwicklung heranziehen sollte. Die Klimaerwärmung schreitet seit vielen Jahrzehnten mehr oder weniger unvermindert voran, wobei die Temperatur an der Erdoberfläche dafür nicht der beste Parameter ist, was ich oben anhand des Wärmeinhalts der oberen zwei Kilometer der Ozeane gezeigt habe (Abbildung 2).

Der Weltklimarat schätzt die Wahrscheinlichkeit, dass die globale Erwärmung an der Erdoberfläche schon in der nächsten Dekade die 1,5-Grad-Marke dauerhaft überschritten haben wird, auf mindestens 50 Prozent, und das selbst bei ehrgeizigen Emissionssenkungen. Der IPCC-Chef sagte in diesem Kontext: »Die Welt wird nicht untergehen, wenn es um mehr als 1,5 Grad wärmer wird.« Wenn man »ständig nur die Botschaft aussendet, dass wir alle dem Untergang geweiht sind, dann lähmt das die Menschen und hält sie davon ab, die nötigen Maßnahmen zu ergreifen, um mit dem Klimawandel fertigzuwerden«. Ich möchte diese Aussage des IPCC-Chefs ausdrücklich unterstreichen, ohne auch nur ansatzweise irgendeine Form von Entwarnung aussenden oder die 1,5-Grad-Grenze verharmlosen zu wollen. Ganz im Gegenteil, und da gehe ich mit Jim Skea konform. »Die Welt würde zweifellos gefährlicher werden«, sagte er in diesem Zusammenhang. In einem

Sonderbericht des Weltklimarats von 2018, der sich speziell mit der globalen Erwärmung um 1,5 Grad Celsius befasst hatte,[70,71] heißt es: »Die klimabedingten Risiken für natürliche und menschliche Systeme sind bei einer globalen Erwärmung um 1,5 Grad höher als heute.« Außerdem heißt es in dem Sonderbericht: »Klimabedingte Risiken für Gesundheit, Lebensgrundlagen, Ernährungssicherheit und Wasserversorgung, menschliche Sicherheit und Wirtschaftswachstum werden laut Projektionen bei einer Erwärmung um 1,5 Grad zunehmen und bei 2 Grad noch weiter ansteigen.« Für mich ist schon eine Erwärmung um 1 Grad Celsius kritisch, weil sich einige Auswirkungen erst sehr viel später zeigen werden, zum Beispiel in Form der weiter ansteigenden Meeresspiegel.

Wir müssen pragmatisch sein und nur das als Ziel formulieren, was realistischerweise überhaupt noch erreichbar ist. Eine globale Erwärmung von 1,5° Celsius darf man sicherlich nicht auf die leichte Schulter nehmen. Das hat uns 2023 gezeigt. Wir werden aber diese Marke überschreiten, trotz aller Bekundungen aus der Politik, dass sie nach wie vor an dem Ziel festhalten wollen. Vielleicht haben wir die Marke auch schon überschritten, was ich im nächsten Kapitel diskutieren werde. Wir müssen uns an dieser Stelle ehrlich machen, der Bevölkerung reinen Wein einschenken und ihr klarmachen, was noch geht und was nicht. Die Verbreitung von Schreckensszenarien für den Fall, dass wir es nicht schaffen sollten, unterhalb der Temperaturschwelle von 1,5 Grad Celsius zu bleiben, ist meiner Meinung nach im Sinne des Klimaschutzes nicht zielführend und könnte sogar kontraproduktiv sein, weil sich Menschen ob der düsteren Aussichten von den Belangen der Umwelt komplett abwenden könnten. Es bestünde daneben die Gefahr, dass Menschen sich aus Frustration radikalisieren und sich die gesellschaftliche Debatte um den Klimaschutz noch mehr polarisieren würde, als dies ohnehin schon der Fall ist.

2-Grad-Ziel und 1,5-Grad-Ziel

Woher stammen die Grenzen für die globale Erwärmung, die letztlich ins Pariser Klimaabkommen eingeflossen sind? Das 2-Grad-Ziel wurde 1975 erstmals von dem Ökonomen William D. Nordhaus formuliert.[72] Er argumentierte, dass bei der Begrenzung der globalen Erwärmung die Stärke natürlicher Klimafluktuationen zugrunde gelegt werden sollte. Ich finde, das ist eine zwar intuitive, aber vernünftige Annahme. Nordhaus argumentierte: »Als erste Annäherung scheint es vernünftig, zu verlangen, dass die Klimawirkungen von Kohlendioxid innerhalb des normalen Bereichs langfristiger Klimaveränderungen bleiben sollten. Gemäß den meisten Quellen liegt der Variationsbereich zwischen verschiedenen Klimaregimes in der Größenordnung von ±5°C, und gegenwärtig befindet sich das globale Klima am oberen Ende dieses Bereiches. Würden die globalen Temperaturen um mehr als 2 oder 3°C über die heutige Mitteltemperatur steigen, so würde dies das Klima außerhalb des Bereichs der Beobachtungen, die für die letzten mehreren hunderttausend Jahre gemacht wurden, führen.«[73] 2018 wurde Nordhaus zusammen mit Paul M. Romer mit dem schwedischen Reichsbankpreis für Wirtschaftswissenschaften zu Ehren von Alfred Nobel ausgezeichnet, kurz Wirtschaftsnobelpreis genannt. Nordhaus wurde geehrt für die »Integration des Klimawandels in die langfristige makroökonomische Analyse«.[74] Er entwickelte eines der ersten sogenannten integrierten Bewertungsmodelle, mit dem eine ökonomische Untersuchung von Auswirkungen des Klimawandels möglich wurde. Heute werden auch Risikoabschätzungen hinsichtlich unterschiedlicher Aspekte zur Motivation von kritischen Temperaturschwellen herangezogen, wie die Gefahr des Kollabierens von Ökosystemen oder schwerer Schäden für die Weltwirtschaft. Auf diese werde ich hier nicht weiter eingehen.

An dieser Stelle möchte ich die Schlüsselstelle des Pariser Klimaabkommens zitieren: »Zentrales Ziel … ist es, die globale Antwort auf die Bedrohung durch den Klimawandel zu verstärken, indem der globale Temperaturanstieg in diesem Jahrhundert deutlich unter 2 Grad Celsius über dem vorindustriellen Niveau gehalten wird, und die Bemühungen fortzusetzen, den Temperaturanstieg noch weiter auf 1,5 Grad Celsius zu begrenzen.«[75,76] Diese Formulierung lässt schon erahnen, dass wohl die allermeisten Delegierten, die an der Konferenz teilgenommen hatten, die 1,5-Grad-Marke als unrealistisch angesehen hatten, weil die globale Erwärmung 2015 schon zu weit fortgeschritten war. Die 1,5-Grad-Marke hat allerdings einen großen Symbolcharakter: Kleine Inselstaaten, die den eigenen Untergang im wortwörtlichen Sinne zu Recht befürchten, hatten neben einigen anderen stark gefährdeten Ländern die überaus ambitionierte Temperaturschwelle ins Pariser Klimaabkommen hineinverhandelt. Im Zentrum der öffentlichen und politischen Debatte steht heute das 1,5-Grad-Ziel und nicht das 2-Grad-Ziel, obwohl Letzteres das Hauptziel des Pariser Klimaabkommens ist.

Lassen Sie uns einen kleinen Exkurs machen. Es stellt sich nämlich die Frage, wann wir offiziell wissen werden, dass die Marke von 1,5 Grad Celsius dauerhaft überschritten ist. Das mag nach einer einfachen Frage klingen, was allerdings ganz und gar nicht der Fall ist. Zuallererst müssen wir anerkennen, dass auch die Beobachtungen einer gewissen Unsicherheit unterworfen sind. Das kann nicht verwundern, weil die Datenlage vor Beginn des Satellitenzeitalters vor ungefähr einem halben Jahrhundert nicht zufriedenstellend gewesen ist. 2023 lag der Anstieg der durchschnittlichen Temperatur an der Erdoberfläche wie bereits erwähnt im Jahresmittel je nach Analyse zwischen 1,34 und 1,54 Grad Celsius gegenüber dem Mittelwert der Jahre 1850 bis 1900. In welchem Jahr wird nun endgültig feststehen, dass die 1,5-Grad-Marke endgültig überschritten worden ist? Oder sollte das 1,5-Grad-Ziel vielleicht schon gerissen sein?

Zur Erinnerung: Im Zeitraum von Februar 2023 bis Januar 2024 lag die globale Erwärmung nach Angaben des Europäischen Klimawandeldienstes Copernicus ein Jahr lang über 1,5 Grad Celsius. Ist also damit schon das 1,5-Grad-Ziel gerissen? Stellen wir uns vor, dass 2024 die globale Erwärmung nach allen Analysen im Jahresdurchschnitt über 1,5 Grad Celsius liegen würde. Wäre dann das 1,5-Grad-Ziel endgültig gerissen? Wenn Sie diese Frage mit ja beantworten, was wäre, wenn 2025 die Erwärmung wieder unterhalb von 1,5 Grad Celsius liegen sollte? Ein zentrales Problem besteht offensichtlich darin, dass die global gemittelten Temperaturen nicht gleichmäßig ansteigen. Die kurzen Aufs und Abs, die im Laufe von Wochen und Jahren aufgrund natürlicher Klimaschwankungen auftreten – zum Beispiel durch El-Niño-Ereignisse im tropischen Pazifik und deren Gegenphasen, die La-Niña-Ereignisse, oder durch explosive Vulkanausbrüche – überlagern den langfristigen Erwärmungstrend durch die menschlichen Einflüsse. So lag der Anstieg der globalen Durchschnittstemperatur in den Jahren 2016, 2017, 2019, 2020 und 2023 schon kurzzeitig für einen Monat oder länger über 1,5 Grad Celsius. Vor diesem Hintergrund sollten wir auf jeden Fall nicht einzelne Jahre, sondern längere Zeiträume verwenden, um die Überschreitung der 1,5-Grad-Grenze zu erklären. In der Wissenschaft sehen wir einen Zeitraum von zwei Jahrzehnten als ausreichend an.

Kurioserweise gibt es bis zum heutigen Tag keine eindeutige Definition, was genau das 1,5-Grad Ziel bedeutet und wann die Welt es gegebenenfalls gerissen haben wird. Aus diesem Grund existiert diesbezüglich ein nicht unerheblicher Interpretationsspielraum, was ich im Folgenden verdeutlichen möchte. Die Bewertung des Anstiegs der Durchschnittstemperatur ausschließlich auf der Basis der zurückliegenden zwei Jahrzehnte würde vermutlich die Festlegung des Zeitpunkts, zu dem die Erderwärmung die 1,5-Grad-Grenze dauerhaft überschritten hat, erheblich verzögern. Lassen Sie uns zur Verdeutlichung dieses Sachverhalts als Beispiel einen 20-Jahre-Zeitraum und einen linearen Temperaturanstieg innerhalb des Zeitraums nehmen, d. h. die Temperatur steigt gleichförmig an. Zu Beginn des 20-Jahre-Zeitraums soll die Erwärmung

1,2 Grad Celsius betragen. Am Ende des 20-Jahre-Zeitraums soll die Erwärmung auf 1,8 Grad Celsius angestiegen sein. Ab der Mitte des Zeitraums, d. h. nach dem Jahr 10, wäre die 1,5-Grad-Grenze in unserem Beispiel schon dauerhaft überschritten. Zu diesem Zeitpunkt allerdings würden die vollen 20 Jahre an Beobachtungsdaten noch nicht zur Verfügung stehen, da es sich ja erst um die erste Hälfte des 20-Jahre-Zeitraums handelt und wir die Temperaturentwicklung während der zweiten Hälfte nicht kennen. Wir müssten also noch weitere zehn Jahre abwarten, um das Verfehlen des 1,5-Grad-Ziels festzustellen. Eine alternative und weniger konservative Methode wäre daher zweckmäßiger, um das unnötige Warten bis zur Gewissheit zu vermeiden.

Es mag auch überraschen, dass das Pariser Klimaabkommen keine formell vereinbarte Definition des gegenwärtigen Standes der globalen Erwärmung enthält. Das Abkommen enthält nicht einmal eine explizite und eindeutige Definition des Begriffs Temperaturanstieg. Ohne präzise Definitionen kann es aber keinen Konsens darüber geben, wann eine bestimmte Temperaturschwelle überschritten ist. So gibt es in der Wissenschaft eine Diskussion auch darüber, welcher Zeitraum als vorindustrielle Zeit gewählt werden sollte. Der Referenzzeitraum sollte eine ähnliche natürliche Klimavariabilität aufweisen wie die heutige Zeit. So sollten unter anderem die Sonnen- und Vulkanaktivität vergleichbar sein. Der im Allgemeinen verwendete Zeitraum 1850 bis 1900 scheint aus unterschiedlichen Gründen nicht optimal zu sein. Eine etwas frühere Zeit wäre vermutlich sinnvoller, zum Beispiel die Periode 1720 bis 1800.[77] Der Mangel einer eindeutigen Definition des Klimaschutzziels könnte durch bestimmte Interessengruppen missbraucht werden und zu Verzögerungen im politischen Handeln führen, und das gerade zu einem Zeitpunkt, an dem Klimaschutzmaßnahmen am dringendsten wären.

Wir benötigen eine Methode, die einerseits eine unnötige Verzögerung vermeidet und andererseits das kurzfristige Klimagezappel herausfiltert. Eine geeignete Vorgehensweise bestünde darin, einen 20-jährigen durchschnittlichen Temperaturanstieg zu verwenden, der sich auf das laufende Jahr bezieht, sodass das laufende Jahr in der Mitte des 20-Jahre-Zeitraums liegt. Die letzten zehn Jahre würden wir aus den Beobachtungen kennen. Wo aber bekämen wir die nächsten zehn Jahre her? Die zukünftige Temperaturentwicklung kann mit Klimamodellen geschätzt werden. Dann würde man den Durchschnitt über den 20-Jahre-Zeitraum aus den Beobachtungen der letzten zehn Jahre und aus den Klimamodellvorhersagen für die nächsten zehn Jahre bilden. Auf diese Weise erhält man einen Mittelwert über den kombinierten 20-Jahre-Zeitraum, bestehend aus Beobachtungen und Modellvorhersagen, wobei das aktuelle Jahr in der Mitte liegt. Solch ein »Sofortindikator« wäre für politische Zwecke außerordentlich nützlich und würde sicherstellen, dass einerseits nicht das erste einzelne Jahr mit 1,5 Grad Celsius über der vorindustriellen Zeit als Überschreitung des Klimaschutzziels gilt, und andererseits unnötige Verzögerungen hinsichtlich Klimaschutzmaßnahmen vermeiden, die sich aus dem Abwarten bis zum Ende des gesamten 20-Jahre-Zeitraums ergeben würden.[78]

Die obige Diskussion mag etwas akademisch anmuten. Wir benötigen jedoch mehr Klarheit in der politischen Diskussion darüber, wo wir im Moment bei der globalen Erwärmung stehen. So hält die Politik immer noch an dem 1,5-Grad-Ziel fest, obwohl es vielleicht schon gerissen ist. Ich will hier keine Zweifel aufkommen lassen: Für mich steht es außer Frage, dass wir das 1,5-Grad-Ziel schon längst verfehlt haben. Denn eine weitere globale Erwärmung um einige Zehntel Grad Celsius kann gar nicht mehr vermieden werden, worin sich alle Fachleute einig sind. Deswegen ist die Aussicht, die Erwärmung noch auf höchstens 1,5 Grad Celsius zu begrenzen, eine pure Illusion. Aus diesem Grund sollte sich jetzt alles darauf konzentrieren, die globale Erwärmung zumindest auf 2 Grad Celsius zu begrenzen, was schon schwer genug sein dürfte.

Eine Gruppe von Forschenden um den schwedischen Wissenschaftler Johan Rockström hat 2017 eine einfache Faustformel entwickelt, wie das 2-Grad-Ziel noch eingehalten werden kann. Demnach müsste der weltweite CO_2-Ausstoß alle zehn Jahre halbiert werden. Die jährliche Reduktion würde dadurch bei ungefähr sieben Prozent liegen, in etwa vergleichbar mit dem Rückgang im Coronajahr 2020. Gleichzeitig sollte der Anteil der erneuerbaren Energien am Gesamtweltenergiebedarf alle fünf bis sieben Jahre verdoppelt werden. Selbst dies würde aber noch nicht ausreichen. Zusätzlich müsste der Atmosphäre auch noch im erheblichen Maße CO_2 entzogen werden.[79]

Wir müssen den Tatsachen ins Auge blicken. Um ehrlich zu sein, liebe Leserinnen und Leser, ich bin skeptisch, dass die Menschen die globale Erwärmung noch auf 2 Grad Celsius begrenzen werden können. Die Ausgangslage ist denkbar schlecht. Wir hätten schon vor ein paar Jahrzehnten beginnen sollen, die weltweiten Treibhausgasemissionen zu senken. Eine Verringerung der Emissionen ist jedoch selbst nach dem Pariser Klimaabkommen von 2015 nicht geschehen, wenn man von 2020 absieht, dem Jahr, das von Corona geprägt war. Vor allem aber spricht die geopolitische Lage gegen die so notwendige Senkung der Treibhausgasemissionen. Die Klimakrise erfordert, dass die Länder miteinander kooperieren und Eigeninteressen – auch zu ihrem eigenen Wohl – hintanstellen. Das kann ich derzeit nicht erkennen. Die Welt ist in Aufruhr und schert sich so gut wie nicht um den Klimawandel. Trotzdem sollten wir die Flinte nicht ins Korn werfen. Wenn der politische Wille der Staatengemeinschaft vorhanden ist, dann kann die Senkung der Treibhausgasemissionen ganz schnell vonstattengehen. Die Möglichkeiten dazu halten wir in der Hand.

Ein verhängnisvolles Spiel auf Zeit – Vom Klimawandel zum Klimahandel

Gesundheitsrisiko Klimawandel

Die Erde wird schnell wärmer, und es droht eine Überhitzung des Planeten, wenn die Menschen nicht schleunigst gegensteuern. Die Daten weisen klar in diese Richtung. Auf der einen Seite, weil die Treibhausgasemissionen weiterhin global steigen, anstatt im erheblichen Maße zu fallen. Und auf der anderen Seite, weil die Temperaturen an der Erdoberfläche relativ beständig ansteigen, wenn man von kurzfristigen Schwankungen absieht, mit den bekannten Folgen. Der Klimawandel wird mehr und mehr zu einem Gesundheitsrisiko. Allein die durch die bereits eingetretene globale Erwärmung verursachte Zunahme und Verstärkung von Hitzewellen fordert jährlich viele tausend Todesopfer. Im Sommer 2022, dem bisher wärmsten Sommer in Europa seit Beginn der Messungen, waren es auf dem Kontinent nach Angaben der Weltgesundheitsorganisation (WHO) mindestens 15 000 Hitzetote. Bei uns in Deutschland waren in dem Jahr ca. 4500 Todesfälle zu beklagen.[80] Eine neuere Studie kommt mit ungefähr 45 000 Toten in Europa und gut 8000 Toten in Deutschland zu weitaus höheren Zahlen.[81] Andere Studien kommen sogar zu noch höheren Zahlen. Nach vorläufigen Angaben des Robert Koch-Instituts sind in Deutschland im Sommer 2023, der deutlich weniger Hitzetage verzeichnete als der Sommer 2022, trotzdem immerhin noch 3100 Menschen an Hitze gestorben.[82] Die Opferzahlen sind jedoch mit einer großen Unsicherheit behaftet und nur schwer abzuleiten, weil die Todesursache nicht immer klar ist und im Nachhinein korrigiert werden muss. Ich könnte mir gut vorstellen, dass die Dunkelziffer der Hitzetoten noch deutlich höher ist als in den Statistiken ausgewiesen.

»Der Klimawandel bringt uns schon jetzt um, aber ein starkes Handeln heute kann weitere Todesfälle verhindern«, führte Hans Henri P. Kluge, WHO-Regionaldirektor für Europa, 2022 auf der 27. Weltklimakonferenz (COP 27) in Ägypten aus.[83] Europa verzeichnete während der vergangenen 30 Jahre im Mittel einen ungefähr zweimal so hohen Temperaturanstieg wie der globale Durchschnitt. Der Kontinent könnte daher zu einem Hotspot für Hitzestress werden – ein Zustand, bei dem sich der Körper nicht von selbst kühlen kann. Hitzestress wiederum ist die Hauptursache für wetterbedingte Todesfälle in Europa. Extrem hohe Temperaturen können auch chronische Erkrankungen wie Herz-Kreislauf- und Atemwegserkrankungen verschärfen, die Hirndurchblutung beeinträchtigen sowie Diabeteserkrankungen verschlimmern. Ich erinnere mich noch sehr gut daran, als wir im Sommer 2022 in Hamburg zum ersten Mal eine Temperatur von 40 Grad Celsius gemessen hatten. Obwohl ich Wärme sehr gut vertrage, auch Temperaturen von 30 Grad Celsius und etwas darüber, haben mir die Rekordtemperaturen doch zu schaffen gemacht, weswegen ich mich, soweit es möglich war, nicht im Freien aufgehalten hatte.

Wenn die Umgebungs- und Körpertemperatur steigt, dann braucht der Organismus logischerweise mehr Flüssigkeit. Die Gefahr, dass der Körper dehydriert, d. h. zu wenig Flüssigkeit zur Verfügung hat und austrocknet, ist bei Hitze sehr hoch. Wenn die Flüssigkeit fehlt, wechseln beispielsweise die Nieren in eine Art Sparmodus. Der Körper produziert weniger Urin, die Gefäße und Organe sind weniger gut durchblutet. Im schlimmsten Fall kann es sogar zu einem akuten Nierenversagen kommen. Gerade ältere Menschen, bei denen die Nierenfunktion ohnehin oft eingeschränkt ist und auch das Durstgefühl nachlässt, können davon betroffen sein. Aber auch Menschen wie die im Straßenbau Arbeitenden, die auch bei Hitze schwere körperliche Arbeit verrichten müssen, können schnell dehydrieren und schwere gesundheitliche Schäden davontragen. Und wenn man dann noch auf Baustellen mit sehr heißen Materialien arbeitet, wird es geradezu unmenschlich.

Die bei weiter steigenden Temperaturen zu erwartenden Auswirkungen auf die menschliche Gesundheit haben bisher in der öffentlichen Diskussion rund um den Klimaschutz eine vergleichsweise untergeordnete Rolle gespielt. Das scheint sich allerdings gerade zu ändern.[84] So stellte Bundesgesundheitsminister Karl Lauterbach im Sommer 2023 seine Pläne für einen deutschen Hitzeschutzplan vor, um die Bevölkerung besser vor Hitze zu schützen.[85] Darüber hinaus sollte man auch nicht die Wechselbeziehungen zwischen menschlicher und planetarer Gesundheit vergessen. Diese relativ neue und inzwischen als »One-Health«-Konzept bekannte ganzheitliche Sichtweise entspringt dem Verständnis, dass die Gesundheit von Menschen, Tieren und der Umwelt eng miteinander verwoben und die drei sogar voneinander abhängig sind.[86] Gerade wenn es um den Klimawandel geht, ist das »One-Health«-Konzept geeignet, um die Herausforderungen im Zusammenhang mit der Erderwärmung besser meistern zu können.

Vermehrte Extremereignisse wie Hitze, Stürme, Starkregen mit Hochwasser, Lawinenabgänge oder Erdrutsche sind oder können Auswirkungen der globalen Erwärmung sein, und sie sind eine unmittelbare Gefahr für Leib und Leben. Solche Ereignisse können auch zu sozialen und psychischen Belastungen und Störungen wie Stress, Angstzuständen oder Depressionen führen.[87] Stellen Sie sich vor, dass Sie durch eine Flut Ihr gesamtes Hab und Gut verloren haben, und Sie sind mit dem nackten Leben davongekommen. Vielleicht sind auch Ihnen nahestehende Menschen ums Leben gekommen. Ich mag mir gar nicht vorstellen, was das für eine psychische Belastung sein muss. Bei uns in Deutschland wird einem geholfen, so weit es geht. Noch, muss man dazusagen. In anderen Weltregionen gibt es überhaupt keine Hilfe. Wie muss es diesen Menschen gehen?

Kommen wir zu den Infektionskrankheiten. Zu den bedeutendsten sogenannten Gesundheitsschädlingen, die Infektionserreger auf den Menschen übertragen können, gehören Zecken, Stechmücken und Nagetiere. Die Erderwärmung und ihre Folgen können sich zum Beispiel auf Vorkommen, Verbreitung, Populationsgröße, Aktivität, Möglichkeiten der Überwinterung und auch auf die Fähigkeiten, Infektionen zu übertragen, auswirken.[88] Zudem kann der Klimawandel die Etablierung neu eingeschleppter Arten begünstigen wie etwa der asiatischen Tigermücke. Sie ist als Überträger von Krankheitserregern wie beispielsweise dem Zika-Virus, dem Chikungunya-Virus und dem Dengue-Virus bedeutsam. Der Klimawandel ist auch für Allergiker relevant. Im Vergleich zu früheren Jahren haben sich die Pollensaison und damit auch die Beschwerdeperiode der Betroffenen verlängert. Ursachen sind der durch die Klimaerwärmung bedingte frühere Blühbeginn der Vegetation sowie längere Pollenflugzeiten. Die Vegetationsperiode, also die Zeit des Jahres, in der Pflanzen wachsen, blühen und fruchten, hat sich in Deutschland seit 1961 um rund zwei Wochen verlängert.

Gesundheitliche Risiken infolge der globalen Erwärmung haben in den letzten Jahren schon deutlich zugenommen, und sie werden weiter zunehmen, wenn wir die Klimaproblematik nicht in den Griff bekommen. Die vielen Opfer durch Extremwetterereignisse in den letzten Jahren sind dafür Vorboten. Die Weltgesundheitsorganisation (WHO) warnte 2023 vor der 28. Weltklimakonferenz in Dubai (COP 28) vor den gesundheitlichen Gefahren: »Es handelt sich (...) um einen Bedrohungsmultiplikator, der jahrzehntelange Fortschritte im Gesundheitsbereich untergräbt und möglicherweise rückgängig macht.«[89] Weiterhin forderten Gesundheitsexpertinnen und -experten in einem offenen Brief den Vorsitzenden der COP 28 und die Staats- und Regierungschefs aller Länder auf, sich zu einem beschleunigten, gerechten und ausgewogenen Ausstieg aus den fossilen Brennstoffen zu verpflichten, da dies der entscheidende Weg zur Gesundheit für alle sei.[90] Der offene Brief wurde von Organisationen unterstützt, die 46,3 Millionen Angehörige der Gesundheitsberufe vertreten.

In dem Brief heißt es: »Als weltweit führende Gesundheitsbehörden haben wir uns verpflichtet, Gesundheit und Wohlbefinden für alle zu erreichen – dies ist nicht möglich ohne ein sicheres und stabiles Klima.« Die Beendigung unserer gefährlichen Abhängigkeit von fossilen Brennstoffen, so ihr Appell, werde die Gesundheitschancen künftiger Generationen verbessern und Leben retten. Eine zentrale Forderung des offenen Briefes lautete, dass »Vertreter der fossilen Brennstoffindustrie von den Klimaverhandlungen ausgeschlossen werden. Die Interessen fossiler Brennstoffe haben bei den Klimaverhandlungen nichts zu suchen (...) So wie die Tabakindustrie nicht an der WHO-Rahmenkonvention zur Eindämmung des Tabakkonsums teilnehmen darf, ist es zwingend notwendig, die globale Zusammenarbeit beim Klimaschutz vor Lobbying, Desinformation und Verzögerungen zugunsten von Industrieinteressen zu schützen.«

Bereits bei der COP 27 in Ägypten 2022 war eine Rekordzahl von Vertretern der Öl- und Gasindustrie anwesend, und auf der COP 28 wurde die Zahl noch einmal überboten. Ich kann der Forderung nach dem Ausschluss der Lobbyisten von den Klimakonferenzen nur zustimmen. In dem offenen Brief wird auch das Thema »Carbon Capture and Storage« (CCS) aufgegriffen, also das Abscheiden und Speichern von Kohlendioxid. Ein vollständiger und rascher Ausstieg aus der Nutzung fossiler Brennstoffe sei der wichtigste Weg, um saubere Luft, Wasser und Umwelt zu garantieren, die die Grundlage für eine gute Gesundheit sind. »Wir können uns nicht auf unzuverlässige und unzureichende Lösungen wie (...) CCS verlassen, die zwar die Nutzung fossiler Brennstoffe verlängern, aber nicht die realen und unmittelbaren gesundheitlichen Verbesserungen bewirken, die eine Umstellung auf erneuerbare Energien bietet.« Das kann ich vollumfänglich unterschreiben. Denn wir dürfen nicht vergessen, dass allein die Luftverschmutzung und die Verminderung der Luftqualität durch die Verbrennung der fossilen Brennstoffe ein enormes Gesundheitsrisiko darstellen. »Der Ausstieg aus der Nutzung fossiler Brennstoffe würde nicht nur den Klimawandel bremsen. Er könnte pro Jahr weltweit auch fünf Millionen Todesfälle durch Luftverschmutzung verhindern.« Zu diesem Ergebnis kommt ein internationales Team, an dem auch Forscher des Max-Planck-Instituts für Chemie in Mainz beteiligt waren.[91]

Auch besteht die Gefahr, dass Infektionskrankheiten wie Corona, deren Erreger auf natürlichem Wege vom Tier auf den Menschen übertragen werden können, sogenannte Zoonosen, durch den Klimawandel begünstigt werden. Durch die globale Erwärmung wie auch die Zerstörung von Natur sind viele Tiere dazu gezwungen, in von Menschen besiedelte Gebiete vorzudringen, wobei sie gefährliche Erreger mitbringen können.

Ich wundere mich darüber, dass in der Öffentlichkeit bisher so wenig über die gesundheitlichen Risiken des Klimawandels gesprochen wurde. Zum allerersten Mal auf einer Weltklimakonferenz überhaupt wurde das Thema Klimawandel und Gesundheit 2023 auf der COP 28 in Dubai diskutiert und eine diesbezügliche Erklärung verabschiedet. In der Erklärung erkennen die Staaten die Notwendigkeit einer schnellen Senkung von Treibhausgasemissionen sowie der Verminderung von Luftverschmutzung und des Übergangs zu einer nachhaltigen und gesunden Ernährung an.[92] Fossile Energien allerdings werden in der Erklärung namentlich nicht erwähnt, wobei ich mich frage, wie die schnelle Senkung von Treibhausgasemissionen ohne den zügigen Ausstieg aus Kohle, Öl und Erdgas realisiert werden soll. Die Deklaration ist rechtlich nicht bindend, sondern lediglich ein Aufruf zum freiwilligen Handeln. Für mich ist die Erklärung von Dubai, die vom Konferenzpräsidenten Sultan Ahmed Al Jaber, einem Ölmanager, als großartiger Erfolg gefeiert wurde, eine Frechheit. Zum einen kommt sie um viele Jahre zu spät, und zum anderen ist sie an Unverbindlichkeit kaum zu übertreffen.

Zerstörte Landschaften

Lassen Sie uns noch einmal zu Maurice Strong ins Jahr 1972 zurückkehren, der die Stockholm-Konferenz eröffnet hatte. Gegen Ende seiner Rede auf der Konferenz warf Strong schließlich die Frage auf: »Ist es realistisch zu glauben, dass wir als Nationen oder als Spezies unseren gegenwärtigen Kurs beibehalten können?« Ich gehe davon aus, dass Strong die Frage als rhetorische Frage verstanden haben wollte und nie und nimmer damit gerechnet hatte, dass die Menschen ihren verhängnisvollen Kurs gegen den Planeten und damit auch gegen sich selbst über ein halbes Jahrhundert lang und bis zum heutigen Tag beibehalten würden. Und das mit schon seit vielen Jahren so offensichtlichen und teilweise dramatischen Folgen für Mensch und Natur, die nicht nur, aber eben auch mit dem Klimawandel in Zusammenhang stehen. Die Umwelt ist in manchen Regionen der Erde bereits irreparabel zerstört, und mit jedem Tag kommt mehr Naturverlust hinzu.

Der Blick aus dem Weltraum auf die Brände und die klaffenden Wunden in den tropischen Regenwäldern genügt, um sich dessen zu vergegenwärtigen. Auch diese bedrückende Ansicht sollte doch eigentlich ein Weckruf für uns Menschen sein, nicht zuletzt deswegen, weil in den Regenwäldern schon so viele Arten vom Aussterben bedroht oder bereits ausgestorben sind. Und auch für ein intaktes Klima sind die tropischen Regenwälder von allergrößter Bedeutung, weil sie unter anderem den Energie- und Wasserhaushalt der Atmosphäre weit über ihre unmittelbare Nachbarschaft hinaus regeln und durch die Zerstörung der Wälder außerdem große Mengen des Treibhausgases CO_2 freisetzt werden. Zudem setzt der Klimawandel den Wäldern zu, insbesondere im Amazonasgebiet. Warum sprechen wir von Erfolgen, wenn nach dem Präsidentenwechsel in Brasilien zu Beginn des Jahres 2023 – von Jair Bolsonaro zu Luiz Inácio Lula da Silva – im Amazonas-Regenwald jetzt weniger Abholzung stattfindet, wo doch jeder

Hektar verlorengegangener Regenwald einer zu viel ist? Warum berührt es uns nicht, dass immer mehr Regenwaldfläche von der Erde verschwindet? Warum geht die Zerstörung der tropischen Regenwälder immer noch weiter voran, anstatt die noch verbliebenen bewaldeten Flächen zu schützen?[93,94]

Forschende halten es für möglich, dass sich ein Großteil des Amazonas-Regenwaldes in eine Savanne verwandeln könnte – wofür eventuell schon ein Verlust von etwa einem Viertel der Waldfläche ausreichen würde. Ungefähr 20 Prozent des Amazonasgebiets sind bereits abgeholzt, weitere sechs Prozent sind stark degradiert. Die Rekorddürre im Amazonasgebiet 2023 – Manaus, die Hauptstadt des brasilianischen Bundesstaates Amazonas verzeichnete den niedrigsten Pegelstand des Rio Negro seit Beginn der Messungen 1903 – nährt die Sorge, dass sich der Regenwald dem Kipppunkt nähert, bei dem der Umschlag in eine Savanne unumkehrbar ist, was ein Desaster für die indigenen Völker, die Ökologie der Region und das Weltklima bedeuten würde.

Durch die Ausweitung von Landwirtschaft, Bergbau, Holzgewinnung und anderen nicht nachhaltigen Praktiken werden Wälder und andere Ökosysteme auf der ganzen Welt zerstört oder geschädigt. Für Entwicklungsländer sind Wälder eine Ressource. Und leider sind tote Bäume für diese immer noch mehr wert als lebendige. Nach Angaben des World Resources Institute sind allein seit der Jahrhundertwende sieben Prozent des tropischen Primärregenwaldes verloren gegangen. Im Jahr 2022 gingen weltweit 4,1 Millionen Hektar tropischer Primärregenwälder verloren, Gebiete, die für den Lebensunterhalt indigener Völker, die Kohlenstoffspeicherung und die biologische Vielfalt von entscheidender Bedeutung sind – was einer Abholzungsrate von ungefähr elf Fußballfeldern pro Minute entspricht.[95] Auf der Weltklimakonferenz 2021 in Glasgow (COP 26) hatten weit über 100 Staaten die »Declaration on Forests and Land Use« unterschrieben, die den Stopp der weltweiten Abholzung bis 2030 anstrebt.[96]

Dieses Ziel scheint in weite Ferne gerückt zu sein. 2022 hatte die Waldzerstörung gegenüber 2021 zugenommen. Internationale Abkommen basieren auf Freiwilligkeit der Länder, worin ein großer Nachteil besteht. Deswegen können nach Regierungswechseln beispielsweise die neuen Machthaber aus solchen Abkommen einfach austreten, wie der damalige US-Präsident Donald Trump, der nach seinem Amtsantritt 2017 das Pariser Klimaabkommen gekündigt hatte. Seiner Ansicht nach war das Abkommen, das sein Amtsvorgänger Barack Obama unterschrieben hatte, gegenüber den USA unfair. Schließlich können internationale Vereinbarungen zum Umweltschutz auch daran scheitern, dass sie nur schwer zu überprüfen sind, weswegen sich einige Länder trotz ihrer Unterschrift nicht an die Vereinbarungen halten.

Um die tropischen Regenwälder langfristig zu schützen, müssten Abholzung und globale Treibhausgasemissionen stark begrenzt werden – und zwar ab sofort. Warum fahren die Menschen die Waldzerstörung nicht deutlich zurück, was aus wissenschaftlicher Sicht geboten wäre und wie es die Länder versprochen haben? Die Antwort liegt auf der Hand: Weil es sich für alle Beteiligten lohnt. Wobei zu diesen Beteiligten sehr unterschiedliche Gruppen zählen. Da wären zum einen korrupte Politikerinnen und Politiker. Skrupellose Geschäftemacher können Waldflächen von offizieller Hand billig erwerben und sich damit das Recht zur Abholzung kaufen, um dort dann Viehherden weiden zu lassen oder Nutzpflanzen anzubauen. Zum anderen profitieren auch die Menschen in den Industrienationen von den billigen Produkten aus den Regenwaldregionen. Nicht zuletzt auch deswegen habe ich dieses Buch Klimahandel genannt. Umweltzerstörung darf finanziell nicht zum Vorteil gereichen. Sie gehört sanktioniert und sollte nicht noch durch Subventionen oder schlichtes Wegschauen unterstützt werden.

Die Europäische Union (EU) hat erste Schritte in diese Richtung unternommen und sich auf ein Verbot von verschiedenen Waren und Rohstoffen aus Entwaldungsgebieten geeinigt.[97] Darunter fallen seit 2023 unter anderem Kakao, Kaffee, Palmöl, Soja, Holz, Gummi, Holzkohle, bedruckte Papierprodukte und auch Fleisch. Produkte, die diese Rohstoffe enthalten, fallen ebenfalls unter das neue Gesetz. Wurde beispielsweise ein Rind mit Soja gefüttert, das auf abgeholzten Flächen angebaut wurde, darf weder sein Fleisch noch sein Leder in die EU eingeführt werden. Wird andererseits ein Rind in der EU gehalten und mit illegal angebauten Sojaprodukten aus einem Regenwaldgebiet gefüttert, wird sein Fleisch ebenfalls als illegal eingestuft. Dasselbe Prinzip gilt für Möbel aus Tropenholz sowie für Kakao und Palmöl in Lebensmitteln. Wer sich nicht an die Regeln hält, riskiert hohe Geldstrafen. Außerdem soll überprüft werden, ob weitere Waren einbezogen werden müssen. Kritisch ist allerdings anzumerken, dass andere Ökosysteme nicht durch die EU-Regelung geschützt werden wie angrenzende Savannen, weil diese nicht unter die im Gesetz vorgesehene Definition von Wald fallen.

Schätzungen zufolge gingen zwischen 1990 und 2020 zehn bis 20 Prozent der Entwaldung auf das Konto von Verbraucherinnen und Verbrauchern in der EU. Insgesamt wurde in diesem Zeitraum weltweit eine Waldfläche abgeholzt, die in etwa der Gesamtfläche der EU entspricht.[98] Solche Zahlen sind allerdings mit einer nicht kleinen Unsicherheit behaftet. Haupttreiber für die Waldzerstörung sind die Land- und Forstwirtschaft, wobei die Menschen in den Industrieländern daran ganz und gar nicht schuldlos sind. Was wir zum Beispiel in Europa konsumieren, treibt andernorts die Waldzerstörung voran. Die EU liegt auf Platz zwei dieser sogenannten importierten tropischen Entwaldung.[99] Innerhalb der EU führt Deutschland mit großem Abstand die Rangliste vor Italien und Spanien an.

Es sind neben den Wäldern auch andere Ökosysteme wie Feuchtgebiete, Torfmoore oder die bereits oben erwähnten Savannen, die zunehmend in Gefahr sind und damit auch ihre Fähigkeit verlieren könnten, Ökosystemdienstleistungen für Mensch, Natur und

Klima zu bieten, welche als die Vorteile definiert sind, die Menschen aus Ökosystemen beziehen. Die Ökosystemdienstleistungen sollten als fundamental wichtige Gratisleistungen der Natur sehr viel stärker ins Bewusstsein der Menschen treten und gleichberechtigt zu wirtschaftlichen und sozialen Aspekten in Entscheidungsprozessen Berücksichtigung finden, um eine nachhaltige Landnutzung zu gewährleisten. Wann wird die Menschheit endlich damit aufhören, Landflächen zu zerstören und damit sich selbst zu schaden? Ist die menschliche Gier nach immer mehr so groß, dass wir ihr alles unterordnen, selbst das Wohlergehen unserer eigenen Spezies?

Ich stelle mir in diesem Zusammenhang so viele Fragen. Warum zum Beispiel löst es bei so vielen Menschen bei uns in Deutschland kaum etwas aus, wenn sie auf die zerschundenen Landschaften in den Braunkohlerevieren bei uns schauen? Die Aufnahmen von der Abbruchkante in Lützerath, ein Weiler, eine kleine Siedlung im Tagebaugebiet Garzweiler II in Nordrhein-Westfalen, die wir tagtäglich über die Fernsehkameras geboten bekamen, als Anfang 2023 vorwiegend junge Menschen gegen die Räumung des Dorfes und den Abbau der darunterliegenden Kohle demonstriert hatten, waren für mich jedenfalls eine geradezu bedrückende Ansicht. Wie kann man die Natur für ein paar Euro nur derart zerstören? Soll uns etwa die Technologie aus dem vorletzten Jahrhundert in die Zukunft führen? Warum gewöhnen wir uns an die Umweltzerstörung, selbst an die vor unserer eigenen Haustür? Sind wir schon so abgestumpft, dass wir nicht mehr wissen, was vernünftig ist und was unvernünftig? Gehört Umweltzerstörung heute schon zum guten Ton? Oder ist sie so etwas wie ein Kollateralschaden, den wir billigend in Kauf nehmen, um ja nicht aus unserer Komfortzone heraus zu müssen? Heiligt schließlich der Profit alle Mittel, auch wenn die Gewinne auf lange Sicht die Lebensgrundlagen auf unserem Planeten zerstören?

Die Bilder aus Lützerath gingen um die ganze Welt, und größer hätte die mediale Aufmerksamkeit nicht sein können. Aber die vehementen Proteste und die immense öffentliche Aufmerksamkeit hatten nichts genützt. Lützerath musste weichen. Die Landesregierung und der Energiekonzern RWE hatten sich auf eine Vereinbarung verständigt, nach der Lützerath geopfert und der Ausstieg aus der Braunkohle in Nordrhein-Westfalen auf 2030 vorgezogen wird. Es gab jedoch von Anfang an Zweifel, ob die Braunkohle unter Lützerath wirklich für die Energiesicherheit Deutschlands benötigt werden würde oder ob man nicht zumindest hätte abwarten können, bis Klarheit über die Notwendigkeit der Braunkohle bestanden hätte. Die Entscheidung hätte wohl je nach Versorgungslage auch noch in einigen Jahren gefällt werden können. Lützerath sei auch deswegen geopfert worden, weil es schließlich dem Klima zugutekomme, hieß es von der Landesregierung als Begründung. Die Kohle, die im alten Ausstiegsplan ab 2030 verbrannt werden sollte, würde aber nach einer Studie der Beratungsfirma Aurora Energy Research[100] überhaupt nicht verbrannt werden. Wegen des heute bereits absehbaren sehr hohen Preises für CO_2-Zertifikate im Jahr 2030 wäre das Verfeuern der Kohle nach 2030 viel zu teuer und damit unrentabel. Das Vorziehen des Datums für den Ausstieg aus der rheinischen Braunkohle würde somit keinen positiven Effekt auf das Klima haben, so die Analyse des Expertenteams.

Im Kleinen können wir die Zerstörung von Lebensraum und dessen Folgen auch in unserer eigenen unmittelbaren Nachbarschaft beobachten. Eine Auswirkung der Vernichtung von Lebensraum, die wir alle wahrnehmen, sind das Insektensterben und das Verschwinden der Singvögel. Es müssen jetzt Gesetze erlassen werden, um diese Entwicklung zu stoppen. Ist dies nicht ein Armutszeugnis für uns alle? Seit Ende 2020 regelt ein Erlass des Ministeriums für Inneres, ländliche Räume, Integration und Gleichstellung (MILI), dass in Schleswig-Holstein Freiflächen auf Grundstücken »1. wasseraufnahmefähig zu belassen oder herzustellen und 2. zu begrünen oder zu bepflanzen« sind.[101] Schotter- und Steingärten sind in der Regel nicht mehr zulässig. Auch in Nordrhein-Westfalen untersagt seit 2024 ein Gesetz Kunstrasen und Schotterflächen im Garten. Schotter- und Steingärten besitzen vielfältige ökologische Nachteile. Schottergärten rauben zum Beispiel Kleintieren und Insekten den Lebensraum. Die wenigen Pflanzen, wenn sie denn überhaupt vorhanden sind, können in solchen Gärten vielfach nicht gedeihen und vegetieren oft nur vor sich hin. Ohne eine ausreichende Bepflanzung fehlen auch ein natürlicher Schallschutz und wichtige Schadstofffilter. Schotter- und Steingärten sind häufig mit Kunststoffvliesen oder Folien unterlegt, was das Versickern von Regenwasser und damit die Bildung von Grundwasser behindert.[102] Das erhöht zudem das Hochwasserrisiko, weil das Wasser oberflächlich ablaufen muss und dadurch ein wichtiger Verzögerungseffekt ausfällt. Außerdem fehlt ohne eine ausreichende Bepflanzung die kühlende Verdunstung, was die Temperaturen während sommerlicher Hitzeperioden zusätzlich ansteigen lässt. Und schließlich speichert Schotter Wärme und strahlt sie nachts wieder ab, wodurch die Hitzebelastung noch gesteigert wird.

Ich finde die Verbote von Schotter- und Steingärten absolut richtig. Aber warum muss es überhaupt solche Erlasse geben? Und warum halten sich nicht alle Leute an die Verbote? Nach Angaben des Gemeindetages ist in Husum, einer Hafenstadt an der Westküste Schleswig-Holsteins, die Zahl der Schottergärten in den vergangenen Jahren sogar noch gestiegen – trotz des Verbots. Haben wir uns schon so sehr von der Natur entfernt, dass sie unter allen Umständen der Bequemlichkeit weichen muss? Umwelt- und Klimaschutz fängt im Kleinen an. Jeder und jede von uns trägt einen Teil Verantwortung für den Planeten. Auch in Städten muss immer mehr Natur Beton weichen, selbstverständlich aus guten Gründen. Dass dies schwerwiegende Folgen hat wie etwa die übermäßige Aufheizung der Städte während sommerlicher Hitzewellen und die Begünstigung von Überschwemmungskatastrophen durch Starkregen wegen der großflächigen Versiegelung der Böden, scheint bisher jedenfalls kaum jemanden in der Stadtplanung zu interessieren.

Unser Krieg gegen die Umwelt

Es scheint kein Innehalten bei der Umweltzerstörung durch die Menschen zu geben. Wir vernichten immer mehr Lebensraum mit gravierenden Folgen für das Klima und auch die Artenvielfalt. Die Zerstörung von Natur wird in Kriegen sogar als Waffe eingesetzt, als wenn Kriege nicht schon schrecklich genug wären. Das von den Amerikanern vor über einem halben Jahrhundert im Vietnamkrieg[103] versprühte und als »Agent Orange« bezeichnete Entlaubungsmittel enthielt das hochgiftige Dioxin TCDD, das auch als Seveso-Gift bekannt ist. Bis heute leiden Millionen Menschen unter Spätfolgen, und noch immer werden Kinder mit schwersten Fehlbildungen geboren. Wir alle kennen diese Bilder. Die Menschen scheinen daraus nichts gelernt zu haben.

Am 24. Februar 2022 hat Russland ohne Grund die Ukraine überfallen. Die Sprengung des Kachowka-Staudamms im Süden der Ukraine im Juni 2023 – vermutlich mutwillig durch den Aggressor Russland herbeigeführt – führte zu einer verheerenden Flut. Die durch die Sprengung des Staudamms hervorgerufene Apokalypse ist für mich unfassbar – ja geradezu schockierend – wie auch für viele andere Menschen, mit denen ich über dieses Ereignis gesprochen hatte. Der Dammbruch sorgte für viele Tote, Verletzte und Vertriebene wie auch wegen der Zerstörung relevanter Infrastruktur für einen extremen Trinkwassermangel. Darüber hinaus transportierten die nicht mehr zu bändigenden Wassermassen große Mengen Öl und hochgiftige Chemikalien. Landminen wurden durch die Fluten fortgespült, damit unberechenbarer und noch gefährlicher. Die betroffenen landwirtschaftlichen Flächen werden wahrscheinlich auf unabsehbare Zeit verseucht bleiben. Es wird daher über Jahre, vielleicht auch Jahrzehnte erhebliche Rückgänge bei der Getreideernte geben mit katastrophalen Auswirkungen auf die Welternährung. Der Angriffskrieg Russlands gegen die Ukraine hat unlängst zu einer Zunahme des Hungers auf der Welt geführt, weil Russland die Welt in Geiselhaft nimmt und Getreidetransporte behindert oder gar blockiert. Es scheint keine Grenzen mehr zu geben, was Aggression und Umweltzerstörung durch die Menschen anbelangt. Damit muss endlich Schluss sein, wenn die Menschheit eine gute Zukunft haben will.

Im Zweifel gegen die Umwelt, das scheint immer noch viel zu oft die Leitlinie politischen Handelns zu sein: lokal, regional und global. Die Ansiedlung von Industrie ist in vielen Fällen wichtiger als der Schutz der Natur. Weil es bei denen, die die Entscheidung zu treffen haben, schlicht als die beste Lösung erscheint. Man schaffe schließlich neue oder sichere Arbeitsplätze und damit Wohlstand, ist dann von offizieller Seite zu vernehmen. Besitz und Geld werden aber ohne eine intakte Umwelt nichts mehr wert sein. So wie eine Inflation mit der Zeit Geld entwertet und Guthaben wertlos macht, frisst die Umweltzerstörung den Wohlstand, vielleicht nicht sofort, aber auf lange Sicht gesehen. Der Krieg, den die Menschen gegen die Umwelt führen, ist letzten Endes ein Krieg gegen sie selbst. Und diesen Krieg werden die Menschen niemals gewinnen können. Eine gesunde Erde ist die Grundlage unseres Lebens und Wirtschaftens. Wenn wir das nicht begreifen, ist das Scheitern der Menschheit programmiert. Die Natur wird sich wieder erholen, auch wenn sie die Erde vielleicht in einer anderen Ausprägung zurückerobern sollte.

Untätigkeit

Auf der Basis der Ergebnisse der Stockholm-Konferenz wurde noch im selben Jahr, 1972, das Umweltprogramm der Vereinten Nationen (UN Environment Programme, UNEP) durch die UNO-Vollversammlung ins Leben gerufen.[104] Die UNEP ist die einzige ausschließlich mit der Umwelt befasste Einrichtung der Vereinten Nationen. Schon damals, vor mehr als 50 Jahren, war es schließlich unstrittig gewesen, dass die Menschen die Umwelt in einem Maße zerstören, dass ihr Wohlergehen auf dem Spiel steht, würde man nicht konsequent gegen die Umweltzerstörung vorgehen. Wirtschaftliche Entwicklung darf nicht zu Lasten der Umwelt gehen. Wohlstand kann niemals eine gesunde Umwelt ersetzten. Was nützt den Menschen Wohlstand, wenn die Lebensgrundlagen zerstört sind? Die Stockholm-Konferenz war die logische Folge dieser Einsicht und nahm alle Länder in die Pflicht. Erstmals wurden Entwicklung und Umwelt als eine globale Verantwortung gesehen, worin ein für die damalige Zeit völlig neuer Denkansatz bestanden hatte. Über ein halbes Jahrhundert später spiegelt sich diese Einsicht immer noch nicht im Handeln der Länder wider, obwohl Politikerinnen und Politiker die globale Verantwortung wie ein Mantra vor sich hertragen. Wirtschaftliche Interessen überragen alle anderen Interessen, was neben den gewaltigen Umweltproblemen auch zu immer mehr sozialer Ungerechtigkeit führt.

Versprochen wurde seit der Stockholm-Konferenz so manches, sowohl von Seiten der Politik als auch der Wirtschaft. Bis heute gibt es jedoch nur wenig zu feiern, ganz im Gegenteil. Und dies trotz diverser internationaler Abkommen und zahlreicher Selbstverpflichtungen seitens der Wirtschaft, die aber offensichtlich nicht das Papier wert sind, auf dem sie stehen. So ist der weltweite Ausstoß von Treibhausgasen auch nach dem Pariser Klimaabkommen[105] aus dem Jahr 2015 weiter angestiegen, Gase, die den Klimawandel verursachen, indem sie die Erdoberfläche und die unteren Luftschichten aufheizen. Der Anteil der Treibhausgase in der Atmosphäre steigt unvermindert und mit ihm die Temperatur des Planeten. Auch die Waldzerstörung hält trotz internationaler Vereinbarungen an wie auch die Verschmutzung der Meere. Immerhin hat Deutschland 2022 zum 50. Jahrestag der Stockholm-Konferenz eine Briefmarke herausgegeben.[106] Es ist bitter, aber viel mehr an Erfolgen gibt es eigentlich nicht zu vermelden, zumindest wenn man es an Parametern festmacht, die den Zustand der Umwelt beschreiben. Das ist die Realität, der wir uns stellen müssen. Schöne Worte oder Briefmarken in Gedenken an Umweltkonferenzen helfen nicht weiter.

Und was ist mit uns selber? Das ausschließliche Setzen auf Moral, so wichtig sie auch ist, wird uns bei der Bewältigung der Klimakrise nicht weiterbringen. Diese Realität müssen wir akzeptieren, so bitter sie vielleicht auch sein mag. Das Thema Klimawandel treibt zwar trotz vieler Vorbehalte gegen Klimaschutzmaßnahmen die allermeisten Menschen immer noch um, auch weil man die Auswirkungen der globalen Erwärmung einfach nicht mehr negieren kann. Viele Menschen machen sich ernsthafte Sorgen um die Zukunft des Planeten. Und dennoch gibt es so gut wie keine Verhaltensänderungen. Ich möchte dies exemplarisch am Flugverhalten der Menschen verdeutlichen. Trotz der Klimakrise und der zahlreichen klimabedingten Katastrophen wie zum Beispiel außer Kontrolle geratener Waldbrände war der Sommer 2023 für die Luftfahrt ein Rekordsommer. Während der Coronapandemie 2020 und 2021 waren die Passagierzahlen massiv eingebrochen. Damit gingen auch die Treibhausgasemissionen durch den Luftverkehr zurück. Doch bereits 2022 waren die Emissionen erneut nach oben gegangen. Gegenüber 2021 waren sie nach Angaben des Umweltbundesamts allein im nationalen Inlandsflugverkehr um knapp 40 Prozent angestiegen.

Obwohl zugleich die Preise für Flugreisen 2023 nach 2022 erneut anstiegen – um 25 Prozent bei Auslandsverbindungen und um zehn Prozent bei Pauschalreisen, tat dies offensichtlich der Freude am Fliegen keinen Abbruch. Nach den Einschränkungen durch die Coronapandemie steht die Luftverkehrsbranche vor einer vollständigen Erholung. Weltweit lag der Flugverkehr im Juli 2023 bei etwa 96 Prozent des Niveaus vom Mai 2019, wie die International Air Transport Association (IATA) mitteilte. Als das Fluggeschäft wegen Corona fast zum Erliegen gekommen war, musste die deutsche Lufthansa sogar staatliche Kredite in Anspruch nehmen, um nicht in die Insolvenz zu rutschen. Durch die Belebung des Flugverkehrs nach der Pandemie hat das Unternehmen die Kredite wieder komplett zurückzahlen können.

Wie ich schon während der Coronapandemie befürchtet hatte, als Stimmen laut wurden, dass die Pandemie das Verhalten der Menschen grundlegend ändern würde, scheinen wir aus der Pandemie kaum etwas gelernt zu haben. So sagte beispielsweise das Zukunftsinstitut während der Pandemie voraus: »Eines ist klar: Das gemeinsame Überstehen der Krise verhilft zu einem neuen, achtsamen Umgang miteinander.«[107] Davon kann nach der weitgehend überstandenen Pandemie nicht die Rede sein. Ganz im Gegenteil. Der Ton in der Gesellschaft wird rauer, und andere Meinungen werden in bestimmten Kreisen kaum noch toleriert. Außerdem scheint das Leugnen von Fakten immer mehr um sich zu greifen, was gerade bei den Ursachen der globalen Erwärmung und ihren Auswirkungen zu beobachten ist. Und was die Begrenzung des Klimawandels angeht, sind wir einfach zur Tagesordnung übergegangen. Jede noch so billige Ausrede und jedes Statement eines selbsternannten Klimaexperten, wonach kein Grund zur Beunruhigung bestünde, müssen inzwischen dafür herhalten, Maßnahmen zum Klimaschutz für nicht notwendig zu erachten. Eine typische Ausrede nach verheerenden Wetterereignissen ist der Verweis darauf, dass ein derartiges Ereignis auch schon vor vielen Jahrhunderten dokumentiert worden sei, weswegen der Mensch keine Verantwortung trage. Dass sich die Extremwetterereignisse infolge der steigenden Temperaturen in den letzten Jahrzehnten sehr stark häufen, wird dabei geflissentlich ignoriert. Wir Menschen sind offenbar äußerst geschickt darin, uns selbst Schlafpillen zu verabreichen und die Realität auszublenden.

Wie schaffen wir das Verhalten der Menschen zu ändern? Es scheint ja fast so zu sein, dass es gar nicht möglich ist. Auf einmal merken alle Beteiligten bei uns in Deutschland, dass der Schutz des Klimas nicht zum Nulltarif zu haben ist. Das ist auch in anderen

Ländern zu beobachten. Der damalige britische Premierminister Boris Johnson kündigte 2020 an, die Kohlendioxidemissionen des Vereinigten Königreichs innerhalb von zehn Jahren um 68 Prozent unter den Wert von 1990 zu drücken. Großbritannien setze sich mit diesem Ziel bei den mittelfristigen Klimazielen an die Spitze der Staatengemeinschaft. Und Großbritannien hatte auch Erfolge bei der Umsetzung vorzuweisen. Keinem anderen Industrieland gelang es in den vergangenen Jahren, den Ausstoß von CO_2 so schnell zu senken wie Großbritannien. Zu den Erfolgen haben auch die Vorgänger von Boris Johnson beigetragen. Der aktuelle Premierminister Rishi Sunak ist dabei, eine Vollbremsung beim Klimaschutz hinzulegen. Bereits im Dezember 2022 genehmigten die Konservativen die erste britische Steinkohlegrube seit 30 Jahren, die bei einer angenommenen Betriebsdauer von 50 Jahren ungefähr 420 Millionen Tonnen CO_2 produzieren würde. Anfang August 2023 kündigte Sunak an, dass er mindestens hundert neue Öl- und Gasförderlizenzen für die Nordsee erteilen werde, damit die alten Lagerstätten restlos ausgebeutet werden können. Außerdem teilte Sunak mit, den Ausstieg von Neuwagen mit Verbrennungsmotor zu verschieben: Statt 2030, wie vor drei Jahren verkündet, soll doch erst 2035 die Neuzulassung von Autos mit Benzin- oder Dieselantrieb enden. Mit der Verschiebung ist Sunak damit im gleichen Zeitplan wie die EU. Allein wegen des Verschiebens des Verbrenner-Aus auf 2035 würde der britische CO_2-Ausstoß um bis zu 110 Millionen Tonnen steigen, so eine Schätzung des Climate Change Committee. Aus der Industrie gab es Kritik. »Unsere Branche braucht drei Dinge von der britischen Regierung: Ambitionen, Engagement und Konsistenz«, sagte Ford-UK-Chefin Lisa Brankin – und vermisste offensichtlich diese drei Punkte.

Wir »retten nicht den Planeten, indem wir die Briten in den Bankrott treiben«, erklärte Sunak. Wenn man aber zu schnell vorgehe, steige das Risiko, die Zustimmung des britischen Volkes zu verlieren. Warum sollten die Briten mehr opfern als andere, fragte

Sunak. Der britische Premier sagte außerdem, dass Großbritannien ohnehin bei der Transformation zu einer nachhaltigen Wirtschaft »weit vor jedem anderen Land der Welt« liege. Ist das wirklich so? Haben nicht auch die Briten eine historische Schuld? Sie rangieren mit ihren kumulierten historischen CO_2-Emissionen immerhin wie Deutschland unter den zehn größten Verschmutzern. Viele Länder könnten scheinbar plausible Gründe anführen, um sich einem ambitionierten Klimaschutz zu verweigern. Meinungsäußerungen, dass man beim Klimaschutz nicht zu schnell vorangehen solle, mehren sich auch bei uns in Deutschland. So wird die Welt bei der Begrenzung der globalen Erwärmung nicht weiterkommen. Ein deutliches Signal gerade von den Industrienationen wäre wegen ihres Versagens in der Vergangenheit jetzt nötiger denn je.

Ich sehe zwei Möglichkeiten, wie wir aus dieser Sackgasse herauskommen. Erstens, das Thema Klimaschutz muss positiv besetzt sein. Die Menschen müssen vom Klimaschutz einen Vorteil haben. So sind wir Menschen eben. Nehmen wir als Beispiel das leidige Thema Windkraft, gegen die es viele Widerstände gibt. Aber nicht überall. In Lammersdorf, einem Ortsteil von Simmerath in Nordrhein-Westfalen, ist das anders. »Der Windpark in Lammersdorf ist ein echter Bürgerwindpark, denn von ihm profitieren alle Simmerather direkt«, so der Bürgermeister der Stadt Simmerath, Bernd Goffart. »Anders als in üblichen Bürgerwindparks profitiert bei uns die Gesamtbevölkerung anstatt einzelner, privater Investoren«, erläuterte der Bürgermeister bei einem Besuch von Bundeskanzler Scholz im August 2023. Bereits jetzt produziert die Gemeinde Simmerath knapp 184 Prozent ihres eigenen Strombedarfes regenerativ und exportiert sogar umweltfreundlich erzeugten Strom. Maßgeblich hierfür sind die derzeit 22 Windkraftanlagen, zu denen noch weitere hinzukommen sollen. Im Falle des Windparks in Lammersdorf erziele die Gemeinde Einnahmen durch die Verpachtung der gemeindeeigenen Flächen, durch eine Gewinnbeteiligung, durch die Gewerbesteuer des Windparks erhalte sie zusätzlich 0,2 Cent pro produzierter Kilowattstunde Strom. Die Summe dieser Einnahmen spiegele sich deutlich im Gemeindehaushalt wider und sei ein entscheidender Faktor für die im regionalen Vergleich niedrigen Grund- und Gewerbesteuern in Simmerath. Die Einnahmen würden an alle Bürgerinnen und Bürger weitergegeben, erklärte der Bürgermeister. Außerdem steigerten die geringen Steuern Simmeraths Attraktivität als Wohn- und Gewerbestandort, wodurch ebenfalls höhere Gewerbesteuereinnahmen zusammenkommen werden, die der Bevölkerung zugutekämen. Das, was in Simmerath passiert, spiegelt auch meine persönlichen Erfahrungen bei der Eröffnung von Windparks wider, von denen die dort ansässigen Menschen profitieren.

Zweitens, das Thema Klimaschutz muss Emotionen wecken. »Die Menschen machen nur dann etwas, wenn sie emotional davon ergriffen sind«,[108] argumentiert Neurowissenschaftler Henning Beck. Haben wir nicht genau das bei Corona erlebt? Die Menschen hatten Angst, sich zu infizieren und möglicherweise sogar an der Infektion zu sterben. Das sind zwar negative Emotionen, aber sie haben immerhin geholfen, dass die Menschen bereit waren, erhebliche Einschränkungen im Hinblick auf die persönliche Freiheit zu akzeptieren. Ich bin der festen Überzeugung, dass wir bei der Bewältigung der Klimakrise positive Emotionen wecken müssen. Finanzielle Anreize wären eine Möglichkeit, zudem eine, die schnell wirken würde. Da bin ich mir ziemlich sicher. Die Menschen müssen lieben, was sie tun.

Ich bin niemand, der dem Pessimismus das Wort redet. Natürlich hat es unbestreitbare Fortschritte in Sachen Nachhaltigkeit gegeben, zum Beispiel, was die Entwicklung und den Ausbau der erneuerbaren Energien oder die verbesserte Energieeffizienz betrifft. Da hat gerade Deutschland einiges geleistet, was ich ausdrücklich anerkennen möchte. Die Fortschritte sind jedoch insgesamt zu klein und reichen vorne und hinten nicht aus, um global durchzuschlagen, was gerade bei der Begrenzung des Klimawandels fundamental wichtig wäre, denn der Ort des Ausstoßes von Treibhausgasen in die Atmosphäre ist schließlich irrelevant. Bundesumweltministerin Steffi Lemke forderte 2022 zum Abschluss der UN-Konferenz Stockholm+50, dass alle Staaten ihre Anstrengungen im Kampf für mehr Umwelt-, Natur- und Klimaschutz erhöhen müssen. Eine Forderung, die auch schon so ähnlich auf der ersten Stockholm-Konferenz erhoben worden war und selbstredend nach wie vor uneingeschränkt richtig ist. Wir drehen uns im Kreis.

Die Staaten haben nach der Stockholm-Konferenz den Planeten weiter ausgebeutet und noch mehr Umwelt zerstört, wobei sich dieses mit Verstand nicht zu begreifende Verhalten sogar noch beschleunigt hat. Allein der weltweite Ausstoß von Kohlendioxid (CO_2), das wichtigste von den Menschen emittierte Treibhausgas, hat sich seit der Stockholm-Konferenz mehr als verdoppelt. Die Gründe sind vielfältig und einige auch durchaus nachvollziehbar. Entwicklungsländer wollen sich mithilfe der billigen fossilen Brennstoffe Wohlstand schaffen, so wie wir es vor vielen Jahrzenten gemacht haben und immer noch tun. Dem Klima aber sind die Gründe für die steigenden CO_2-Emissionen egal. Müssen wir also die Frage von Maurice Strong mit einem nein beantworten, die ich diesem Buch vorangestellt habe?

Ich frage mich schon hin und wieder, ob die Menschen wirklich so weise sind, dass sie ihr eigenes Wohlergehen sichern werden. Meine Zweifel, ob wir unsere Lebengrundlagen schützen werden, wachsen mit jedem Jahr. Weil den auf den zahllosen Umweltkonferenzen gemachten Versprechungen einfach keine Taten folgen wollen. Mir begegnen inzwischen immer häufiger Personen, die schon längst den Glauben daran verloren haben, dass die Menschen eine ökologische Katastrophe vermeiden werden. Um diese zu verhindern, wäre es zuallererst notwendig, dass die Staaten über Ländergrenzen hinweg zusammenarbeiten und kurzsichtige nationale Interessen hintanstellen, zum Wohle aller Länder. Anders werden sich die gravierenden Umweltprobleme nicht lösen lassen, was den Verantwortlichen in Politik und Wirtschaft bekannt sein sollte und eigentlich auch eine Binsenweisheit ist.

Es stellen sich in diesem Zusammenhang einige Fragen. Warum folgen wir dem Diktat der großen und scheinbar übermächtigen internationalen Konzerne aus der fossilen Energiewirtschaft, die gnadenlos ihre Geschäftsinteressen über die Interessen der Umwelt stellen? Warum folgen wir deren Narrativen, die sich schon so oft als falsch herausgestellt haben? Warum halten wir krampfhaft an den fossilen Brennstoffen fest und heizen so das Klima immer weiter auf, wenn es doch Alternativen gibt? Warum hat globaler Umweltschutz so gut wie keine Lobby in der Politik? Werden die Bürgerinnen und Bürger auf Dinge oder Gewohnheiten verzichten, die ohne jeden Sinn sind, nur wertvolle Ressourcen aufzehren und die Umwelt belasten? Wann werden die unermesslich großen globalen Finanzströme in die Weiterentwicklung und Implementierung nachhaltiger Technologien fließen, zum Beispiel in den Ausbau der erneuerbaren Energien, in große Energiespeicher oder in eine leistungsfähigere Netzinfrastruktur, die besser mit fluktuierenden Angeboten umgehen kann?

Und schließlich stellt sich mir die Frage, womit ich auf den Club of Rome und *Die Grenzen des Wachstums* zurückkomme, ob wir den Kollaps der menschlichen Zivilisation verhindern werden, der unausweichlich wäre, wenn die Umwelt erst einmal in großen Teilen zerstört ist und die endlichen Ressourcen weitgehend aufgebraucht sind. Im Moment sieht es anhand der Kennziffern nicht danach aus, dass wir ein ökologisches Desaster vermeiden werden. Die Realität ist schlicht erdrückend. Wir scheinen uns überhaupt nicht im Klaren darüber zu sein, dass wir gerade einen Ritt auf der Rasierklinge vollführen. Ab und zu beschleicht mich das ungute Gefühl, dass die Menschen sich des Ernstes der Lage immer noch nicht bewusst sind. Oder vielleicht auch gar nicht erkennen wollen, in welcher Lage sie stecken. Denn eigentlich kann man die

Auswirkungen etwa durch die fortschreitende Umweltzerstörung nicht mehr übersehen. Irgendwann wird der Zug zum Handeln abgefahren sein. Arten, die von diesem Planeten verschwunden sind, egal durch welche menschlichen Aktivitäten, werden nicht wiederkommen, auch dann nicht, wenn wir Menschen Besserung geloben und das durch unser Handeln dokumentieren. Ein hart gekochtes Ei wird nicht wieder flüssig, wenn Sie es wieder abkühlen. War das nicht die zentrale Botschaft von *Die Grenzen des Wachstums*?

Welche unumkehrbaren Folgen stehen dem Planeten ohne einen angemessenen Klimaschutz ins Haus und wann würden diese eintreten? Werden wir einen Point of no Return erreichen, d. h. den Punkt, an dem uns die Dinge vollends aus der Hand gleiten und wir die globale Erwärmung vielleicht nicht mehr stoppen können, so wie es wahrscheinlich auf unserem Nachbarplaneten, der Venus, vor sehr langer Zeit passiert ist, der heute Temperaturen auf seiner Oberfläche von weit über 400 Grad Celsius aufweist? Solche oder ähnliche Fragen werden mir so gut wie täglich von besorgten Bürgerinnen und Bürgern gestellt. So wie Sie, liebe Leserinnen und Leser, kenne auch ich die Antwort nicht. In der Wissenschaft geht man üblicherweise davon aus, dass der Erde das Schicksal der Venus erspart bleiben wird, d. h. eine nicht mehr aufzuhaltende globale Erwärmung wird es nicht geben, die man als galoppierenden Treibhauseffekt[109] bezeichnet. Gleichwohl besteht die Möglichkeit, dass die globale Erwärmung doch deutlich stärker ausfallen könnte als bisher angenommen. Unser Verständnis der Dynamik, Thermodynamik, Strahlungsübertragung und Wolkenphysik heißer Atmosphären ist unzureichend, um hier genauere Aussagen treffen zu können.

Wenn uns die Erde etwas wert ist, sollten wir einen Gang zurückschalten. Müssen wir wirklich all das tun, woran wir uns gewöhnt haben? Müssen wir nach immer mehr streben? Wir gehen schließlich ein großes Risiko ein, wenn wir nicht umsteuern und die Erde schonen. Die Menschen sollten nicht abwarten und herausfinden wollen, was alles mit dem Planeten passieren könnte, wenn sie an ihrem gegenwärtigen Kurs festhalten und nicht den Weg in die Nachhaltigkeit beschreiten würden. Noch scheinen die allermeisten Menschen wegen des Klimawandels wenig besorgt zu sein, was man an deren Verhalten und dem daraus resultierenden ungebremsten Anstieg der Treibhausgase in der Atmosphäre ablesen kann. Die Natur kann man aber nicht ersetzten. Eine übermäßige globale Erwärmung wäre ein Desaster für Mensch und Umwelt. Eine um 4 Grad Celsius gegenüber der vorindustriellen Zeit wärmere Welt beispielsweise würde die Menschheit vor ungekannte Herausforderungen stellen. Ich möchte Sie alle aufrufen, beim Klimaschutz mitzumachen, auch wenn Sie das Gefühl haben, als Einzelner und Einzelne kaum etwas bewirken zu können. Jeder Umbruch hat schließlich klein begonnen und sich am Ende dennoch innerhalb recht kurzer Zeit auf der ganzen Welt vollzogen.

Sorglosigkeit

Kennen Sie, liebe Leserinnen und Leser, den amerikanischen Film mit Starbesetzung *Don't Look Up*?[110] Der ist sehenswert und erklärt, warum wir in der heutigen Zeit völlig irrational handeln, wenn es um Krisen globalen Ausmaßes geht. Als ich mir den Film angesehen hatte, musste ich unweigerlich daran denken, wie wir hier auf der Erde mit den drängenden globalen Umweltproblemen umgehen, denen wir uns gegenübersehen, allen voran mit dem Klimaproblem.

In der bitterschwarzen Komödie, die in den USA spielt, geht es darum, wie unzulänglich die Menschen auf wissenschaftliche Erkenntnisse reagieren und es einfach nicht schaffen, gemeinsam Probleme zu lösen, selbst wenn sich ein Weltuntergang für alle sichtbar anbahnt. Weit draußen im Weltall ist von der Doktorandin Kate ein Komet von etwa zehn Kilometer Durchmesser entdeckt worden, der auf die Erde zurast und in einigen Monaten den Planeten treffen wird. Die Größe des hypothetischen Kometen reicht aus, um ein Massenaussterben auf der Erde zu verursachen und auch die Menschheit auszulöschen. Ein Asteroid ähnlicher Größe soll vor etwa 66 Millionen Jahren den Dinosauriern auf der Erde den Garaus gemacht haben. Kate und der Wissenschaftler Randall wagen sich mit ihren erschreckenden Erkenntnissen an die Öffentlichkeit mit dem Ziel, eine Katastrophe zu vermeiden. Doch niemand interessiert sich für die Behauptungen der beiden Wissenschaftler, deren Belege und Thesen als unbestätigte Randnotiz verhallen.

Man würde annehmen, dass zumindest die amerikanische Regierung auf die nahende Katastrophe reagieren würde, doch dem ist nicht so. Auch die, allen voran die Präsidentin, interessiert sich nicht für die Nachricht des herannahenden Kometen, der die Erde treffen wird. Die Präsidentin hat nichts Besseres zu tun, als die Ergebnisse der Wissenschaftler zu bagatellisieren, zu trivialisieren und schließlich ganz zu ignorieren, indem sie die Erkenntnisse als die letzte von vielen übertriebenen Weltuntergangsverkündungen abtut, die über ihren Schreibtisch laufen. Man hat schließlich Besseres zu tun, so wie es ja auch seit vielen Jahren beim Klimaproblem der Fall ist. In dem Film stehen konkret die Zwischenwahlen in den USA an, und die sind eben für die Politik erst einmal wichtiger. Die Präsidentin kann in dieser Phase nun wirklich keine schlechten Nachrichten gebrauchen. Das Thema wird in der Öffentlichkeit heiß diskutiert und am Ende total zerredet, wie bei so vielen Themen von existenzieller Bedeutung, wobei die sozialen Medien und das sogenannte Clickbaiting, das Streben nach Klicks im Internet, eine unheilvolle Rolle spielen. Die nahende Katastrophe wird in dem Film schlussendlich komplett ignoriert, selbst als der Komet schon mit bloßem Auge zu sehen ist. Bloß nicht nach oben zu dem Kometen schauen, *Don't Look Up*. Augen zu und durch.

Kommt Ihnen dieses Verhalten bekannt vor? Ich fragte mich beim Anschauen des Films, ob wir mit der Klimakrise genauso umgehen werden. Eine der Hauptdarstellerinnen, Jennifer Lawrence, sagte in einem Interview mit der *Los Angeles Times*: »Ich bin mir sicher, dass ich dies im Namen von so ziemlich allen sagen kann: Es ist extrem frustrierend, eine Bürgerin zu sein, die an den Klimawandel glaubt und Angst hat, aber ich bin kein Teil davon – du weißt schon, ich kann nicht einen Senator kaufen –, wir sind also irgendwie hilflos.«[111] So denken viele Menschen, mit denen ich gesprochen habe. Sie fühlen sich machtlos. Laut Regisseur Adam McKay ging es ihm mit dem Film auch darum, zu verdeutlichen, dass wir als Gesellschaft nicht mehr richtig miteinander kommunizieren können, weil selbst der banalste Austausch dem Profit unterworfen ist. Und das ist ein Punkt, der mich seit Jahren beschäftigt, wobei ich Profit nicht nur finanziell verstanden wissen möchte. Wir Menschen tun nichts, wenn wir nicht in irgendeiner Weise von unseren Handlungen profitieren. Es ist diese Form des Egoismus, dem alles untergeordnet wird, selbst der Planet Erde. Auch das ist ein Grund, warum ich dieses Buch Klimahandel genannt habe. In dem Film rast der Komet immer weiter auf die Erde zu und trifft sie am Ende auch. Die Weltbevölkerung ist ausgelöscht. Die Apokalypse wird sehenden Auges zur Realität.

Nach einer Umfrage des Magazins *Der Spiegel* vom März 2023 bewertete rund die Hälfte der Menschen in Deutschland den Klimaschutz im Vergleich – etwa zu Wirtschafts- und Sozialfragen – für sich persönlich als weniger relevant. Nur ein Drittel war der Ansicht, dass der Klimaschutz für sie im Vergleich zu anderen Politikfeldern eine große Relevanz hätte.[112] Die Umfrage wurde kurz nach dem Krach in der Ampelkoalition durchgeführt, als Maßnahmen zum Klimaschutz unter den drei die Koalition tragenden Parteien heftig diskutiert wurden und man um einem Kompromiss rang. Die Menschen spürten, dass es konkret werden würde, zum Beispiel bei den Heizungen, die auf lange Sicht nicht mehr mit Öl oder Gas betrieben werden sollten. Das für mich damals überraschende Ergebnis der Umfrage zeigt zweierlei. Erstens, Wirtschafts-, Finanz-,

Sozial- und Klimapolitik gehören zusammen und man muss die vier Politikfelder koordinieren. Das ist das Mindeste, was man von einer Regierung erwarten kann. Eigentlich müssten tatsächlich alle Ressorts in die Entscheidungen mit einbezogen werden. So hat Klimapolitik auch etwas mit Außen- und Entwicklungspolitik zu tun oder mit Justiz- und Innenpolitik. Zweitens, Menschen sind offensichtlich nur offen für Klimaschutzmaßnahmen, wenn sie von ihnen profitieren, zum Beispiel finanziell, oder zumindest keine Nachteile erleiden müssen. Die Generationengerechtigkeit scheint bei den Überlegungen zum Klimaschutz überhaupt keine Rolle mehr zu spielen, was man auch bei der Diskussion um die Kernkraft beobachten kann, die bei der Mehrheit der Bevölkerung wieder salonfähig geworden ist. Wir Menschen sind sehr sorglos, wenn es um die Zukunft des Planeten geht.

Aber warum sind wir so sorglos? Intuitiv glauben wohl viele Menschen immer noch – dieser Eindruck drängt sich mir jedenfalls auf –, dass man in gewisser Weise doch mit der Physik und damit dem Klima verhandeln und deswegen die Atmosphäre immer weiter mit Treibhausgasen wie dem CO_2 anfüllen kann. Dieser Glaube scheint tief im Inneren vieler Menschen verwurzelt zu sein. Mit der Natur aber sind Verhandlungen nicht möglich. Das sollte inzwischen jeder und jede gelernt haben, auch wenn man nicht aus der Wissenschaft kommt. Zu groß und damit unübersehbar sind inzwischen die Auswirkungen des Klimawandels, und das überall auf der Welt. Die globale Erwärmung schreitet voran, und allein die zunehmenden Hitzewellen mit den unglaublichen Temperaturrekorden in den letzten Jahren machen das Leben in vielen Gebieten der Erde immer schwieriger und fordern zahlreiche Todesopfer.

In meiner Heimatstadt Hamburg wurden im Sommer 2022 erstmalig 40 Grad Celsius gemessen, etwas, was ich mir in meiner Jugend – ich bin 1954 geboren – nie und nimmer hätte vorstellen können. Ein halbes Jahr später, am 1. Januar 2023, stiegen die Temperaturen in der Hansestadt auf 15 Grad Celsius, in einigen Orten

Süddeutschlands auf über 20 Grad Celsius. Frühlingshafte Temperaturen, und das wohlgemerkt im tiefsten Winter. Die Temperaturrekorde fallen reihenweise. So war dann auch der Februar 2024 der wärmste Februar in Deutschland seit Beginn der Messungen 1881. Die durchschnittliche Temperatur in dem Monat lag mit 6,6 Grad Celsius sage und schreibe um 6,2 Grad über dem Wert der international gültigen Referenzperiode 1961 bis 1990, der bei nur 0,4 Grad Celsius gelegen hatte. Der Februar 2024 verzeichnete damit die höchste Abweichung aller Monate jemals.[113] Eigentlich gehört der Februar neben dem Januar bei uns in Deutschland zu den beiden kältesten Monaten des Jahres. Die Temperaturen im Februar 2024 erinnerten eher an den März, und in der Tat waren nur sieben Märzmonate bisher wärmer. Die milden Winter sind Folge der globalen Erwärmung mit erheblichen Auswirkungen für die Tier- und Pflanzenwelt. Aber auch Menschen leiden unter milden Wintern. Pollen fliegen früher durch die Luft und lösen bei Betroffenen allergische Reaktionen in den Schleimhäuten von Augen, Nase und Bronchien aus.

Spekulationsobjekt Umwelt

Aufgrund unserer Sorglosigkeit sind wir Menschen nicht sehr gut darin, herannahende Krisen zu erkennen. Mit jedem Jahr des Aussitzens des Klimaproblems wird es schwieriger, die Temperatur an der Erdoberfläche auf einem Niveau zu stabilisieren, das man noch als lebensfreundlich bezeichnen würde. Wir müssen uns entscheiden. Wie viel ist uns das Klima wert? Soll es eine Ramschware bleiben, soll es weiterhin ein Spekulationsobjekt an den Börsen sein? Denn am Ende ist das die Frage, die die Menschen beantworten müssen. Wenn beispielsweise Kohle, Erdöl, Erdgas oder Palmöl auf den Weltmärkten gehandelt werden, führt dies zwangsläufig früher oder später zu einem CO_2-Ausstoß oder zur Zerstörung von Regenwäldern und damit zur Aufheizung der Atmosphäre und anderen schwerwiegenden Begleiterscheinungen wie der Beeinträchtigung der Luftqualität oder dem Verlust der Artenvielfalt. Und damit lautet die eigentliche Frage, vor der wir als Menschen stehen, ob wir einige dieser Produkte überhaupt zum Leben und Glücklichsein benötigen oder nicht weitestgehend auf sie verzichten können. Oder ob wir nicht nachhaltige Alternativen nutzen, etwa in Form der erneuerbaren Energien, oder im Sinne einer Kreislaufwirtschaft weniger verschwenden können.

Wir haben mit Klimaschutzmaßnahmen schon zu lange gewartet, und die klimatischen Veränderungen offenbaren sich deutlicher denn je. Zum Teil beschleunigen sich die Dinge, wie es auch vorhergesagt wurde, so wie es bei dem Anstieg der Meeresspiegel der Fall ist. Dabei beziehe ich mich hier aber nicht nur auf die direkten Auswirkungen des Klimawandels wie zum Beispiel auf die sich häufenden Wetterextreme oder die steigenden Pegel. Die Wechselwirkungen innerhalb des Erdsystems sind vielfältig und komplex. Wenn sich das Klima über ein bestimmtes Maß hinaus erwärmt, wird es vermutlich zu vielerlei nachteiligen Folgewirkungen kommen. Sollte die globale Erwärmung bis zum Ende des Jahrhunderts um ein paar Grad weiter ansteigen, was aufgrund der aktuellen Politiken in den Ländern nicht auszuschließen ist, würde die Nahrungsmittelproduktion noch stärker beeinträchtigt, als es ohnehin der Fall ist, die Weltwirtschaft könnte in eine dauerhafte Rezession rutschen, und die Sicherheitslage würde sich auf der Erde deutlich verschlechtern – zum Beispiel, weil die Migration zunehmen würde.

Selbstverständlich wären die Menschen imstande, anders auf der Erde zu leben, als sie es gegenwärtig tun. Es gäbe Alternativen, wir müssten sie nur nutzen. Wollen wir also unseren verschwenderischen Lebensstil so lange beibehalten, bis immer mehr Regionen der Erde nicht mehr lebenswert sind und Wohlstand nur noch ein Begriff aus einer längst vergangenen Zeit sein wird? Oder wollen wir die Umwelt wertschätzen, wie sie es verdient, und geben endlich unsere Haltung auf, nach der sich bloß nichts ändern darf, egal welche Konsequenzen das Festhalten an überholten Konzepten haben mag? Begreifen wir endlich, dass uns entfesselte Märkte, die nur durch Spekulation getrieben sind, ins Verderben führen werden.

Verhaltensänderungen müssen nicht von Haus aus schlecht sein. Wenn sich die Menschen in die Richtung der Nachhaltigkeit bewegen, können sich die Dinge auch zum Besseren wenden. Die Hauptursache für die globale Erwärmung ist die Verfeuerung der fossilen Brennstoffe. Mit Sonnen- und Windenergie oder Erdwärme stehen uns die Möglichkeiten für eine umweltschonende Energieversorgung zur Verfügung. Und nur die erneuerbaren Energien werden unseren Wohlstand langfristig sichern. Gerade der Ukrainekrieg hat uns doch vor Augen geführt, dass die erneuerbaren Energien eine überragende Bedeutung für unseren Wohlstand besitzen. Den werden wir nicht dadurch sichern, dass wir das Zeitalter der fossilen Brennstoffe über viele Jahrzehnte verlängern und auf technische Maßnahmen zur CO_2-Entfernung aus der Atmosphäre oder CO_2-Abscheidung aus Kraftwerken setzen, die ohnehin nicht kommen werden, weil sie kaum erprobt, viel zu teuer und zu risikoreich sind. Auch die Atomkraft wird unsere Energieprobleme nicht lösen können. Und die Nuklearenergie ist obendrein das Gegenteil von nachhaltiger Energiegewinnung. Warum ist das so schwer zu verstehen? Wir spekulieren mit der Zukunft der kommenden Generationen. Das darf nicht sein.

Die Menschen in den Industrieländern sind satt und träge geworden, wodurch sie ganz unterschiedliche Probleme herbeiführen. Das Klimaproblem ist nur eines davon. Zusammen mit den anderen Problemen können wir typische Verhaltensmuster erkennen. Seien wir ehrlich: Ertappen wir uns nicht des Öfteren dabei, dass wir »urplötzlich« vor Problemen stehen, die sich schon lange angedeutet hatten oder die wir versucht hatten, zu ignorieren oder auszusitzen? Zu diesen Problemen zählen zum Beispiel das Rentenproblem, der Arbeitskräftemangel, der Engpass bei wichtigen Medikamenten, der beklagenswerte Zustand der Krankenhäuser und der Schulen oder die soziale Schere, die sich immer weiter öffnet. Solche Probleme sind nicht vom Himmel gefallen, sondern waren absehbar. Einige dieser Probleme hängen mit der Profitorientierung unseres Wirtschaftssystems zusammen, das unsere Gesellschaft durchdringt. Warum lohnt sich Kindermedizin nicht mit der Folge, dass Kinder immer schlechter medizinisch versorgt werden können? Geld kann doch nicht alles sein. Unsere Gesellschaft benötigt unbedingt ein Korsett, welches nicht nur nach Wirtschaftlichkeitsaspekten ausgestaltet ist. Ich bin kein Wirtschaftswissenschaftler und verstehe auch nicht viel davon, wie man die Wirtschaft umbauen kann. Ich bin aber vielleicht ein ganz guter Diagnostiker und erkenne, wenn etwas falsch läuft, zumindest dann, wenn es so richtig falsch läuft. Die ungezügelte Gewinnorientierung der Weltwirtschaft enthält keine menschliche oder ethische Dimension. Sie folgt nur dem Geld und verursacht jede Menge Probleme, die die Gesellschaften destabilisieren und am Ende die Umwelt zur Hölle fahren lassen, wenn sich die Politik dem nicht entschieden entgegenstellt.

Der amerikanische Ökonom und Nobelpreisträger Milton Friedman[114] schrieb 1970 für die *New York Times* ein viel beachtetes Essay mit dem Titel *Eine Friedman Doktrin: Die soziale Verantwortung der Wirtschaft besteht darin, ihre Gewinne zu steigern.*[115] Darin argumentiert er, dass ein Unternehmen keine soziale Verantwortung gegenüber der Öffentlichkeit oder der Gesellschaft hat, sondern nur gegenüber seinen Aktionären. Friedman schreibt: »Nur Menschen können Verantwortung tragen. Ein Unternehmen ist eine künstliche Person und kann in diesem Sinne eine künstliche Verantwortung haben, aber von der Wirtschaft als Ganzem kann man nicht sagen, dass sie Verantwortung hat, nicht einmal in diesem vagen Sinne.« Es gebe einen tiefen Graben zwischen Ökonomie und Menschlichkeit. Alles werde ökonomisiert. Das kritisierte 2016 der Chef der Münchner Sparda-Bank, Helmut Lind, in einem Interview mit der *Süddeutschen Zeitung.*[116] Denn es führe zu einer seelenlosen Gesellschaft. Eine Versöhnung von Ökonomie, Geld und Menschlichkeit tue not. »Bewusstsein und Ökonomie müssen zusammenfließen«, so Lind. Die fehlende soziale Verantwortung der Wirtschaft ist meiner Meinung nach Ursprung vieler Probleme, vor denen die Menschheit steht, wie zum Beispiel das Auseinanderdriften von Arm und Reich. Selbst in Deutschland öffnet sich die soziale Schere immer weiter. Weniger und weniger Menschen können an den Gewinnen der großen Konzerne teilhaben. So fuhren 2022 während der durch den Ukrainekrieg ausgelösten Energiekrise die Energiekonzerne formidable Gewinne ein wie zum Beispiel RWE,[117] während die Bürgerinnen und Bürger wegen der steigenden Energiepreise und der hauptsächlich daraus resultierenden Inflation das Nachsehen hatten, mit immer weniger Geld auskommen mussten und die Dividenden der Aktionäre bezahlten. Ich möchte an dieser Stelle allerdings auch feststellen, dass es durchaus Unternehmen gibt, meistens kleinere, deren Besitzer ihrer sozialen Verantwortung gerecht werden. Bei multinationalen Konzernen ist das im Allgemeinen nicht der Fall.

Die kanadische Journalistin und Kapitalismuskritikerin Naomi Klein argumentierte 2014 in ihrem Buch *This Changes Everything: Capitalism vs The Climate,*[118] dass wir alle falsch über die Klimakrise nachgedacht haben. Es gehe um den Kapitalismus, den eine extreme Deregulierung seit den 1980er Jahren erfasst hat, und eigentlich nicht um Kohlenstoff. Die Weltwirtschaft habe uns auf einen Kurs der Umweltzerstörung und Vertiefung der Ungleichheit gebracht. Diese Sicht passt zu der oben beschriebenen von Helmut Lind. Klein schreibt, dass wir unser Wirtschaftssystem des »Immer mehr« aufgeben müssten und etwas radikal Neues wagen sollten. Denn überall auf der Welt gebe es überraschende und inspirierende Alternativen. Wer wollte das bestreiten? Gerade die Entwicklung der erneuerbaren Energien ist sehr dynamisch und hat alle bisherigen Vorhersagen weit in den Schatten gestellt.

Unsere Gesellschaft folgt zunehmend ökonomischen Gesetzen, wie im Gesundheitssystem oder in der Altenpflege. Die Verlierer sind die Menschen, die Hilfe benötigen. Auch das Drama um die Deutsche Bahn spricht Bände und zeigt, dass die Ökonomisierung der Gesellschaft keine schlaue Idee ist. Der Gemeinsinn tritt zugunsten von Profitgier mehr und mehr in den Hintergrund. Internationale Konzerne haben eine nicht zulässige Machtfülle erlangt und bestimmen maßgeblich, wie sich die Dinge auf dem Planeten entwickeln. Ähnliches gilt auch für die Beziehungen zwischen den Staaten. Einige wenige Länder sagen, wo es langgeht. Staaten wie die USA, China oder Russland dominieren die Welt. Sie besitzen Zugriff auf Rohstoffe, und sie haben auch keine Scheu, die Umwelt auszubeuten oder zu zerstören. Außerdem sind nationale Interessen auf dem Vormarsch, wobei die Interessen zu großen Teilen ökonomischer Natur sind. Ich warte nur darauf, dass China Taiwan angreift, um sich dessen Chipindustrie einzuverleiben. Wenn sich die Welt weiter in diese Richtung entwickelt, werden wir die großen Herausforderungen, die vor uns liegen, nicht meistern und das Klimaproblem schon gar nicht. Wir müssen die Welt neu aufstellen, wovon auch die allermeisten Menschen profitieren würden. Das Teilen von Reichtum in der einen oder anderen Form würde selbstverständlich dazugehören, was die Lebensqualität aber keineswegs beeinträchtigen muss. Weniger kann auch mehr sein, wenn man schon einen bestimmten Lebensstandard erreicht hat.

Und eines noch. Überlassen wir nicht den Putins und Xi Jinpings dieser Welt den Planeten und reagieren aus rein ökonomischen Erwägungen nur milde auf ihre Verbrechen und ihre einseitige Wirtschaftspolitik. Sonst sehe ich auch für den globalen Umweltschutz schwarz, weil es diesen Herren nur um Macht und nicht um die Umwelt geht. In letzter Konsequenz heißt dies auch, dass wir nicht jedes Geschäft mit solchen Regimen machen sollten, selbst wenn es auf kurze Sicht für Unternehmen hochprofitabel sein mag. Langfristig würde sich dies volkswirtschaftlich rächen, das sollten auch die Eliten in der deutschen Wirtschaft erkennen.

Greenwashing

Im Prinzip wissen alle Akteure in Politik und Wirtschaft, worum es geht. Anstatt aber die Verhältnisse tatsächlich zu verändern, gibt man vielfach nur vor, es zu tun. Und damit wären wir beim Greenwashing. Das Bundesumweltamt definiert Greenwashing als den »Versuch von Organisationen, sich insbesondere durch Maßnahmen im Bereich Kommunikation und Marketing ein ›grünes‹ bzw. ›nachhaltiges‹ Image zu geben, ohne entsprechende, nachhaltigkeits-orientierte Aktivitäten im operativen Geschäft tatsächlich systematisch umzusetzen.«[119] Ob im Supermarkt oder in der Werbung, überall begegnet man dem Greenwashing. Selbst Fernsehsendungen sind jetzt klimaschonend produziert, was oben zu Beginn eines Films eingeblendet wird, wobei ich nicht bewerten möchte, wie klimaschonend eine Sendung wirklich sein kann, wenn etwa in Krimis die ermittelnden Personen Porsche oder SUV fahren.[120] Die Produktion des Films ist die eine Sache, die Botschaft, die er an die Zuschauerinnen und Zuschauer sendet, eine andere. Politische Parteien betreiben Greenwashing und wollen sich dadurch gerne als grün darstellen, selbst dann, wenn sie wichtige Gesetze zum Umweltschutz blockieren. Der Gesetzentwurf sei eben nicht ausgereift und müsse deswegen komplett abgelehnt werden, ist dann zum Beispiel zu hören. Oder der vorgelegte Entwurf widerspreche der Technologieoffenheit, auch eine gern verwendete Floskel, um Umweltgesetze zu verhindern oder so weit zu verwässern, dass das dann verabschiedete Gesetz so gut wie keine Wirkung mehr erzielen kann. Argumente gegen mehr Umweltschutz zu finden, fällt Parteien leicht, und sie sind geschickt in der Kommunikation ihres fadenscheinigen Neins. Es bleibt mir bis zum heutigen Tage ein Rätsel, wie man als Partei, die sich dem Umweltschutz verpflichtet fühlt, ein Tempolimit auf deutschen Autobahnen ablehnen kann. Auch wenn die Geschwindigkeitsbegrenzung selbstredend nur ein kleiner Schritt auf dem Weg in die Klimaneutralität sein kann, sie kostet nichts und bringt nur Vorteile mit sich. Außerdem, die eine Maßnahme zur Klimarettung gibt es ohnehin nicht.

Die Themen Klima und wie man die Treibhausgasemissionen verringern könnte spielen in der Öffentlichkeit eine immer bedeutendere Rolle. Unternehmen reagieren verstärkt auf diese Stimmung in der Bevölkerung und möchten sich gerne als Klimaschützer darstellen. Da ist aber sehr viel Schein und nur wenig Sein im Spiel. Begriffe wie klimaneutral oder klimapositiv sind heute ein fester Bestandteil der Werbung, wobei niemand weiß, was genau solche Begriffe eigentlich meinen. Es mangelt an Transparenz. Verbraucherinnen und Verbraucher werden durch Greenwashing systematisch betrogen. Ja, sie werden belogen, um es unmissverständlich auszudrücken. Das ist einfach schäbig. Was aber auch nichts Neues ist. Wir kennen das Täuschen schon seit vielen Jahren von den Verbrauchsangaben bei den Autos mit Verbrennungsmotoren oder vom Dieselskandal, bei dem die Abgaswerte manipuliert wurden. Es ist mir schleierhaft, warum Betrügereien wie Greenwashing in den allermeisten Fällen ohne Konsequenzen bleibt. Das muss ja geradezu eine Ermunterung zu noch mehr Täuschen sein.

Ich frage mich, wie eigentlich die grünen Attribute definiert sind, die gerne in der Werbung Verwendung finden. Darüber schweigen sich die Unternehmen in den allermeisten Fällen aus. Hin und wieder berufen sich Unternehmen auf geleistete Kompensationszahlungen, wobei es aber in vielen Fällen völlig unklar bleibt, ob denn überhaupt nur eine einzige Tonne des Treibhausgases Kohlendioxid durch die Kompensationsanbieter eingespart worden ist. Denn unter den Anbietern für Klimakompensationen gibt es zahlreiche windige Unternehmen, die nur an den Einnahmen und nicht an einer gesunden Umwelt interessiert sind. Gern genommen werden von Unternehmen auch bekannte Persönlichkeiten, um ihre vermeintlich grüne Botschaft glaubwürdiger erscheinen zu lassen. Greenwashing ist in der heutigen Zeit zur Normalität geworden. Vieles läuft in der Wirtschaft so weiter wie bisher, nur dass es jetzt grün verpackt wird.

Der Ausstoß von Treibhausgasen gibt Aufschluss über den Grad des Klimaschutzes, und er ist unbestechlich. So kommen wir in Deutschland bei der Senkung der Emissionen zu langsam voran und werden höchstwahrscheinlich unsere Klimaschutzziele reißen, wie der Expertenrat für Klimafragen der Bundesregierung im August 2023 in seinem Gutachten festgestellt hatte.[121] Der Expertenrat prüft die durch das Umweltbundesamt erstellten Daten der Treibhausgasemissionen, die jährlich im März für das Vorjahr vorgelegt werden. Nach Angaben der Denkfabrik Agora Energiewende sanken 2023 Deutschlands Treibhausgasemissionen zwar deutlich und gingen um 46 Prozent gegenüber dem Referenzjahr 1990 zurück. Sie fielen damit auf den niedrigsten Stand seit den 1950er Jahren. Den Agora-Berechnungen zufolge sind allerdings nur rund 15 Prozent des Rückgangs langfristige Einsparungen, die sich vor allem aus dem Zubau erneuerbarer Energien, Effizienzsteigerungen sowie dem Umstieg auf CO_2-ärmere oder klimafreundliche Brennstoffe beziehungsweise Alternativen ergeben.[122]

Greenwashing ist weltweit zu beobachten. Dazu passt auch eine von der Umweltorganisation Greenpeace in Auftrag gegebene Studie. Greenpeace hatte den großen europäischen Energiekonzernen vorgeworfen, Fortschritte beim Klimaschutz systematisch zu behindern. Die Untersuchung des Forschungs- und Beratungsbüros Energy Comment wertete die Jahresberichte von BP, Total Energies, Shell, Wintershall Dea und anderen Konzernen aus.[123] Die untersuchten Konzerne »The Dirty Dozen« (Das dreckige Dutzend) hatten 2022 eine klare Präferenz für fossile Investitionen. Knapp 93 Prozent wurden im Durchschnitt in die Fortsetzung des fossilen Öl- und Gaspfades investiert und nur ungefähr sieben Prozent in einen Wandel hin zu nachhaltiger Energieerzeugung und kohlenstoffarmen Lösungen. Entgegen ihrer vollmundigen öffentlichen Bekundungen ist die Wind- und Solarstromproduktion der großen Ölkonzerne immer noch ziemlich mager. Derzeit kommen demnach im Schnitt nur 0,3 Prozent der von den Konzernen produzierten Energie aus erneuerbaren Quellen und 99,7 Prozent aus Öl oder Gas. Und die Konzerne wollen ihr Geschäft auch in der Zukunft an die fossilen Brennstoffe knüpfen. Das ist anhand der obigen Zahlen offensichtlich. Die Konzerne konzentrieren sich in ihrer langfristigen Planung vor allem auf die Abscheidung von Kohlenstoff in Kraftwerken und dessen Speicherung (CCS)[124] wie auch auf Klimakompensationen, sogenannte Carbon Offsets, d. h. auf sehr umstrittene Ansätze, bei deren Wirksamkeit hinsichtlich der Reduzierung von Emissionen Zweifel angebracht sind. Eine weitreichende Verringerung der Emissionen wird nach meinem Dafürhalten weder mit CCS noch mit Carbon Offsets möglich sein. Deswegen ist es für mich unglaubwürdig, dass die Unternehmen sich dazu verpflichtet haben, bis 2050 in der Summe kein CO_2 mehr ausstoßen zu wollen.

Zugleich konnten die Unternehmen ihre Gewinne entsprechend der Studie von Energy Comment um 75 Prozent steigern. Gewinne scheinen in der heutigen Welt tatsächlich über alles zu gehen. Das gilt insbesondere für die fossile Industrie, die hauptursächlich für die Klimakrise verantwortlich ist. So erzielten die multinationalen Konzerne Shell, BP und ExxonMobil 2022 Rekordgewinne. Der Öl- und Gaskonzern Shell gab einen historischen Gewinn von fast 40 Milliarden US-Dollar für das Jahr 2022 bekannt.[125] Andere multinationale Energiekonzerne verzeichneten ebenfalls Rekordgewinne, darunter BP mit 28 Milliarden US-Dollar und ExxonMobil mit 56 Milliarden US-Dollar. Der saudi-arabische Staatskonzern Aramco verdiente unter dem Strich 41,6 Milliarden Dollar und damit rund 40 Prozent mehr als 2021. Die Ausschüttungen der fünf größten börsennotierten Ölunternehmen der Welt – BP, Shell, Chevron, ExxonMobil und TotalEnergies – im Englischen »five super-majors« genannt – an die Aktionäre betrugen 2023 rund 100 Milliarden US-Dollar (90 Milliarden Euro). Ähnlich hoch waren bereits die Dividendenzahlungen im Jahr 2022, berichtet das Institute for Energy Economics and Financial Analysis (IEEFA).[126] Die außergewöhnlich hohen Profite der Konzerne waren zu großen Teilen auf die durch die russische Invasion der Ukraine ausgelösten gestiegenen Preise zurückzuführen. Von den Gewinnen profitierten hauptsächlich die Anleger, während die kleinen Leute keine Wahl hatten und, notgedrungen die hohen Energiepreise zahlen mussten und damit die Dividenden finanzierten. Die weltweiten Klimaschäden, die durch die Emissionen der 25 größten Öl- und Gaskonzerne zwischen 1985 und 2018 entstanden sind, werden auf 20 Billionen US Dollar geschätzt.[127] Etwa 30 Billionen US Dollar hatten sie im gleichen Zeitraum verdient. Dies geht aus einem Bericht hervor, der von der internationalen Denkfabrik Climate Analytics veröffentlicht wurde.[128] Umweltzerstörung lohnt sich, was man angesichts dieser Zahlen mit Fug und Recht konstatieren kann. Solange man mit Umweltzerstörung Geld verdienen kann, wird es keinen nennenswerten Umweltschutz geben.

Wenn es eine Kriegsgewinnerin gibt, dann ist es eindeutig die fossile Industrie. Selbst der amerikanische Präsident Joe Biden beklagte diesen Umstand und forderte höhere Steuern auf Kriegsgewinne, eine sogenannte Übergewinnsteuer. Es existiert zwar ein Gesetzentwurf, ob das Gesetz aber jemals in den USA in Kraft treten wird, ist offen und aller Voraussicht nach im Kongress nicht durchsetzbar. Die Diskussion über die Übergewinnsteuer gab es auch in Deutschland, aber die Öl- und Gasmultis sind bei uns wie eigentlich immer in der Vergangenheit ungeschoren davongekommen. In einigen europäischen Ländern wurde eine Übergewinnsteuer eingeführt. Es gibt sie beispielsweise in Großbritannien, und von ihr betroffen sind die Konzerne Shell und BP. Für mich ist die

Einführung einer Übergewinnsteuer ein Muss, trotz möglicher Schwierigkeiten bei der Umsetzung, die aber überwunden werden müssen, weil es sich schlicht um eine Frage der Gerechtigkeit handelt. Immer mehr Menschen in unserem Land haben völlig zu Recht das Gefühl, dass es in Deutschland nicht gerecht zugeht. Das ist für mich einer der Gründe dafür, dass die rechtsextreme AfD einen so starken Zulauf hat.

Selbstgesteckte Klimaziele wurden von einigen Konzernen sogar wieder zurückgenommen. Ein Beispiel: Der Chef von BP Bernard Looney kündigte 2020 großspurig an, den Konzern in weiten Teilen bis 2050 klimaneutral zu machen. Seine Vision sei es, »BP zu einer Kraft des Guten in einer klimaneutralen Welt« zu machen. »Wir brauchen einen schnellen Übergang zu Netto-null-Emissionen. Die Gesellschaft muss die Ziele von Paris einhalten«, so Looney damals. »Viele halten uns für einen Teil des Problems. Lassen Sie mich deutlich sein: Ich habe verstanden«, erklärte er in London. Davon kann heute keine Rede mehr sein. Er legte eine totale Kehrtwende hin. Statt 35 bis 40 Prozent der Treibhausgasemissionen bis 2030 verringern zu wollen, sollen es jetzt nur noch 20 bis 30 Prozent weniger werden. Auch die Ankündigung, bis 2030 40 Prozent weniger Öl und Gas zu fördern, war nichts wert, wie sich jetzt herausstellt. Das Ziel wurde auf 25 Prozent zurückgeschraubt.

Gleichzeitig fielen die Investitionen der Konzerne in die erneuerbaren Energien äußerst mager aus. Ein Bericht des Thinktanks Influence Map zeigt, dass 60 Prozent der öffentlichen Botschaften von BP, Shell, Chevron, ExxonMobil und TotalEnergies grüne Aussagen enthalten, wobei allerdings 23 Prozent für Öl und Gas werben.[129] In der ersten Hälfte des Jahres 2022 gab beispielsweise BP ungefähr 3,1 Milliarden Pfund für neue Öl- und Gasprojekte aus, mehr als zehnmal so viel wie für kohlenstoffarme Energie mit etwa 300 Millionen Pfund, wie das Unternehmen selbst berichtete. Nur 1,5 Prozent der Gesamtausgaben von Shell wurden 2021 in erneuerbare Energiequellen wie Wind- und Solarenergie investiert, wie die Umweltorganisation Global Witness berichtete. Während Shell selbst angab, dass 2021 zwölf Prozent seiner Investitionsausgaben für erneuerbare Energien und saubere Energielösungen vorgesehen waren, stellte die Nichtregierungsorganisation Climate-Group fest, dass ein erheblicher Teil dieser Ausgaben tatsächlich in Investitionen in Erdgas floss, bei dessen Verbrennung ebenfalls CO_2 entsteht, allerdings weniger als bei Kohle und Erdöl. Außerdem entweicht bei der Gewinnung und dem Transport von Erdgas das sehr potente Treibhausgas Methan. Erdgas als sauber oder nachhaltig zu definieren, wie auch von der EU im Rahmen des European Green Deal beschlossen, ist Greenwashing.

Die fünf großen Öl- und Gasunternehmen – Shell, TotalEnergies, BP, ExxonMobil und Chevron – sollen im Jahr 2021 durchschnittlich 750 Millionen Dollar für klimabezogene Kommunikation ausgegeben haben.[130] Was für eine Summe, nur um sich in ein möglichst gutes Licht zu stellen. Das ist Greenwashing auf allerhöchstem Niveau und einfach nur verwerflich. ExxonMobil hat seinen Konkurrenten Pioneer Natural Resources für fast 60 Milliarden US Dollar übernommen, einen der großen amerikanischen Ölkonzerne, und weitet mit der Übernahme sein Ölgeschäft aus.[131] Die Übernahme belegt exemplarisch, dass sich die Ölkonzerne nicht im großen Maßstab mit neuen Geschäftsmodellen beschäftigen wollen, um die globale Erwärmung zu begrenzen, sondern so lange wie möglich ihr zerstörerisches Geschäftsmodell weiterführen werden. Das ist die bittere Wahrheit.

Die Ölmultis wollen auch in den kommenden Jahren jede Menge neue Öl- und Gasquellen erschließen. Die derzeit hohen Energiepreise sind für die Unternehmen einfach viel zu verlockend, um das Öl- und Gasgeschäft zu beenden oder es zumindest deutlich herunterzufahren. Die Frage lautet daher, ob die Weltpolitik in der Lage sein wird, den klimaschädlichen Geschäften Einhalt zu gebieten und dafür zu sorgen, dass Förderung und Verkauf fossiler Brennstoffe künftig kein lukratives Geschäftsmodell mehr und

Investitionen in die erneuerbaren Energien attraktiver als die in Kohle, Öl und Gas sind.

Dabei darf man auch nicht außer Acht lassen, dass sich einige der Öl- und Gasproduzenten in staatlicher Hand befinden und die Regierungen ein Eigeninteresse daran haben, möglichst viel Öl und Gas zu verkaufen. Das ist aus deren Sicht leicht verdientes Geld, das dem Land zur Verfügung steht, für Russland beispielsweise, um seine Kriegsmaschinerie am Laufen zu halten. Hier schließt sich der Kreis. Einige Staaten, zu denen auch Saudi-Arabien oder die Vereinigten Arabischen Emirate zählen, haben kein gesteigertes Interesse, aus dem Öl- und Gasgeschäft zugunsten des Klimaschutzes auszusteigen. Der Ausstieg lohnt sich für diese Länder in dem heutigen Weltwirtschaftssystem finanziell einfach nicht, weswegen sie logischerweise zu den Bremsern auf den Klimakonferenzen gehören. Das zu ändern, darin besteht eines der dicken Bretter, die wir bohren müssen, wenn wir die Erde vor einer Überhitzung bewahren wollen. Wird die Weltpolitik die Wende zu einer nachhaltigen Energieversorgung nicht hinbekommen, werden wir die globale Erwärmung auf absehbare Zeit nicht aufhalten können und die Ziele des Pariser Klimaabkommens meilenweit verfehlen. Hinzu kommt, dass wir es in vielen öl- und gasproduzierenden Ländern mit autokratischen Regimen zu tun haben, die um ihre wirtschaftliche Macht im Bereich des Energiesektors wissen, was internationale Zusammenarbeit auf der Basis von Nachhaltigkeitskriterien nahezu unmöglich macht.

Wie kann man Öl- und Gaskonzerne in die Pflicht nehmen? Der Bundesstaat Kalifornien hat im September 2023 mehrere der weltweit größten Ölgesellschaften verklagt und behauptet, diese hätten durch ihr Handeln Schäden in Höhe von mehreren Milliarden Dollar verursacht und die Öffentlichkeit getäuscht, indem sie die von fossilen Brennstoffen ausgehenden Risiken heruntergespielt hätten.[132] Die Klage richtet sich gegen die Unternehmen ExxonMobil, Shell, BP, ConocoPhillips und Chevron. Das American Petroleum Institute, ein Branchenverband mit Sitz in Washington, ist ebenfalls als Beklagter aufgeführt. »Die Klage Kaliforniens ist die bedeutendste, entschlossenste und wirkungsvollste Klimaklage gegen die Öl- und Gasindustrie in der Geschichte der USA«, sagte Richard Wiles, der Präsident des Center for Climate Integrity, einer gemeinnützigen Organisation, die Klimaprozesse verfolgt. Die Klage zielt auf die Einrichtung eines Fonds ab, der für künftige Schäden durch klimabedingte Katastrophen in Kalifornien aufkommen soll. Der Bundesstaat ist aufgrund des Klimawandels im besonderen Maße von Hitze, Dürre und Wassermangel, Waldbränden oder Überflutungen betroffen. Sieben weitere Bundesstaaten und zahlreiche Gemeinden hatten schon in den letzten Jahren ähnliche Klagen eingereicht. »Mehr als 50 Jahre lang haben uns die Ölgiganten belogen und die Tatsache verschleiert, dass sie schon seit Langem wissen, wie gefährlich die von ihnen produzierten fossilen Energieträger für unseren Planeten sind«, erklärte Kaliforniens Gouverneur Gavin Newsom. Kalifornien wolle, so der Gouverneur, »die großen Umweltverschmutzer nun zur Verantwortung ziehen. Diese Leute hatten diese Informationen und haben uns belogen, und wir hätten einige der schwerwiegendsten Folgen abwenden können. Es ist beschämend. Es kotzt einen bis ins Mark an.« Endlich findet ein Spitzenpolitiker mal die richtigen Worte für das verwerfliche Verhalten der Konzerne. Prozesse wie der in Kalifornien sind in einem Rechtsstaat der richtige Weg, um den Konzernen Grenzen aufzuzeigen und ihnen klarzumachen, dass sie ihre Gewinne nicht über das Wohl des Planeten und des Großteils der Bevölkerung stellen können. In der Klageschrift heißt es auch, dass die beklagten Unternehmen immer noch Greenwashing betrieben, indem sie der Bevölkerung bestimmte Benzinsorten als umweltfreundlich anpriesen, und dass die Unternehmen wie oben dargelegt ihre Zusagen zur Emissionssenkung zurückgenommen haben.

Mit dem wachsenden Umweltbewusstsein in der Bevölkerung hält Greenwashing auch im Finanzsektor Einzug. Die Enthüllungen der früheren Nachhaltigkeitschefin der Fondsgesellschaft DWS, Desiree Fixler, brachte 2021 den bisher größten Greenwashing-Skandal in dem Zweig der grünen Investments ans Licht. Fixler erhob schwere Vorwürfe gegen die Investment-Tochter der Deutschen Bank. Die DWS habe doch nicht so nachhaltig investiert, wie sie es gegenüber der Öffentlichkeit und ihren Kundinnen und Kunden kommuniziert hatte. Die Fondsgesellschaft hatte auf ihrer Homepage mit den folgenden Worten geworben: »Nachhaltige Geldanlage – Gutes für die Umwelt und die Gesellschaft tun und daran mitverdienen: Wer sein Geld nachhaltig investiert, kann in mehrfacher Hinsicht profitieren.« Der Vorwurf, den Fixler publik machte, lautete, dass massiv Aktien von fossilen Unternehmen in Ökofonds der DWS geflossen sein sollen. Die Anschuldigungen wurden von den deutschen wie auch amerikanischen Finanzaufsichtsbehörden und den deutschen Strafverfolgungsbehörden aufgegriffen. Der Skandal fand auch einen großen Widerhall in der Öffentlichkeit. In der Folge gab der Aktienkurs der DWS deutlich nach, und es rollten auch Köpfe aus der höchsten Führungsetage, darunter DWS-Chef Asoka Wöhrmann. Der Abschied wurde ihm allerdings vergoldet, was wohl in der Branche bei Fehlverhalten üblich zu sein scheint. Wöhrmann erhielt eine Abfindung von 8,15 Millionen Euro und zusätzlich eine Vergütung von 5,67 Millionen Euro, die ihm vertraglich noch zustanden.[133] Da kann einem nur der Kragen platzen. Die DWS soll ihre grünen Fonds auch noch 2022 mit Aktien fossiler Unternehmen aufgefüllt haben. Die Organisation Finanzwende spricht von Beteiligungen im Wert von über 850 Millionen Dollar. Damit sei die Tochter der Deutschen Bank unter Europas Fondsgesellschaften die Spitzenreiterin bei Zukäufen fossiler Aktien gewesen. Aktien von Unternehmen aus dem Bereich der erneuerbaren Energien wurden dagegen sogar verkauft – im Wert von fast zehn Millionen US-Dollar.[134]

Der Aktienkurs der DWS hat sich nach dem Einbruch in den Jahren 2021 und 2022 inzwischen wieder erholt, was zeigt, dass

Verfehlungen in Sachen Nachhaltigkeit von den Anlegern nicht dauerhaft bestraft werden. Trotzdem könnte der Skandal vielleicht doch etwas Positives bewirkt haben. Nach Ansicht der US-Börsenaufsicht SEC hat die DWS die Bedeutung von Nachhaltigkeitsaspekten in ihren Anlageentscheidungen übertrieben positiv dargestellt. Die DWS hätte den Markt irregeführt und falsche Aussagen getroffen. Die Deutsche-Bank-Tochter muss dafür eine Geldbuße von 19 Millionen US-Dollar zahlen.[135] Da die DWS auch sechs Millionen Dollar für zu schwache Geldwäschekontrollen zahlen muss, beträgt die Gesamtstrafe 25 Millionen Dollar. Diese Summe zahlt ein Unternehmen wie die DWS aus der Portokasse. Allerdings könnten die Ermittlungen gegen die DWS trotz der außerordentlich geringen Strafe eine abschreckende Wirkung entfalten und Unternehmen aus der Finanzindustrie davon abhalten, bei nachhaltigen Anlagen die Unwahrheit zu sagen.

Wir erkennen also auch in der Finanzindustrie das typische Muster des Greenwashing: Nur wenig ändern, aber so tun, als ob sich Grundlegendes geändert hätte. Das ist umso bitterer, weil die großen Fondsgesellschaften eine wichtige Rolle bei der Transformation in eine nachhaltige Entwicklung spielen. Es stehen gewaltige Investitionen an, wenn wir einen Klimakollaps vermeiden wollen. Nur wenn die großen Kapitalströme schnell in die sauberen und ressourcenschonenden Technologien fließen, wird die Welt noch rechtzeitig die drängenden Umweltprobleme lösen können. In Bezug auf das Klima bedarf es unter anderem neuer Infrastrukturen in der Energiegewinnung und Energieverteilung. Das ifo Institut hatte 2019 die Kosten für Deutschland beziffert. In der Studie heißt es: »Die kumulativen systemischen Mehrkosten für die Energiewende bis 2050 liegen je nach Randbedingungen zwischen 500 Milliarden Euro und mehr als 3000 Milliarden Euro. Das entspricht pro Jahr im Durchschnitt 0,4 bis 2,5 Prozent des deutschen Bruttoinlandsprodukts aus dem Jahr 2018.«[136] Das mag so klingen, als wenn man solche Finanzmittel nicht aufbringen könnte. Die

Summen seien aber, betont das ifo Institut, vergleichbar mit den Kosten anderer gesellschaftlicher Großprojekte, zum Beispiel der Wiedervereinigung.

Endspiel

Die Herausforderung, vor der wir bei der Begrenzung der globalen Erwärmung stehen, ist riesengroß. Im Vergleich dazu sind die bisherigen weltweiten Klimaschutzanstrengungen aberwitzig klein. Ankündigungen, ohne Taten folgen zu lassen, oder Greenwashing werden uns nicht weiterbringen und lassen die Zeit verstreichen, die wir noch hätten, um zumindest mit einem blauen Auge davonzukommen. Wenn man sich in der Welt umschaut, wird es offenbar: Wir befinden uns bereits inmitten einer Art Endspiel. Die vielen außergewöhnlichen Wetterextreme mit so viel Leid und den vielen Opfern zeigen dies in aller Klarheit. Die Menschen sind auf dem Weg in ihr Verderben.

Damit meine ich nicht nur die steigenden Temperaturen, die während der letzten Jahre schon für sich allein genommen für Millionen Menschen zu einer extremen Bedrohung geworden sind, sondern auch die Zunahme und Intensivierung von Dürren und Starkregenereignissen wie auch die immer schneller ansteigenden Meeresspiegel. Und vergessen wir dabei bitte nicht den Rückgang der biologischen Vielfalt durch die menschlichen Aktivitäten. Zum Artensterben trägt auch der menschengemachte Klimawandel bei. Er sorgt dafür, dass Populationen zurückgehen und Tierarten im Extremfall sogar aussterben. Die Natur steht unter einem enormen Stress. Meine Kollegin Caroline Müller von der Universität Bielefeld gibt dafür Zahlen an: »Studien zeigen, dass bei einer Erderwärmung von 1,5 Grad Celsius das Aussterberisiko von Tieren und Pflanzen um 4 Prozent steigt – bei einer Erwärmung von 3 Grad Celsius aber schon auf 26 Prozent.«[137] Es ist beispielsweise schon lange bekannt, dass die Geschlechtsentwicklung des Schildkrötenembryos im Ei von der Bruttemperatur abhängt. Je wärmer der Sand ist, in dem die Nester liegen, umso größer der Anteil an Weibchen. Durch den mit dem Klimawandel einhergehenden Temperaturanstieg werden vielerorts nur noch wenige Männchen geboren. Meeresschildkröten laufen bei weiter steigenden Temperaturen Gefahr, sich nicht mehr in einem ausreichenden Maße fortpflanzen zu können, um die Population zu sichern. Eine völlig ungebremste globale Erwärmung hätte sogar das Potenzial für ein Massenaussterbeereignis. Ein Verlust von 70 Prozent der Arten oder mehr wäre möglich, von denen es nur sehr wenige in der Milliarden Jahre langen Geschichte des Lebens auf der Erde gegeben hat. In so einer Welt gäbe es wohl kaum Raum für menschliches Leben.

Die Menschen werden in den kommenden Jahrzehnten darüber mitentscheiden, wie es mit dem Leben auf dem Planeten Erde weitergeht. Werden sie eine Klimaveränderung vermeiden, die die Welt auf den Kopf stellen und auch die menschliche Gesellschaft ins Chaos stürzen würde? Auf die Verhinderung einer solchen gefährlichen Klimaveränderung hatte sich die Staatengemeinschaft schon 1992 in der Rahmenkonvention der Vereinten Nationen über Klimaveränderungen von Rio de Janeiro geeignet. Dieses kurz als Klimarahmenkonvention bezeichnete internationale Übereinkommen ist die völkerrechtliche Grundlage für den weltweiten Klimaschutz. Die Klimarahmenkonvention von Rio wurde von 198 sogenannten Vertragsstaaten inklusive der EU unterschrieben. Sie sieht vor, dass die Belastung der Atmosphäre mit Treibhausgasen auf einem Niveau stabilisiert wird, welches eine gefährliche anthropogene Störung des Weltklimas verhindert. Im Wortlaut der Klimarahmenkonvention heißt es dazu: »Ein solches Niveau sollte innerhalb eines Zeitraums erreicht werden, der ausreicht, damit sich die Ökosysteme auf natürliche Weise den Klimaänderungen anpassen können, die Nahrungsmittelerzeugung nicht bedroht wird und die wirtschaftliche Entwicklung auf nachhaltige Weise fortgeführt werden kann.«[138]

Soweit die Aufgabenstellung, die sich die Länder vor über 30 Jahren in Rio selbst gestellt hatten. Die Menschen haben bis jetzt – ich muss es leider so deutlich sagen – die Klimarahmenkonvention von Rio mit Füßen getreten. Von einer »Stabilisierung der Treibhausgaskonzentrationen« in der Atmosphäre kann bis zum heutigen Tag nicht die Rede sein, noch nicht einmal ansatzweise. Ganz im Gegenteil. Der CO_2-Gehalt der Atmosphäre, auf den es bei der globalen Erwärmung hauptsächlich ankommt, steigt weiterhin mit einer großen Geschwindigkeit an, und die Temperatur an der Erdoberfläche zieht mit einer geringen Zeitverzögerung nach. Menschen wie auch Ökosysteme zu Land und zu Wasser können sich in einigen Weltregionen kaum noch an die sich rasant verändernden Umweltbedingungen anpassen, was den Endspielcharakter der heutigen Zeit noch einmal unterstreicht.

Vor diesem Hintergrund veröffentlichten über 200 Fachzeitschriften aus dem Gesundheitsbereich gemeinsam im Oktober 2023 einen Aufruf und forderten die Vereinten Nationen, die politischen Entscheidungsträger und die Angehörigen der Gesundheitsberufe auf, endlich anzuerkennen, dass der Klimawandel und der Verlust der biologischen Vielfalt eine untrennbare Krise darstellen und gemeinsam angegangen werden müssen, um eine Katastrophe zu vermeiden.[139] In dem Aufruf heißt es, dass sowohl die Klimakrise als auch der Verlust der biologischen Vielfalt die menschliche Gesundheit schädigen und nicht getrennt voneinander betrachtet werden dürfen. So trage der Klimawandel unter anderem auch zur Ausbreitung ansteckender Krankheiten bei. Klimawandel und Umweltverschmutzung würden Trinkwasserquellen schaden, und der Rückgang der Artenvielfalt würde es schwerer machen, die Menschheit gesund zu ernähren. Die Klima- und die Naturkrise separat voneinander zu betrachten wäre ein gefährlicher Fehler. Es handele sich um eine allgemeine Umweltkrise, und die sei inzwischen so gravierend, dass die Weltgesundheitsorganisation (WHO) einen globalen Gesundheitsnotstand ausrufen müsse. Die Ausrufung eines Gesundheitsnotstands wäre die höchste Alarmstufe, die die WHO verhängen kann. Alle Mitgliedsländer wären dann aufgefordert, Informationen auszutauschen, um das betreffende Problem in den Griff zu bekommen. Dies geschah beispielsweise Ende Januar 2020 zu Beginn der Coronapandemie. Gut drei Jahre später, Anfang Mai 2023, wurde dann der Coronanotstand von der WHO aufgehoben.

Noch werden Klima- und Biodiversitätskrise größtenteils getrennt voneinander betrachtet. So fand die 28. UN-Vertragsparteienkonferenz zum Klimawandel (COP 28) im Herbst 2023 in Dubai statt, während die 16. UN-Biodiversitätskonferenz (COP 16) im Herbst 2024 in Kolumbien abgehalten werden soll. Die Wissenschaftsgemeinden, die die Erkenntnisse für die beiden COPs liefern, sind immer noch weitgehend voneinander isoliert. Die beiden Communitys hatten sich allerdings 2020 zu einem gemeinsamen Workshop getroffen, bei dem die teilnehmenden Wissenschaftlerinnen und Wissenschaftler zu dem Schluss kamen: »Nur wenn Klima und biologische Vielfalt als Teile desselben komplexen Problems betrachtet werden, können Lösungen entwickelt werden, die Fehlanpassungen vermeiden und die positiven Ergebnisse maximieren.«[140]

So wie es die Gesundheitswelt unlängst mit der Entwicklung des Konzepts der planetarischen Gesundheit[141] erkannt hat, müssen wir die Erde als Gesamtheit verstehen, welche aus unterschiedlichen Teilsystemen besteht. Als Lebewesen sind die Menschen ein untrennbarer Teil der Natur und trotz aller technischen Errungenschaften letztlich von ihr abhängig. Die Schädigung eines Teilsystems kann zu Rückkopplungen führen, die ein anderes Teilsystem schädigen – zum Beispiel schädigen Dürre, Waldbrände, Überschwemmungen und einige andere Auswirkungen der globalen Erwärmung die Pflanzenwelt und führen zu Bodenerosion. Dadurch wird die Aufnahme von CO_2 aus der Luft verhindert, was eine weitere Erwärmung nach sich zieht.[142] Der Klimawandel wird aller Wahrscheinlichkeit nach in den kommenden Jahrzehnten die Entwaldung und andere sogenannte Landnutzungsänderungen durch die Menschen als Hauptursache für den Naturverlust überholen.[143] Eine ungebremste globale Erwärmung würde zudem ein verheerendes Massenaussterben verursachen, wie ich es oben ausgeführt habe. Wenn ich dieses Kapitel mit dem Wort Endspiel überschrieben habe, meine ich es auch genauso. Das Wort Endspiel beschreibt meiner Meinung nach in angemessener Weise die gefährliche Lage, in der sich die Menschheit heute schon befindet. Wir blicken in den Abgrund und haben keine Zeit mehr zu verlieren, um ein Desaster planetaren Ausmaßes zu verhindern.

Im Mahlstrom der Interessen – Zwischen Bangen und Hoffnung

Runter mit den Emissionen!

Wenn wir das Endspiel gewinnen wollen, müssen wir selbstverständlich auch den Klimawandel begrenzen, d. h., dass die weltweiten Treibhausgasemissionen schnellstens sinken müssen. Daran führt kein Weg vorbei. Konzentrieren wir uns an dieser Stelle auf das CO_2, das hauptverantwortlich für die von uns Menschen verursachte globale Erwärmung ist. Die globalen CO_2-Emissionen sind in den letzten Jahrzehnten enorm angestiegen. Je mehr die weltweiten CO_2-Emissionen aber über das hinausgehen, was die natürlichen Land- und Meeressenken aufnehmen können, desto schneller steigt die atmosphärische CO_2-Konzentration an. In den 1960er Jahren lag die Steigerungsrate des atmosphärischen CO_2-Gehalts im Jahrzehntemittel noch bei ungefähr 0,8 ppm pro Jahr. Im Laufe der darauffolgenden Jahrzehnte verdreifachte sich die Anstiegsrate und erreichte in den 2010er Jahren durchschnittlich 2,4 ppm pro Jahr.[144] Die Wachstumsrate des atmosphärischen Kohlendioxidgehalts seit dem Beginn des 20. Jahrhunderts ist ungefähr 100 Mal größer als frühere natürliche Anstiege, wie zum Beispiel der Anstieg von etwa 100 ppm[145] während des Übergangs von der letzten Eiszeit, die ihren Höhepunkt vor etwa 21 000 Jahren erreicht hatte, bis zum Beginn der gegenwärtigen Warmzeit, dem Holozän, vor ungefähr 11 000 Jahren. Der heutige Wert der atmosphärischen CO_2-Konzentration ist bereits viel zu hoch, wenn man es an den schlimmen Klimafolgen der letzten Jahre misst.

Klimaskeptiker behaupten, dass der Anstieg des Kohlendioxidgehalts der Atmosphäre völlig normal sei. Das ist Quatsch. Was wir seit dem Beginn der Industrialisierung an Zuwachs beobachtet haben, ist eindeutig auf den Menschen zurückzuführen. Darin ist sich die Wissenschaft einig. Natürliche Erhöhungen des Kohlendioxidgehalts der Luft haben die Temperatur an der Erdoberfläche während der letzten paar Millionen Jahre periodisch erwärmt. Das ist richtig, und das würde auch niemand bestreiten wollen. Die warmen Episoden begannen allerdings mit einer leichten Zunahme des einfallenden Sonnenlichts auf der Nordhalbkugel aufgrund von Schwankungen der Erdumlaufbahn um die Sonne oder der Rotationsachse der Erde, die wir in der Wissenschaft als die Variation der Orbitalparameter bezeichnen. Das mehr an Sonnenlicht verursachte zunächst eine vergleichsweise geringe Erwärmung, die durch bestimmte Prozesse verstärkt wurde. So stießen die Ozeane CO_2 aus – wie eine Dose Limonade in der Hitze eines Sommertages. Das zusätzliche Kohlendioxid in der Atmosphäre verstärkte den Treibhauseffekt und damit die anfängliche Erwärmung im Sinne einer positiven Rückkopplung, wie man verstärkende Prozesse in der Physik nennt. Es wurde noch wärmer, und der CO_2-Gehalt der Luft stieg weiter an, bis am Ende eine Warmzeit entstanden war. In der anderen Richtung funktionieren diese Prozesse ebenfalls, was dann zu Eiszeiten führt. In der heutigen Zeit spielen die Schwankungen der Orbitalparameter keine Rolle, weil sie nur über Zeiträume von vielen Jahrtausenden relevant werden. Deswegen können die Orbitalparameter auch nicht den einzigartigen Anstieg des atmosphärischen CO_2-Gehalts mit dem Beginn des Industriezeitalters erklären.

Anhand von Luftblasen, die in kilometerlangen Eisbohrkernen aus der Antarktis eingeschlossen sind, und anderen paläoklimatischen Belegen wissen wir auch, dass die CO_2-Konzentration in der Atmosphäre während der Eiszeit-Warmzeit-Zyklen in den letzten Jahrhunderttausenden nie über 300 ppm gelegen hat. Vor Beginn der industriellen Revolution um 1750 lag der Kohlendioxidgehalt in der Atmosphäre bei ungefähr 280 ppm oder etwas darunter. Heute beträgt der CO_2-Wert schon ca. 420 ppm. Was wir gerade beobachten, ist einmalig in der Geschichte der Menschheit und deswegen alles andere als normal. Warum ich Sie noch einmal darauf hinweise, dass der Anstieg des CO_2-Gehalts anthropogener Natur ist, obwohl über diesen Sachverhalt schon tausendfach berichtet worden ist? Weil so oft das Gegenteil behauptet wird. Das sind Fake News. Der Anstieg des atmosphärischen CO_2-Gehalts ist keine Laune der Natur, er ist von den Menschen verursacht und hat zu dem rasanten Temperaturanstieg an der Erdoberfläche geführt, der in der Abbildung 1 dokumentiert ist. Deswegen sind die Menschen aufgefordert zu handeln und die CO_2-Emissionen schnell zu verringern.

Nach der Verabschiedung des Pariser Klimaabkommens 2015 wurde ein weiterer deutlicher Anstieg der weltweiten Treibhausgasemissionen bis 2030 vorhergesagt, weswegen ich damals von der Vereinbarung maßlos enttäuscht war. Schließlich hätten die Emissionen sinken sollen. Heute, gut acht Jahre später, sieht es so aus, dass die Emissionen in den nächsten Jahren nicht mehr wachsen werden, was aber immer noch unakzeptabel ist. Immerhin, es hat sich etwas in die richtige Richtung bewegt. Möglicherweise haben wir den Höhepunkt der weltweiten Emissionen auch schon erreicht.[146] Tatsächlich aber müssten die globalen Treibhausgasemissionen massiv sinken, damit der CO_2-Gehalt der Luft nicht mehr so schnell oder gar nicht mehr ansteigt. Was wir also jetzt benötigen, ist eine enorme Verstärkung der Klimaschutzanstrengungen weltweit, wenn die Ziele des Pariser Abkommens nicht ad absurdum geführt werden sollen.

Die weltweiten Treibhausgasemissionen haben sich in den letzten Jahren auf einem hohen Niveau stabilisiert. Inwieweit sich hier schon eine Trendwende andeutet oder das Plateau nur eine schwächere Weltkonjunktur repräsentiert, ist unklar. So schwächelt insbesondere die Konjunktur Chinas, des größten CO_2-Emittenten unter allen Ländern. Den vergleichsweise geringen Anstieg der globalen Emissionen in den letzten Jahren kann man als positives Zeichen werten, verbunden mit der Hoffnung, dass der weltweite Ausstoß von Treibhausgasen in den nächsten Jahren deutlich fallen wird.

Meine Hoffnung wäre, dass immer mehr Länder erkannt haben oder in der Zukunft erkennen werden, dass eine Transformation der Energiesysteme fundamental wichtig für deren Entwicklung ist und jede Menge Vorteile mit sich bringen wird. Das Wachstum der CO_2-Emissionen lag 2022 mit knapp einem Prozent deutlich unter dem Wachstum des globalen Bruttoinlandsprodukts (BIP) von 3,2 Prozent und reiht sich somit ein in einen jahrzehntelangen Trend der Entkopplung von Emissionen und Wirtschaftswachstum, der nur 2021 kurzfristig durch den starken Anstieg der Emissionen nach dem Corona-Lockdown unterbrochen worden war. Die Verbesserungen in der CO_2-Intensität der Energienutzung fielen allerdings etwas langsamer aus als im Durchschnitt der zehn Jahre zuvor, was vermutlich an der vermehrten Kohleverstromung während der durch den Ukrainekrieg ausgelösten Energiekrise gelegen hatte.

Zwei Wochen vor Beginn der 28. Weltklimakonferenz in Dubai (COP 28) Herbst 2023 dämpfte ein UNO-Bericht zum Stand der nationalen Klimaanstrengungen die Hoffnung auf rasche und deutliche Rückgänge bei den weltweiten CO_2-Emissionen. Die nationalen Klimapläne von fast 200 Staaten würden zu einem Rückgang der Emissionen um gerade zwei Prozent bis 2030 führen, hieß es in dem Bericht. »Die Welt schafft es nicht, die Klimakrise in den Griff zu bekommen«, sagte UN-Generalsekretär António Guterres angesichts dieser Zahlen. UN-Klima-Chef Simon Stiell erklärte: »Der Bericht zeigt, dass die Regierungen zusammengenommen Babyschritte gehen, um die Klimakrise abzuwenden.« Die Weltklimakonferenz in Dubai müsse ein »Wendepunkt« sein, sagte er. Derlei Aussagen kommen mir bekannt vor. Haben wir so ähnliche Aussagen nicht auch schon vor den letzten Weltklimakonferenzen gehört? Die Weltpolitik nimmt das Thema Klimaschutz einfach nicht ernst. Deswegen glaube ich auch nicht, dass es entscheidende Durchbrüche auf den Konferenzen in den kommenden Jahren geben wird. Die Klimadiplomatie ist auf voller Linie gescheitert. Das müssen sich die Vereinten Nationen und die Länder endlich eingestehen und neue Wege finden, um beim internationalen Klimaschutz Fortschritte zu erzielen.

Der extrem schnelle Anstieg des Kohlendioxids in der Atmosphäre während der letzten Jahrzehnte ist rational nicht zu verstehen. Die Menschen kennen doch schon lange die Problematik der Erderwärmung. An Lösungen zur Vermeidung von CO_2-Emissionen hat es wahrlich nicht gemangelt, und es kommen immer mehr neue Möglichkeiten zur Verringerung der Treibhausgasemissionen hinzu. Erneuerbare Energien, mehr Energieeffizienz, pflanzliche Ernährung und eine Kreislaufwirtschaft wären zum Beispiel einige geeignete Mittel, um den Klimawandel zu begrenzen und auch andere drängende Umweltprobleme abzumildern. Der Stopp der Waldzerstörung, die Wiederaufforstung oder die Renaturierung von Flächen, d. h. die Wiederherstellung von zerstörten Ökosystemen wären weitere Möglichkeiten. Die Menschen nutzen aber die ihnen zur Verfügung stehenden Möglichkeiten nicht oder in nur geringem Umfang. Das muss sich ändern, wenn die Menschen das Endspiel noch gewinnen wollen, sprich die günstigen Lebensbedingungen auf der Erde nicht aufs Spiel setzen wollen.

Denn es wird eng. Das den Menschen noch zur Verfügung stehende CO_2-Budget[147] ist schon zu großen Teilen aufgebraucht, d. h. die Menge des Gases, die ausgestoßen werden kann, um die globale Erwärmung auf deutlich unter 2 Grad Celsius zu begrenzen, worin ja das Hauptziel des Klimavertrages von Paris besteht. Ich habe das Konzept des verbleibenden CO_2-Budgets in meinem letzten Buch *Countdown* plausibel gemacht. Der Hauptgrund für seine Existenz ist die äußerst lange Verweildauer des von den Menschen emittierten CO_2 in der Atmosphäre. Es bleibt Jahrhunderte bis Jahrtausende in der Atmosphäre, bis es letztlich in den Ozeanen verschwindet. Die heutige globale Erwärmung ist wegen der langen Verweildauer des CO_2 die Folge der kumulativen historischen CO_2-Emissionen, d. h. aller Emissionen weltweit seit Beginn der Industrialisierung. Die zukünftige Erwärmung ist hauptsächlich die

Folge der künftigen Emissionen. Die Abbildung 4 zeigt idealisierte Emissionspfade beispielhaft für drei globale Erwärmungen, die nicht überschritten werden sollen. Um die globale Erwärmung auf 2 Grad Celsius zu begrenzen, müssen die globalen CO_2-Emissionen in der zweiten Hälfte dieses Jahrhunderts auf null sinken. Der Welt verblieben allerdings nur noch gut 20 Jahre, um die 2-Grad-Marke nicht zu überschreiten, sollten die weltweiten CO_2-Emissionen auf dem derzeitigen sehr hohen Niveau verharren.[148] Wenn die globale Erwärmung deutlich geringer als 2 Grad Celsius ausfallen soll, müssten die Menschen die weltweiten CO_2-Emissionen noch schneller auf null bringen. Die 1,5-Grad-Marke werden wir auf jeden Fall reißen, was ich oben diskutiert habe. Nur noch einmal zu Erinnerung: Im Zwölf-Monate-Zeitraum Februar 2023 bis Januar 2024 war die Durchschnittstemperatur an der Erdoberfläche schon 1,52 Grad Celsius höher als in der vorindustriellen Zeit.

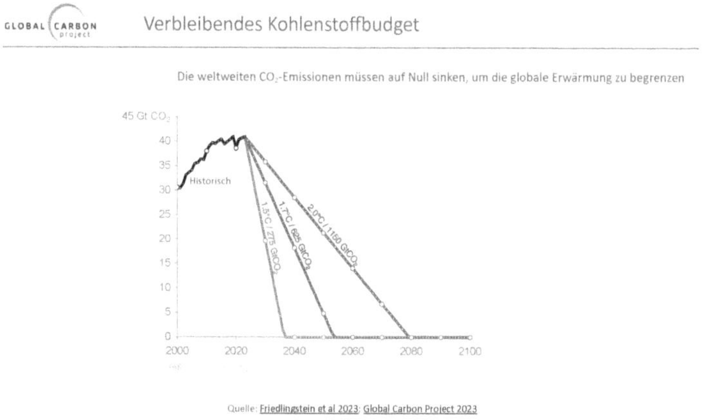

Abbildung 4: Historische CO_2-Emissionen 2000–2022 und idealisierte Emissionspfade, um die globale Erwärmung unterhalb einer Marke von 1,5°C, 1,7°C und 2°C gegenüber der vorindustriellen Zeit zu halten. Die gezeigten Pfade sollen nur als grobe Orientierung dienen. Quelle: Global Carbon Project.[149]

Die Umstellung der Weltwirtschaft auf eine CO_2-freie Ökonomie erfordert im allerbesten Falle einige Jahrzehnte. Selbst die Einhaltung der 2-Grad-Grenze stellt somit eine enorme Kraftanstrengung für die Welt dar, weil die Menschen auch jetzt erkennbar nicht bereit zu sein scheinen, sich des Klimaproblems ernsthaft anzunehmen. Dabei ist zu beachten, dass das CO_2-Budget einer gewissen Unsicherheit unterliegt und aus diesem Grund auch nur eine grobe Aussage darüber liefern kann, wo die Welt bei der Begrenzung der globalen Erwärmung steht. Meldungen, dass das Budget doch kleiner sei als bisher gedacht[150] oder größer verwirren nur die Öffentlichkeit. Die Kernbotschaft, die sich aus allen Budgetberechnungen ergibt, lautet: »Wir haben keine Zeit mehr zu verlieren und müssen die Emissionen schnellstens verringern, um den Planeten lebenswert zu erhalten.«

Andere von den Menschen emittierte Treibhausgase als CO_2 tragen ebenfalls zur globalen Erwärmung bei, hier vor allem Methan und Lachgas. Deren Effekt wird aber zu einem großen Teil durch die ebenfalls von den Menschen ausgestoßenen und kühlenden Sulfataerosole kompensiert,[151] weswegen es einen empirischen Zusammenhang zwischen den kumulierten historischen CO_2-Emissionen und der globalen Erwärmung gegenüber der vorindustriellen Zeit gibt. Die Aerosole beeinflussen neben dem Klima auch die Luftqualität. Sollten sich die anthropogenen Emissionen von Sulfat-Aerosolen infolge von Maßnahmen zur Verbesserung der Luftqualität in der Zukunft erheblich verringern, würde sich das verbleibende CO_2-Budget zur Einhaltung eines bestimmten Klimaziels noch einmal signifikant verringern.

Keine Experimente!

Der Club of Rome hatte schon 1972 mit *Die Grenzen des Wachstums* die Gründe dargelegt, warum die Menschen nicht mit der Erde herumexperimentieren sollten, was bis zum heutigen Tag kaum verstanden worden ist. Die fälschliche Interpretation von *Die Grenzen des Wachstums* als eine Art Vorhersage der Zukunft hält sich auch über 50 Jahre nach der Veröffentlichung des Berichts. Damit verkennen wir, wofür der Bericht geschrieben wurde und was wir tatsächlich aus ihm lernen können: systemische Verhaltensweisen, die zeitlos und grundsätzlicher Natur sind, wie die Dynamiken exponentiellen Wachstums, die Risiken, die durch Zeitverzögerungen entstehen, und die Undurchschaubarkeit komplexer Systeme. Und genau deswegen müssen die Treibhausgasemissionen schnellstens runter, wenn die Menschen böse Überraschungen vermeiden wollen. Es muss stets das Vorsorgeprinzip gelten. Wir müssen die Risiken minimieren. Das möchte ich ausdrücklich noch einmal betonen. Wir sollten uns nicht der Illusion hingeben, dass es auf absehbare Zeit Möglichkeiten geben wird, auf technischem Wege große Mengen CO_2 aus der Atmosphäre zu entfernen. Solche Ideen kann man nur als utopisch bezeichnen mit wenig Aussicht, uns in den kommenden Jahrzehnten bei der Begrenzung der globalen Erwärmung nennenswert helfen zu können. Derlei Überlegungen sind aus meiner Sicht billige Ablenkungsmanöver mit dem Ziel, das fossile Zeitalter zu verlängern und die Emissionen nicht oder nur unbedeutend senken zu müssen.

Kurzfristige wirtschaftliche Interessen stehen immer noch gegen den Umweltschutz. Beim Klima sind es hauptsächlich die Interessen der konventionellen Energiewirtschaft. Sie haben kein gesteigertes Interesse an Solarenergie, Windkraft oder Erdwärme, zumindest so lange nicht, bis kein leichtes Geld mehr mit den konventionellen Energien zu verdienen ist. Lobbyisten aus der fossilen Industrie oder der Atomwirtschaft sagen, dass es nicht anders gehe. Ohne die fossilen Brennstoffe und die Kernkraftwerke würde auf absehbare Zeit nichts mehr gehen. Die Wirtschaft stünde sonst still. Deswegen benötigten wir noch viele Jahre lang Kohle, Öl, Erdgas und Atomkraftwerke, nur als Brückentechnologie, versteht sich. Und die Politik schenkt dem Glauben.

Ich wundere mich. Wie lang soll die konventionelle Energiebrücke eigentlich sein? Gibt es überhaupt ein Ende der Brücke? Oder ist die Brücke kreisförmig und wir kehren immer wieder an ihren Anfang zurück? Mir kommt es tatsächlich so vor, als wenn wir uns im Kreis drehen würden. Jetzt in der Krise, in Zeiten des Überfalls Russlands auf die Ukraine und der daraus entstandenen Energiekrise kommen die ewig Gestrigen wieder aus der Deckung. Auf einmal sind Atomkraftwerke wieder alternativlos für unsere zukünftige Energieversorgung. Tschernobyl, Fukushima – haben wir denn alles vergessen? Gab es nicht 2011 nach der Reaktorkatastrophe von Fukushima einen großen gesellschaftlichen Konsens in Deutschland, aus der Atomkraft auszusteigen und zügig eine Energiewende mit den erneuerbaren Energien durchzuführen? Haben wir all das schon wieder vergessen? Ist unser Gedächtnis tatsächlich so kurz?

Und jetzt wird immer öfter das Geoengineering oder die Abscheidung und Einlagerung von CO_2 (CCS) ins Spiel gebracht. Um es klar zu sagen: Ich halte von solchen Maßnahmen zur Abmilderung der globalen Erwärmung rein gar nichts. Einerseits ist es in der Wissenschaft völlig unklar, wie effizient die vorgeschlagenen Methoden überhaupt sein können. Andererseits bergen sie enorme ökologische Risiken. Wer heute auf technische Maßnahmen setzt, der spielt mit der Zukunft der nachfolgenden Generationen. Außerdem würde deren Anwendung, wenn sie denn jemals problemlos funktionierten und einen nennenswerten Beitrag zur Abmilderung des Klimawandels leisten könnten, gigantische Finanzmittel benötigen.[152] Das Geld wäre sicherlich sinnvoller in eine umfassende Energiewende investiert, d.h. in den Ausbau der erneuerbaren Energien, der Netzinfrastruktur und von Speicherkapazitäten, anstatt mit dem Geld völlig neue Infrastrukturen aufzubauen, nur um die fossile Energiewirtschaft künstlich am Leben zu erhalten, die uns, seien wir ehrlich, doch nur noch Probleme bereitet.

Würde man beispielsweise auf das sogenannte Solar-Geoengineering setzen, auch als Solar Radiation Management (SRM) bezeichnet, würde man also die auf die Erdoberfläche treffende Sonnenstrahlung künstlich abschwächen wollen, würde das in der Konsequenz bedeuten, dass im Prinzip alles so weiterlaufen würde wie bisher. Es bestünde die Gefahr, dass der Gehalt von CO_2 in der Atmosphäre in den kommenden Jahrzehnten in schwindelerregende Höhen klettern würde. Vielleicht würden wir die Erdoberfläche durch SRM tatsächlich abkühlen können, aber was ist mit den anderen Problemen, die ein noch höherer atmosphärischer CO_2-Gehalt mit sich bringen würde? Die Meere würden dann noch mehr CO_2 aus der Luft aufnehmen, wodurch die Versauerung des Meerwassers beschleunigt voranschreiten würde, womit sich die Risiken für die marinen Ökosysteme in nicht vertretbarer Weise erhöhen würden. Wollen wir dieses Experiment wirklich wagen? Und die Luftverschmutzung würde auch noch weiter zunehmen.

Einige der SRM-Maßnahmen könnten sogar als Druckmittel oder gar Waffe gegen andere Länder eingesetzt werden von den Ländern, die im Besitz der Technologie sind. Mich jedenfalls wundert gar nichts mehr, wenn ich mich in der Welt umblicke, in der staatlich angeordnete Gräueltaten an der Tagesordnung sind, wie zum Beispiel im Krieg Russlands gegen die Ukraine. In jüngster Zeit hat mich eine Meldung aus dem Jahr 2023 ganz besonders alarmiert, wonach die US-Regierung einen Forschungsplan verabschiedet hat, um Methoden des SRM zu untersuchen. In einem von der Deutschen Forschungsgemeinschaft (DFG) geförderten Projekt ist das Forschungsteam vor einigen Jahren bezüglich SRM zu dem Schluss gekommen, »dass die bisher vorgeschlagenen Methoden den Klimawandel bei weiter steigenden CO_2-Emissionen entweder nicht entscheidend abmildern oder aber nicht mehr gefahrlos gestoppt werden könnten«.[153] Letzteres, weil das CO_2 noch für Jahrhunderte in der Luft verbleiben würde und man gar nicht mit der künstlichen Beeinflussung der auf die Erdoberfläche einfallenden Sonnenstrahlung aufhören könnte, weil sich sonst der Planet in kurzer Zeit dramatisch wiedererwärmen würde. Der Verstand sagt mir: Es gibt keine sinnvolle Alternative zur Senkung der Treibhausgasemissionen, um den Klimawandel zu begrenzen.

Bislang gibt es keinen wissenschaftlichen Konsens über die Zweckmäßigkeit des Einsatzes von Geoengineering-Maßnahmen. Wissenschaftlerinnen und Wissenschaftler haben sich in den letzten beiden Berichten des Weltklimarats (IPCC) eingehend mit der künstlichen Klimabeeinflussung auseinandergesetzt. In dem letzten IPCC-Bericht der Arbeitsgruppe I *Naturwissenschaftliche Grundlagen des Klimawandels* (AR6 WGI),[154] der 2021 veröffentlicht wurde, schätzten die Klimaforschenden die Nebenwirkungen des Solar Radiation Management genauer ab, wie zum Beispiel die Veränderungen der Regen- und Schneefallmuster, die nicht unerheblich sein können. Die Arbeitsgruppe I schlug vor, einen Mix aus verschiedenen Maßnahmen einzusetzen, um die verschiedenen Nebenwirkungen auszugleichen.[155] Für mich klingt das nicht nach einer guten Idee. Ich bin in Bezug auf den Vorschlag überaus skeptisch, weil man die Auswirkungen der verschiedenen Maßnahmen und deren Wechselwirkungen in einem hochkomplexen System nicht zuverlässig bestimmen kann. *Die Grenzen des Wachstums* lassen grüßen. Hatte der Bericht nicht vor der Komplexität des Erdsystems gewarnt?

Damit stelle ich mich gegen eine Reihe zum Teil sehr prominenter Kolleginnen und Kollegen. Mehr als 90 Forschende aus der ganzen Welt haben 2023 einen offenen Brief veröffentlicht, in dem sie empfehlen, das Potenzial des Solar Radiation Management zu erforschen, um die Erwärmung des Planeten zu verlangsamen.[156] Als Ultima Ratio, als allerletzte Möglichkeit, wie es in dem offenen Brief heißt, weil es die Menschen wahrscheinlich nicht schaffen werden, eine gefährliche Erderwärmung zu verhindern. Ich fürchte, dass solche offenen Briefe und die darin enthaltenen Aussagen am Ende nur denen nützen werden, die ohnehin kein Interesse am Klimaschutz haben – vor allem der fossilen Industrie. Es besteht aus meiner Sicht die reale Gefahr, dass sich die Weltpolitik in der Zukunft auf das Geoengineering verlassen und nicht die notwendigen Schritte zur Senkung der Treibhausgasemissionen unternehmen wird. So nehme ich die Äußerungen von vielen Politikerinnen und Politikern in den letzten Jahren wahr. Das Verlassen auf technische Maßnahmen zur Begrenzung der globalen Erwärmung wäre für mich die endgültige Kapitulation der Menschheit vor den Herausforderungen des Klimawandels und eine Bankrotterklärung der Staaten dieser Welt im Hinblick auf ein gemeinsames Handeln.

Eines ist aber auch klar: Ohne negative Emissionen wird das Einhalten der Pariser Klimaziele realistischerweise nicht mehr möglich sein, d. h. durch die Entfernung von CO_2 aus der Atmosphäre. Das muss allerdings nicht notwendigerweise auf technischem Wege erfolgen, sondern kann auch dadurch geschehen, dass man die natürlichen CO_2-Senken zu Land und in den Meeren stärkt. Aufforstung beispielsweise wäre eine Möglichkeit, um CO_2 aus der Luft zu entfernen. Die zur Verfügung stehenden Landflächen sind jedoch begrenzt und reichen nicht aus, um die anthropogenen Emissionen komplett zu kompensieren, obwohl viele Menschen vom Gegenteil überzeugt sind. Das weiß ich durch die vielen Zuschriften, die ich in diese Richtung bekomme. An der Senkung der CO_2-Emissionen führt also kein Weg vorbei. Wie viel CO_2 man durch Aufforstung aus der Luft tatsächlich binden würde, ist aktueller Forschungsgegenstand.

Aufforstung könnte noch einen weiteren positiven Effekt haben. Regional könnten die Bäume einen kühlenden Einfluss haben und die Auswirkungen der globalen Erwärmung lindern. Zu diesem Schluss kommt eine neue Studie.[157] Während sich die USA im Mittel, wie der Rest der Welt, seit der Industrialisierung erwärmt haben, waren Forschende seit langem über ein sogenanntes Erwärmungsloch über großen Teilen des Südostens der USA verwundert, wo sich die Temperaturen trotz des eindeutigen allgemeinen Erwärmungstrends kaum erhöht haben. Ein gewichtiger Grund für das Erwärmungsloch ist der Studie zufolge die umfangreiche Wiederaufforstung in weiten Teilen des Südostens der USA. Seit Beginn der frühen Kolonialgeschichte der USA kam es dort zu einem starken Anstieg der Abholzung, da Wälder der Landwirtschaft und dem Wohnungs- oder Hausbau zum Opfer fielen. Diese Entwicklung kehrte sich ab den 1920er Jahren um, als immer mehr Menschen in die Städte zogen, sodass sogenannte Grenzertragsflächen wieder mit Bäumen besiedelt wurden. Die US-Regierung startete daneben ein aggressives Baumpflanzungsprogramm, was dazu führte, dass im vergangenen Jahrhundert im Südosten der USA etwa 15 Millionen Hektar aufgeforstet wurden, eine Fläche größer als England. Dies habe dazu beigetragen, so die Studie, den Auswirkungen der globalen Erwärmung im Südosten der USA unter anderem durch mehr kühlende Verdunstung entgegenzuwirken.[158] Der Effekt durch die Wiederaufforstung sei im Sommer am stärksten, so die Autoren.

Aktuell konzentrieren sich Vorschläge zur CO_2-Entnahme aus der Luft vor allem auf landbasierte Methoden. Aufgrund der Nutzungskonkurrenz an Land durch die Nahrungsmittel- und Energieproduktion werden landbasierte Verfahren wie Aufforstung bei Weitem nicht ausreichen, um genügend CO_2 aus der Atmosphäre zu entfernen. Deswegen werden auch ozeanbasierte Möglichkeiten untersucht, um CO_2 aus der Luft zu binden. Die Forschung darüber, wie die Meere noch stärker CO_2 aufnehmen könnten, als sie es ohnehin schon tun, steht allerdings erst am Anfang. So wird in der Wissenschaft die künstliche Erhöhung der sogenannten Alkalinität im Meerwasser diskutiert.[159] Um die marine Aufnahme von Kohlendioxid aus der Luft zu steigern, werden alkalische Substanzen wie zum Beispiel Silikat oder Kalk direkt an der Meeresoberfläche eingebracht. Die Mineralien können an Land in Minen abgebaut, per Schiff aufs Meer transportiert und dort im Wasser verteilt werden. Bei Anwendung dieser Methode könnte der Ozean nicht nur mehr CO_2 aus der Atmosphäre aufnehmen, als positiver Nebeneffekt würde das Einbringen der Mineralien zugleich der Versauerung des Meerwassers infolge der CO_2-Aufnahme entgegenwirken.

Der Ozean gewinnt Alkalinität auf natürliche Weise durch Verwitterungsprozesse, ein Vorgang der allerdings nur über Zehntausende bis hin zu Hunderttausenden von Jahren wirksam ist. Die künstliche Erhöhung der Alkalinität kann als Beschleunigung dieses natürlichen Prozesses aufgefasst werden. Ob es dadurch gelingen kann, die ozeanische CO_2-Senke nennenswert zu intensivieren, ohne die marinen Ökosysteme über Gebühr zu schädigen, bleibt bis zum heutigen Tag eine offene Forschungsfrage in den Meereswissenschaften. Die bisherigen Forschungen lassen allerdings große Zweifel aufkommen, dass die künstliche Erhöhung der Alkalinität des Meerwassers für die Begrenzung der Erderwärmung eine große Hilfe sein kann, was im Übrigen für alle technischen Maßnahmen gilt. Deswegen: Bitte keine Experimente! Der sicherste Weg, den Klimawandel zu begrenzen, besteht in der Senkung der Treibhausgasemissionen.

»Save Our Souls«

Die Menschen reagieren auf die drängenden Umweltprobleme nicht oder zumindest nur unzureichend. All die vielen Weckrufe, die uns der Planet schickt, sind bisher mehr oder weniger verhallt, ohne eine große Wirkung zu entfalten. Die Erde funkt SOS, denn die Bedrohungen für Mensch und Natur durch die Umweltprobleme sind nicht mehr wegzudiskutieren. SOS ist wohl die bekannteste Buchstabenfolge der Welt. Ursprünglich bedeutete SOS weder »Save Our Souls«, rettet unsere Seelen, noch »Save Our Ship«, rettet unser Schiff.[160] Die Länder einigten sich zu Beginn des 20. Jahrhunderts auf das Kürzel SOS, weil die Buchstabenfolge für das Morsealphabet gut geeignet zu sein schien, um Notrufe auch noch bei schlechtem Empfang gut verstehen zu können. Heute allerdings sind die Worte »Save Our Souls« und »Save Our Ship« fest mit dem Kürzel SOS verbunden. Man spricht in diesem Zusammenhang von einem sogenannten Backronym, d. h. eine rückwirkende Umdeutung. Im Falle der globalen Erwärmung ist der Ausdruck »Save Our Souls« durchaus angebracht. Uns steht das Wasser bis zum Hals, um die Dringlichkeit des Handelns bildlich auszudrücken. Für nahe den Küsten lebende Menschen bedeuten die sich erhöhenden Meeresspiegel schon jetzt eine reale Gefahr.

Falls die Menschen das noch zur Verfügung stehende CO_2-Budget für die Einhaltung der 2-Grad-Marke deutlich überzögen, würde es verdammt ungemütlich auf dem Planeten Erde werden. Das lässt sich mit Sicherheit sagen, wenn man sich die Ereignisse der letzten Jahre vor Augen führt, vor allem die des Jahres 2023. Allein die Hitze mit Höchsttemperaturen von an die 50 Grad Celsius oder sogar darüber ist für uns Menschen im wahrsten Sinne des Wortes unerträglich. Weit über der Körpertemperatur von 37 Grad Celsius liegende Temperaturen sind für den menschlichen Organismus nicht mehr zu kompensieren. Ohne Schutz etwa durch Klimaanlagen drohen erhebliche Gesundheitsschäden bis hin zum Tod.

In einigen Weltgegenden häufen sich inzwischen extreme Temperaturen, die man umgangssprachlich als Bruthitze bezeichnen würde, und solche Wetterverhältnisse sind während des Sommers in einigen Weltgegenden schon fast zur Normalität geworden. In Südeuropa beispielsweise wurden in den letzten Jahren sommerliche Spitzenwerte von typischerweise weit über 40 Grad Celsius gemessen. Und auch in Teilen der Türkei und in Nordafrika oder im Süden der USA stiegen die Temperaturen des Öfteren deutlich über die 40-Grad-Marke, um nur einige Regionen zu nennen. Auch in dieser Hinsicht stach der Sommer 2023 hervor. Der Planet scheint schon überhitzt zu sein. Selbst in Deutschland messen wir seit einigen Jahrzehnten Tageshöchsttemperaturen von mehr als 40 Grad Celsius.

Um die Belastungen von Extremtemperaturen für den menschlichen Organismus zu quantifizieren, hat die Wissenschaft Hitzestressindizes eingeführt. Diese berücksichtigen neben der Temperatur unter anderem auch die Luftfeuchtigkeit, die Windgeschwindigkeit, den Sonnenschein und die von der Umgebung abgegebene Wärme. In weiten Teilen Südeuropas herrschte im Sommer 2023 bis zu zwei Wochen lang ein sehr starker Hitzestress, was einer gefühlten Temperatur[161] zwischen 38 und 46 Grad Celsius entspricht. In einigen Gebieten Südspaniens beispielsweise gab es bis zu 60 solcher Tage. Lokal gab es in Südspanien sogar zwischen zehn und 15 Tage mit einem extremen Hitzestress, was einer gefühlten Temperatur von über 46 Grad Celsius entspricht.

Insgesamt verzeichnete der Sommer 2023 gemittelt über ganz Südeuropa eine Rekordzahl von Tagen mit einem extremen Hitzestress (Abbildung 5), wobei diese Tage allerdings auf eng begrenzte Gebiete beschränkt waren. In den Regionen des Maghreb in Nordafrika und des Nahen Ostens lagen die Tage mit einem extremen Hitzestress sogar noch deutlich höher.

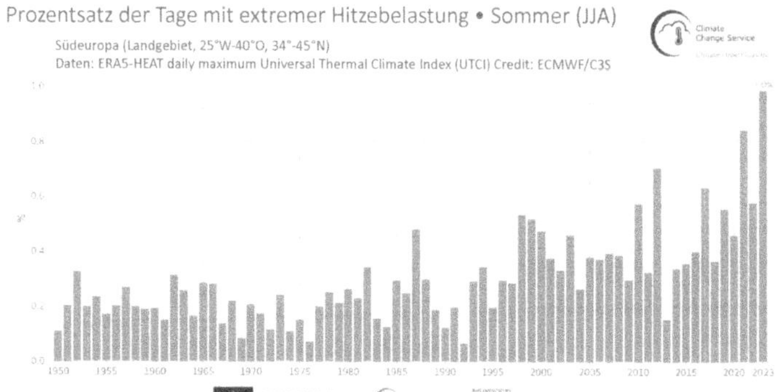

Abbildung 5: Prozentualer Anteil der Tage im Sommer (Juni–August) in der Zeit von 1950 bis 2023 mit einem extremen Hitzestress (siehe Text) gemittelt über ganz Südeuropa (25°W-40°E, 34°N-45°N).[162]

Eigentlich sollte man sich bei Temperaturen von deutlich über 30 Grad Celsius schonen. Tatsächlich aber müssen viele Menschen unter solchen Bedingungen schwerste körperliche Arbeiten verrichten. Mich hatten im Frühjahr 2023, d. h. vor Beginn des Einsetzens des Sommermonsuns, Aufnahmen aus Indien schockiert, die Menschen gezeigt hatten, die bei Temperaturen von um die 45 Grad Celsius schwere Lasten zu tragen hatten.

Außerdem würde bei fortschreitender globaler Erwärmung die Sommertrockenheit in einigen Weltregionen noch weiter zunehmen. Rund 40 000 Menschen standen am Ende des extrem heißen Sommers 2023 in Frankreich ohne Trinkwasser da. Knapp 200 Kommunen, insbesondere im Süden des Landes, mussten laut Umweltminister Christophe Béchu zum Teil mit Tankwagen oder Mineralwasser in Flaschen versorgt werden. Ein »Weiter so wie bisher« kann also keine Option mehr sein, was sich jetzt auch die Industrieländer eingestehen müssen, die lange geglaubt haben, dass sie von den Auswirkungen der globalen Erwärmung nur wenig betroffen sein würden und deswegen Klimaschutzmaßnahmen nur halbherzig ergriffen haben.

UN-Generalsekretär António Guterres hat den Kampf gegen die Klimakrise zu seinem zentralen Anliegen gemacht. Er hatte im Herbst 2022 auf der 27. Weltklimakonferenz (COP 27) im ägyptischen Scharm el-Scheich in gewisser Weise SOS gemorst, die Folgen des Klimawandels mit drastischen Worten umschrieben und die Untätigkeit der Welt im Kampf gegen den Klimawandel beklagt. Guterres beschrieb die Welt als »auf dem Highway zur Klimahölle mit dem Fuß noch auf dem Gaspedal«.[163] Er sagte mit Blick auf die durch die globale Erwärmung ausgelösten Dürren, Überschwemmungen, Unwetter und steigenden Meeresspiegel: »Wir kämpfen den Kampf unseres Lebens – und sind dabei zu verlieren.« Die Menschheit stehe vor der Wahl, entweder zusammenzuarbeiten oder zugrunde zu gehen. Entweder werde es einen solidarischen Klimavertrag oder einen Vertrag zum kollektiven Selbstmord geben. Der Sommer 2023 mit seiner lang anhaltenden Rekordhitze in vielen Weltregionen, mit den vielen Wald- und Flächenbränden, den katastrophalen Regenfällen mit Überschwemmungen biblischen Ausmaßes und den zahlreichen Toten durch Extremwetter hat uns noch einmal vor Augen geführt, was tatsächlich auf dem Spiel steht: Es sind die günstigen Lebensbedingungen auf der Erde, nicht mehr und nicht weniger. Sind es Geld und Profit wirklich wert, dass wir das Geschenk des lebensfreundlichen Planeten aufs Spiel setzen? Wir alle sollten darüber nachdenken und unser Verhalten anpassen, im Rahmen der Möglichkeiten, die jedem und jeder von uns zur Verfügung stehen.

Ich habe es schon mehrfach erwähnt: Die Menschen in der Nähe der Küsten haben die steigenden Meeresspiegel zu fürchten, und einige werden sich nach einer neuen Heimat umschauen müssen. Ein im November 2023 geschlossenes Abkommen zwischen Australien und dem Inselstaat Tuvalu, das in der Weltöffentlichkeit viel Beachtung gefunden hatte und vom australischen Premierminister Anthony Albanese als »bahnbrechend« bezeichnet wurde, soll die Aufnahme von Klimaflüchtlingen aus Tuvalu in Australien ermöglichen.[164] Tuvalu, eine Ansammlung von neun niedrig gelegenen Inseln auf halbem Weg zwischen Australien und Hawaii, ist eines der am stärksten durch den Klimawandel gefährdeten Länder und hat schon viele Jahre lang die Aufmerksamkeit der Weltöffentlichkeit auf die steigenden Meeresspiegel gelenkt. So erklärte das Inselreich 2022 auf der COP 27 in Ägypten, dass es eine digitale Version seiner selbst erstellen möchte, in der Inseln und Wahrzeichen nachgebildet und seine Geschichte und Kultur bewahrt werden sollen. Außenminister Simon Kofe hofft, dass die Schaffung einer solchen digitalen Nation Tuvalu erlauben werde, als Staat weiter zu funktionieren, selbst wenn es vollständig überflutet werden sollte. Tuvalu möchte weiterhin international als Staat anerkannt werden und wünscht, dass seine maritimen Grenzen – und die Ressourcen innerhalb dieser Gewässer – auch dann erhalten bleiben, wenn die Inseln einmal unter dem Meeresspiegel liegen sollten.[165]

Im westlichen tropischen Pazifik, dort, wo Tuvalu liegt, steigen die Meeresspiegel derzeit ungefähr doppelt so schnell als im weltweiten Durchschnitt, wobei es unklar ist, warum die Meereshöhe in der Region schneller ansteigt. Selbst wenn in Tuvalu die Meeresspiegel nur stiegen wie im globalen Durchschnitt, wäre der Inselstaat dem Untergang geweiht, auch wenn die globale Erwärmung nicht 2 Grad Celsius überschreiten sollte. Schätzungen zufolge könnte der Archipel im schlimmsten Fall noch innerhalb dieses Jahrhunderts komplett im Meer versunken sein. Australien hat zunächst angeboten, dass Personen aus Tuvalu ein spezielles Visum bekommen, mit dem sie in Down Under leben, studieren und arbeiten können. Es wird aber erwartet, dass alle gut zehntausend Einwohner des Inselstaats in der Zukunft in Australien Klimaasyl erhalten werden. Der Begriff Klimaasyl drückt in bedrückender Klarheit aus, dass es Menschen geben wird, die wegen der Auswirkungen der globalen Erwärmung aus ihrer Heimat fliehen müssen. Als eines der ersten Länder, die wohl infolge der steigenden Meeresspiegel von der Landkarte verschwinden werden, sucht Tuvalu nach Möglichkeiten, um seine Identität über den absehbaren Untergang hinaus zu erhalten und seiner Bevölkerung eine Zukunft außerhalb des jetzigen Territoriums zu bieten. All denen, die glauben, dass die Bedrohung durch den Klimawandel maßlos übertrieben sei, mögen sich einmal vorstellen, dass sie selbst in Tuvalu leben, und sich in die Lage seiner Einwohner versetzen.

Auch an den deutschen Küsten von Nord- und Ostsee steigen die Meeresspiegel seit Jahrzehnten an. Dabei betragen die Anstiege seit Beginn der Messungen typischerweise 10 bis 25 Zentimeter. Unsere Küsten sind zwar durch Deiche geschützt. Die Anstiege reichen allerdings schon aus, um aus einer normalen schweren Sturmflut eine Katastrophe werden zu lassen. So geschehen im Oktober 2023, als an einigen Orten an der Ostsee wie zum Beispiel in Flensburg historische Pegelstände gemessen wurden. Ohne die globale Erwärmung und die daraus resultierenden angestiegenen Meereshöhen wäre es nicht zu den Rekorden gekommen. Die Schadenssumme an den Küsten des Landes Schleswig-Holstein betrug nach Schätzungen rund 200 Millionen Euro. Man sollte also keinesfalls gering anmutende Meeresspiegelanstiege auf die leichte Schulter nehmen. Gerade im Hinblick auf den Küstenschutz ist die Redewendung von dem Tropfen, der das Fass zum Überlaufen bringt, durchaus angebracht.

António Guterres nahm in seiner Rede auf der COP 27 insbesondere China und die USA ins Visier, die beiden mit einem Anteil von zusammen ca. 45 Prozent an den globalen Emissionen größten CO_2-Verursacher, wobei allein China derzeit für gut 30 Prozent verantwortlich zeichnet.[166] Der Beschreibung des UN-Generalsekretärs, die Menschen seien »auf dem Highway zur Klimahölle mit dem Fuß noch auf dem Gaspedal«, kann ich uneingeschränkt beipflichten. Genutzt hatte der Appel des UN-Generalsekretärs auf der COP 27 nichts. Die Weltklimakonferenz endete enttäuschend, ohne ein klares Bekenntnis zum Kohleausstieg oder dem Abbau der Subventionen für die fossile Industrie. Die 28. Weltklimakonferenz (COP 28) 2023 in den Vereinigten Arabischen Emiraten blieb ebenfalls weit hinter den Erwartungen zurück, was ich auch nicht anders vorhergesehen hatte.

Der Juli 2023 war der bisher heißeste Monat seit Beginn der Messungen. Weltweit betrug die Temperatur durchschnittlich fast 17 Grad Celsius.[167] Das sind ungefähr 0,3 Grad Celsius mehr als im Juli 2019, der zuvor der heißeste Monat war. Der neue Spitzenwert verzeichnet damit einen deutlichen Sprung nach oben. In den vergangenen Jahren wurde der Höchstwert jeweils nur um wenige Hundertstel Grad geknackt, d. h. in der zweiten Stelle hinter dem Komma. Angesichts der apokalyptischen Bilder, die im Sommer 2023 um die Welt gingen, erklärte António Guterres: »Die Situation, die wir derzeit erleben, ist ein Beweis dafür, dass der Klimawandel außer Kontrolle geraten ist.«[168] Über diese Aussage kann man diskutieren, auch deswegen, weil es überhaupt nicht klar ist, was genau Guterres mit seinen Worten gemeint hatte. Aber bedrohlich ist die Situation allemal, so viel steht fest.

Den vielen Millionen bereits von den Auswirkungen der globalen Erwärmung in katastrophaler Weise betroffenen Menschen muss es so vorkommen, als sei das Wettergeschehen tatsächlich schon längst außer Rand und Band geraten. In den USA beispielsweise herrschte im Juli 2023 in weiten Teilen des Landes eine wahre Gluthitze mit Temperaturen von deutlich mehr als 40 Grad Celsius über viele Tage. Mehr als ein Drittel der Bevölkerung der USA war zeitweise von offiziellen Hitzewarnungen betroffen. In Phoenix, im Bundesstaat Arizona, wurden über drei Wochen in Folge Höchsttemperaturen von über 43 Grad Celsius gemessen. Welche Worte soll man für derartige Verhältnisse noch finden? Sollte man Begriffe wie Klimakatastrophe oder Klimakollaps in der Klimakommunikation ganz vermeiden? Als Wissenschaftler sollte man ja zuallererst über die Erkenntnisse aus der Forschung berichten. Im Lichte der Wetterextreme der letzten Jahre sind aber drastische Begriffe durchaus angemessen. Eine ungebremste globale Erwärmung als Erdüberhitzung zu beschreiben halte ich für absolut gerechtfertigt. Das widerspricht keineswegs dem Ethos eines Wissenschaftlers als neutralem Berichterstatter. Ein Wissenschaftler muss schließlich die Dinge so darstellen, wie sie sind, und die Verhältnisse in manchen Regionen der Erde sind nun einmal zunehmend katastrophal.

Über die Ursache des Klimawandels muss man nicht mehr viele Worte verlieren. Sie ist seit vielen Jahren bekannt und besteht im Ausstoß von Treibhausgasen durch die Menschen. Man muss auch nicht mehr hervorheben, dass Treibhausgase die Erdoberfläche erwärmen, dass der Klimawandel in vollem Gange ist und uns Menschen schon längst im Würgegriff hat. Die Berichte des Weltklimarats (IPCC) lassen in dieser Hinsicht an Eindeutigkeit nichts vermissen.[169] Dabei ist die globale Erwärmung seit dem Beginn der Industrialisierung in Ausmaß und Geschwindigkeit während der letzten Jahrtausende beispiellos. Die Auswirkungen der Erderwärmung betreffen alle Menschen auf der Erde. Nur wissen es viele von ihnen nicht. Entweder, weil sie zu den Glücklichen zählen, die bisher von den Auswirkungen nicht direkt betroffen waren. Oder, weil es sich um indirekte Auswirkungen der globalen Erwärmung handelt, die viele Menschen überhaupt nicht mit dem Klimawandel in Verbindung bringen, wie zum Beispiel steigende Preise für Lebensmittel oder eine höhere Staatsverschuldung und entsprechend steigende Zinszahlungen, die wir am Ende alle über unsere Steuern bezahlen müssen.

Die direkten wetter- und klimabedingten Schäden steigen Jahr für Jahr an. Offiziellen Angaben zufolge waren es 2022 allein in den USA 176 Milliarden US-Dollar. Zum Vergleich: Der Durchschnittswert pro Jahr von 1980 bis heute soll bei 58,5 Milliarden liegen.[170] Die durch den Klimawandel verursachten Kosten werden in den kommenden Jahren weiter ansteigen, denn die globale Erwärmung wird mit hoher Wahrscheinlichkeit jahrzehntelang weiter voranschreiten. Ich frage mich, wie lange sich die Welt die Klimaschäden noch leisten will und kann. Das Geld zur Beseitigung oder Abmilderung von Klimaschäden fehlt schließlich an anderer Stelle. Allein wegen dieses finanziellen Aspekts steuern wir auf die Belastungsgrenzen von Gesellschaften zu, was auch zu deren Instabilität beitragen kann.

Die Parteien mit den scheinbar einfachen Lösungen stehen schon parat und sonnen sich in ihren Erfolgen, ohne dass sie irgendeine Lösung für die drängenden Probleme unserer Zeit bereithalten, schon gar nicht für das Klimaproblem, das sie ganz einfach als nicht existent bezeichnen. Anhänger dieser Parteien verhöhnen jene Menschen, die den wissenschaftlichen Ergebnissen und nicht irgendwelchen selbsternannten Expertinnen und Experten Vertrauen schenken, die ihre kruden Thesen auf YouTube oder TikTok verbreiten. Nicht nur, was den Klimawandel anbelangt, sondern auch in politischer Hinsicht befinden wir uns in einem Endspiel. Werden die westlichen Demokratien überleben, oder werden auch dort Freiheit und Demokratie demnächst der Vergangenheit angehören, weil wir die großen Herausforderungen unserer Zeit wie die Klimakrise nicht gemeistert bekommen? Weil wir die von der Erde gesendeten SOS-Signale nicht hören oder nicht hören wollen, die sich inzwischen zu einem Dauerton gewandelt haben?

Wir sind auf dem Weg in eine Heißzeit, im wahrsten Sinne des Wortes, sollten die gegenwärtigen Entwicklungen unvermindert anhalten. Das Wort Heißzeit hatte ich als Titel für mein Buch aus dem Jahr 2020 gewählt. Der Titel sollte andeuten, dass es für uns Menschen in einer extrem aufgeheizten Welt sehr unangenehm, ja sogar unerträglich werden würde. Heute stehen wir an der Schwelle zu einer Welt, die die Menschen nicht kennen. Die Nachrichtenredaktionen scheinen kaum noch in der Lage zu sein, über all die Wetterrekorde zu berichten, die uns die weltumspannenden Beobachtungssysteme melden. Schon jetzt offenbart sich, was eine aufgeheizte Welt wirklich bedeutet. Nämlich eine Welt, in der man nicht mehr sicher ist. Jetzt kommt es darauf an, dass uns die Klimaentwicklung nicht vollends aus den Händen gleitet.

Ein Faktor für die seit Jahren zunehmende Migration ist wahrscheinlich auch der Klimawandel, was man aber nicht belegen kann. Die weltweit steigenden Flüchtlingszahlen – 2022 waren es ungefähr 100 Millionen Menschen weltweit – haben mehrere Ursachen. Kriege gehören zuallererst zu den Ursachen, aber der Klimawandel ist sicherlich auch eine von ihnen. Wir sollten für die Fliehenden Verständnis aufbringen. Jeder und jede von uns würde schließlich auch versuchen, die Heimat zu verlassen, wenn Sicherheit nicht mehr gewährleistet ist oder die Umweltbedingungen lebensfeindlich werden. Die vielen Menschen, die auf der Flucht ums Leben kommen, sind eine menschliche Tragödie und eine schallende Ohrfeige für die reichen Länder. Die

Flüchtlingszahlen werden weiter ansteigen, auch weil sich die globale Erwärmung in den kommenden Jahrzehnten fortsetzen wird und ihre Auswirkungen noch deutlicher zu Tage treten werden. Die reichen Länder versuchen, sich abzuschotten. Sie glauben tatsächlich, dass eine Abschottung möglich wäre. Ich glaube das nicht. Es ist aus meiner Sicht geradezu blauäugig, anzunehmen, dass man die flüchtenden Menschen aufhalten kann. Wir müssen die Fluchtursachen bekämpfen. Und dazu zählt es unter anderem, den Klimawandel zu bekämpfen, indem die weltweiten Treibhausgasemissionen gesenkt werden. Außerdem müssen wir in den reichen Ländern es den Menschen in den besonders vulnerablen Ländern ermöglichen, sich besser an die Klimafolgen anzupassen, damit sie zumindest wegen des Klimawandels ihr Land erst gar nicht in Scharen verlassen müssen.

Als ich Mitte der 1980er Jahre begonnen habe, öffentliche Vorträge über das Thema Klimawandel zu halten, betrug die Konzentration von Kohlendioxid in der Luft knapp 350 ppm. Stand 2023 waren es schon gut 420 ppm, also 20 Prozent mehr. Der ungebrochene Anstieg der atmosphärischen Treibhausgaskonzentrationen scheint außerhalb der Wissenschaft kaum noch jemand zur Kenntnis zu nehmen, und er erregt auch kein großes öffentliches Interesse mehr. Das SOS, das uns der Planet in Form der durch die Decke schießenden Treibhausgaskonzentrationen funkt, wird in unseren Köpfen nicht verarbeitet. Ein Grund liegt sicherlich darin, dass wir Menschen ein Gas wie das Kohlendioxid mit unseren fünf Sinnen nicht wahrnehmen können. Wir können es beispielsweise nicht sehen und auch nicht hören oder riechen. Das CO_2 führt auch zu nichts Vergleichbarem wie vor einigen Jahrzehnten der Ausstoß von Schwefeldioxid (SO_2) durch die Kohlekraftwerke. Die Schwefelemissionen hatten zu dichtem Smog in den Ballungsgebieten geführt, Städte in einen dreckigen Nebel gehüllt und am Ende auch viele Menschen krankgemacht. Der Schwefel sorgte für den sauren Regen und in der Folge für das Waldsterben. Smog und saurer

Regen gehören bei uns in Deutschland zum Glück der Vergangenheit an, weil wir als Reaktion auf die unerträglichen Bedingungen die Rauchgasentschwefelung bei den Kohlekraftwerken eingeführt haben. Das bloße Wissen über die Klimawirkung von Kohlendioxid, das es schon seit ungefähr 200 Jahren gibt, hat nicht zu einem vergleichbaren Leidens- und Handlungsdruck geführt wie seinerzeit die anthropogenen Schwefelemissionen. Der CO_2-Anstieg in der Luft ist nicht mit einem dreckigen Nebel oder Ähnlichem verbunden und führt auch nicht unmittelbar zu einem Unwohlsein bei uns Menschen. Und im Gegensatz zum Schwefel lieben Pflanzen das Kohlendioxid. Und uns Menschen geht auch nicht die Luft zum Atmen aus, weil CO_2 ein sogenanntes Spurengas ist und auch bleiben wird. Das Kohlendioxid hat nur einen Anteil eines Bruchteils eines Prozents an der Erdatmosphäre, während der Sauerstoff einen Anteil von etwa 21 Prozent besitzt.

Vielleicht haben wir uns auch schon an die stetig ansteigenden CO_2-Werte in der Luft gewöhnt. Jedes Jahr ein historischer Höchststand bei den CO_2-Werten – und ich meine wirklich jedes Jahr –: Das stumpft ab. Einen Nachrichtenwert haben die alljährlichen historischen Höchstwerte bei den atmosphärischen Treibhausgaskonzentrationen, die wir überall auf der Erde messen, schon lange nicht mehr. Ich frage mich ohnehin, ob Meldungen über historische CO_2-Gehalte in der Luft bei den Menschen überhaupt etwas bewirken. Der Mensch ist ein Meister der Verdrängung, und der Schrecken verblasst schnell, wenn er auch noch unsichtbar daherkommt und nur anhand wissenschaftlicher Daten in die Köpfe der Menschen gebracht werden kann. Trotzdem sollten uns die stetig ansteigenden atmosphärischen Treibhauskonzentrationen zu denken geben, sie sind Teil des SOS, das der Planet uns Menschen sendet. Nicht nur, weil die CO_2-Gehalte bereits seit vielen Jahren einmalig in der Geschichte der Menschheit sind, sondern auch, weil sich in der Folge die Lebensgrundlagen auf der Erde so schnell verändert haben mit den uns bekannten Auswirkungen wie der Zunahme von Hunger, Trinkwasserknappheit oder Migration, um nur einige zu nennen.

Und auch nicht zuletzt deswegen, weil die Ozeane umso mehr CO_2 aus der Luft aufnehmen, je höher dessen atmosphärischer Gehalt ist. Durch die gesteigerte CO_2-Aufnahme nimmt auch der Säuregrad der Meere weiter zu, der bereits seit der Industrialisierung angestiegen ist, was zusammen mit der Meereserwärmung und anderen menschlichen Stressfaktoren das Leben in den Ozeanen zunehmend gefährdet und den Menschen auf lange Sicht zum Verhängnis werden kann. Die Ozeane sind schließlich eine fundamental wichtige Säule der Welternährung, und die steht auf dem Spiel, sollten sich die Bedingungen in den Meeren weiter verschlechtern. All die anthropogenen Stressfaktoren spiegeln sich außerdem im Rückgang der Artenvielfalt in den Ozeanen wider, was die Widerstandsfähigkeit der marinen Ökosysteme zusätzlich schwächt.

Die globale Dimension

Weil, wie schon mehrfach erwähnt, die von den Menschen emittierten Treibhausgase eine so überaus lange Verweildauer in der Atmosphäre besitzen, können sie sich um den Erdball verteilen und sind deswegen überall auf der Welt wirksam. Wegen der globalen Natur des Klimaproblems ist es richtig, dass sich die Länder alljährlich im Rahmen der Weltklimakonferenzen an einen Tisch setzen und darüber beraten, mit welchen Mitteln sie die globale Erwärmung eindämmen wollen und wie sie schnellstmöglich in die Umsetzung von Maßnahmen eintreten können. Seit über einem Vierteljahrhundert gibt es nun die Weltklimakonferenzen unter dem Dach der Vereinten Nationen (COPs), auf denen sich die Länder auf einen Weg zum Schutz des Klimas verständigen wollen. Jahr für Jahr treffen sich Delegierte aus fast zweihundert Nationen auf den inzwischen völlig überdimensionierten Konferenzen. Zigtausende

Menschen haben sich dort in den letzten Jahren getroffen, um über die Begrenzung des Klimawandels zu sprechen. Ich habe hier bewusst das Wort sprechen verwendet, um zu verdeutlichen, dass auf den Konferenzen viel gesprochen wird, ohne dass es aber konkrete Ergebnisse geben würde. Entlang einer total überladenen Tagesordnung versuchen die Delegierten, Fortschritte beim internationalen Klimaschutz zu erzielen. Die 28. Weltklimakonferenz (COP 28) fand 2023 in Dubai in den Vereinigten Arabischen Emiraten statt. Das Ergebnis waren wieder einmal viele schöne Worte und ein aus meiner Sicht lächerliches, weil nichtssagendes Abschlussdokument. Nach Jahrzehnten der Klimadiplomatie gab es auch von der COP 28 nichts Zählbares zu berichten. Seit der ersten Weltklimakonferenz in Berlin 1995 sind die weltweiten CO_2-Emissionen um unfassbare 60 Prozent angestiegen. Trotzdem glauben viele Politikerinnen und Politiker, dass sie Wichtiges geleistet hätten, und klatschen sich am Ende jeder Konferenz gegenseitig Beifall.

Man darf nach so vielen Jahren durchaus mehr erwarten und getrost fragen, worin aus Sicht der Länder der Zweck der Klimaverhandlungen besteht. Sollen die Verhandlungen dem eigentlichen Ziel, dem Klimaschutz, dienen oder nur dem eigenen wirtschaftlichen Vorteil? Die Blockierer, die Staaten, die offenbar gar kein Interesse am Klimaschutz und nur ihren kurzfristigen wirtschaftlichen Erfolg im Blick haben, Länder wie China, Russland oder Saudi-Arabien, verhindern den zügigen Ausstieg aus den fossilen Brennstoffen, weil sie ihnen Macht verleihen und Wohlstand verschaffen, weswegen die weltweiten Treibhausgasemissionen nicht sinken, sondern immer noch ansteigen. Eine solche Strategie können diese Länder auch problemlos durchziehen, weil auf den Weltklimakonferenzen das Prinzip der Einstimmigkeit gilt. Jedes Land muss dem Abschlussdokument zustimmen, oder es gibt keine Abschlusserklärung. Es versteht sich von selbst, dass bei einem solchen Format der Klimaschutz auf der Strecke bleiben muss. Vernünftig ist das nicht. So ist aber nun einmal die Welt, in der wir leben. Und in dieser alles andere als perfekten Welt, die ich in meinem letzten Buch *Countdown* als krank bezeichnet habe, müssen wir versuchen, trotz aller Hemmnisse in Sachen länderübergreifender Klimaschutz voranzukommen. Das schlichte Fordern von Gerechtigkeit, so wichtig diese auch ist, wird uns hier nicht weiterbringen. Die Diskussion über Wege zum Klimaschutz fängt mit der Anerkennung der Realitäten an. Eine dieser Realitäten ist der Egoismus der Menschen, der sich am Ende auch im Verhalten der Länder widerspiegelt.

Nehmen wir als Beispiel Deutschland. Ich möchte an dieser Stelle zuallererst hervorheben, dass Deutschland im Gegensatz zu vielen anderen Ländern seine Emissionen gegenüber dem Referenzjahr 1990 deutlich gesenkt hat, und zwar um über 40 Prozent. Das möchte ich wirklich anerkennen. Trotzdem läuft selbst Deutschland Gefahr, seine, zugegebenermaßen ambitionierten, Klimaschutzziele zu verfehlen. Das Expertenteam des Climate Action Tracker (CAT) hat die Klimaschutzbemühungen der Ampelkoalition bewertet. Selbst wenn alle Verordnungen und Gesetze so umgesetzt werden, wie sie derzeit im Klimaschutzprogramm der Regierung stehen, würde Deutschland seine selbstgesteckten Klimaziele für 2030 nicht erreichen. Das Team des CAT bewertet die Anstrengungen der Ampelregierung nur mit »ungenügend«.[171] Außerdem würde Deutschland, gemessen sowohl an seinen aktuellen als auch historischen Emissionen, keinen »fairen Beitrag« zur Einhaltung der 1,5-Grad-Grenze leisten. In der Bewertung der Klimapolitik Deutschlands heißt es unter anderem: »Die jüngsten klimapolitischen Maßnahmen Deutschlands haben die Emissionsprognosen nach unten korrigiert, aber die Drei-Parteien-Koalitionsregierung ist nach wie vor sehr uneins über umfassende Maßnahmen in allen Sektoren, wodurch die Klimaziele des Landes in Gefahr sind. Die Regierung müsste das Tempo deutlich erhöhen, um ihr eigenes Emissionsreduktionsziel zu erreichen, das selbst nicht ehrgeizig genug ist, um als 1,5°C-kompatibel zu gelten.« Kein Land ist übrigens auf einem Kurs, der kompatibel mit dem 1,5-Grad-Ziel wäre.

Und weiter lässt sich in der CAT-Bewertung lesen: »Die Regierung beabsichtigt, das Klimaschutzgesetz abzuschwächen und den Erfüllungsmechanismus für verbindliche Sektorenziele durch die Möglichkeit zu ersetzen, dass die Sektoren sich gegenseitig kompensieren, solange das Gesamtziel erreicht wird. In der Realität ist es jedoch höchst unwahrscheinlich, dass irgendein Sektor sein eigenes Ziel übererfüllen wird, zumindest was die kumulierten Emissionen angeht.« Zur Erläuterung sei gesagt, dass die Bundesregierung im September 2023 beschlossen hatte, die Sektorenziele aufzuheben, was bei Umweltverbänden einen Sturm der Entrüstung ausgelöst hatte. Nach den Plänen der Bundesregierung sollen nur noch die Gesamteinsparungen zählen. Deutschland als eines der reichsten Länder der Welt würde außerdem seinen eigenen Berichtspflichten nicht nachkommen und könne selbst einfache Maßnahmen wie ein allgemeines Tempolimit auf Autobahnen nicht umsetzen, so der CAT. Die Bewertung des CAT ist eine ziemliche Klatsche für die deutsche Klimapolitik. Wir müssen uns in Deutschland eingestehen, dass wir trotz unbestreitbarer Fortschritte beim Klimaschutz immer noch relativ weit davon entfernt sind, unsere Verpflichtungen im Rahmen des Pariser Klimaabkommens zu erfüllen, zumindest wenn man die 1,5-Grad-Marke und deren Umsetzung als Messlatte nimmt. Zwar wird die Welt diese Grenze ohnehin reißen, wenn allerdings alle Länder dem deutschen Kurs folgen würden, könnte die globale Erwärmung auf unter 2 Grad Celsius begrenzt werden, was für mich schon ein riesengroßer Erfolg wäre. Deswegen zähle ich Deutschland beim Klimaschutz insgesamt immer noch zu den Guten.

Lassen Sie uns kurz zu China kommen, dem mit fast einem Drittel Anteil an den weltweiten Emissionen größten CO_2-Verursacher. Die CAT-Bewertung für das Land lautet »höchst ungenügend«. Konkret heißt es in der Bewertung: »Chinas Emissionen werden bei der derzeitigen Politik voraussichtlich 2025 ihren Höhepunkt erreichen, fünf Jahre vor dem Ziel für 2030, und dennoch plant das Land in der kritischen Zeit vor 2030 keine nennenswerten Emissionsreduktionen.« Die chinesische Regierung setze sich weiterhin für die Rolle der fossilen Brennstoffe bei der Umstellung des Energiesektors ein, wobei die fortgesetzte Steigerung der Produktion fossiler Brennstoffe als Schlüssel zur Gewährleistung von Stabilität und Sicherheit angesehen werde, so der CAT. Im Umkehrschluss bedeutet dies, dass China beim Klimaschutz vor allem auf technische Maßnahmen setzt, um den CO_2-Ausstoß zu verringern. Wenn alle Länder dem Beispiel Chinas folgen würden und im großen Maßstab an den fossilen Brennstoffen festhielten, müssten wir mit einer globalen Erwärmung von mehr als 3 Grad Celsius bis hin zu 4 Grad Celsius rechnen. Der Vergleich mit China lässt Deutschland in einem nicht so schlechten Licht dastehen, wie es anhand der CAT-Bewertung aussehen mag, auch wenn wir hierzulande durchaus noch mehr leisten könnten.

Alle Länder sitzen im selben Boot. Die Länder müssen auf Gedeih und Verderb miteinander verhandeln und gemeinsam den Klimawandel bremsen. Daran führt kein Weg vorbei, weil das Klimaproblem nun einmal ein globales ist und nur von allen Ländern zusammen gelöst werden kann. Die internationale Zusammenarbeit ist aus diesem Grund für den Klimaschutz eine unabdingbare Voraussetzung. Ich fürchte allerdings, dass die Länder noch jahrelang verhandeln werden, ohne dass es beim Klimaschutz einen wirklichen Durchbruch geben wird. Mit Durchbruch meine ich etwas Zählbares, das ich als Wissenschaftler objektiv als Fortschritt werten kann. Und das Einzige, an dem ich einen wirklichen Fortschritt festmachen kann, ist der Gehalt der Treibhausgase in der Erdatmosphäre. Der ist überall auf der Welt messbar und damit unbestechlich. Der Gehalt von CO_2, dem wichtigsten Treibhausgas, welches die Menschen in die Atmosphäre ausstoßen, ist trotz der alljährlichen Klimaverhandlungen immer weiter angestiegen, wobei sich der Anstieg seit Beginn dieses Jahrtausends sogar noch beschleunigt hat.

Bei der Kritik an Deutschlands Klimapolitik, die ich im Prinzip teile, sollten wir aber die Kirche im Dorf lassen. Ohne dass sich die großen Emittenten von Treibhausgasen bewegen, werden wir die globale Erwärmung nicht eindämmen können. Um es konkret zu machen: China hatte 2023 einen Anteil an den weltweiten CO_2-Emissionen von 31 Prozent, die USA von 14 Prozent, Indien von acht Prozent und die EU von sieben Prozent. Das sind insgesamt 60 Prozent der weltweiten CO_2-Emissionen. Alle anderen Länder waren also für 40 Prozent des CO_2-Ausstoßes verantwortlich. Es würde meiner Meinung nach sehr viel Sinn ergeben, zuerst bei den größten Emittenten anzusetzen. Gerade China und die USA müssten doch einsehen, dass das Wohlergehen der Bevölkerungen auch in ihren Ländern auf dem Spiel steht. Die beiden Länder müssten eine gemeinsame Strategie zur Senkung der Treibhausgasemissionen entwickeln und umsetzen. Dazu sollten sie Modelle diskutieren, die man als Win-win-Situationen bezeichnet. Vielleicht würde dies auch ein Potenzial für Deeskalation bieten und dazu beitragen können, die großen politischen Spannungen zwischen den USA und China abzubauen. Am Ende würden sie damit auch ihrer historischen Verantwortung für den Klimawandel gerecht werden und der Welt ein gutes Beispiel geben.

In der Tat haben die USA und China im November 2023 kurz vor dem Beginn der Weltklimakonferenz in Dubai eine engere Zusammenarbeit im Kampf gegen die globale Erwärmung angekündigt. Der Ausbau von Wind-, Solar- und anderen erneuerbaren Energien solle beschleunigt werden. Beide Länder würden die Bemühungen unterstützen, die weltweite Kapazität für erneuerbare Energien bis 2030 zu verdreifachen. Zudem beabsichtigen die beiden Staaten, den Ausbau erneuerbarer Energien in ihren jeweiligen Volkswirtschaften bis 2030 in einem Maße zu beschleunigen, dass fossile Brennstoffe ersetzt werden können. Das klingt im Prinzip ganz gut, aber irgendwie auch wenig aussagekräftig. Derlei Vereinbarungen müssen wohl hinreichend vage sein, damit die Partner ihre Unterschrift unter sie setzen können. Ich bin gespannt, ob den Ankündigungen auch entsprechende Maßnahmen folgen werden.

Selbst nach der von vielen Beobachterinnen und Beobachtern als historischen Durchbruch bezeichneten Klimakonferenz von Paris 2015 (COP 21) hat sich nichts Grundsätzliches in Sachen CO_2-Ausstoß geändert. Die weltweiten fossilen Emissionen sind weiter munter angewachsen – 2023 sind sie auf einen historischen Höchststand angestiegen – so wie auch die Wortgewalt der Versprechungen der Politik, es jetzt besser machen zu wollen. Es gleitet für mich schon ins Lächerliche ab, dass die Länder immer und immer wieder das 1,5-Grad-Ziel bekräftigen. Wie ich oben dargelegt habe, ist dieses Ziel eigentlich schon gerissen. Solange die Konzentrationen der Treibhausgase in der Atmosphäre weiterhin so rasant ansteigen wie in den letzten Jahren, ist selbst das 2-Grad-Ziel in Gefahr. Die globale Erwärmung wird sich so lange fortsetzen, bis die Menschen es schaffen werden, so gut wie keine Treibhausgase mehr auszustoßen, sodass sich deren Konzentrationen in der Atmosphäre stabilisieren. Das sagt uns die Physik. Allein wegen der Trägheit des Klimas würde sich allerdings die Temperatur selbst nach dem Stopp der Emissionen um einige Zehntel Grad Celsius weiter erhöhen. Die Klimaverhandlungen dürfen kein Selbstzweck und auch keine Schlafpille für die Öffentlichkeit sein, damit die Menschen das Gefühl bekommen, dass die Länder ernsthaft etwas gegen die globale Erwärmung unternehmen. Und die Konferenzen dürfen auch nicht zu Greenwashing-Veranstaltungen verkommen. Die Politik sollte neue Wege in der Klimadiplomatie finden, die schnelle und tiefgreifende Emissionssenkungen realistischer werden lassen.

Die internationalen Klimaverhandlungen sind trotzdem notwendig. Die Länder müssen im Gespräch bleiben, das will ich gar nicht in Abrede stellen. Die Verhandlungen sind aber augenscheinlich nicht zielführend und nach meinem Dafürhalten inzwischen auf einem Tiefpunkt angelangt. Auf der 27. Weltklimakonferenz (COP 27) in Ägypten 2022 bekräftigten die rund 200 Staaten zwar, die Verbrennung klimaschädlicher Kohle herunterzufahren. Einen Abschied von Öl und Gas jedoch sucht man in der Abschlusserklärung vergeblich, was bei den Interessen der fossile Brennstoffe exportierenden Länder auch nicht verwundern kann. Bei der Konferenz in Ägypten waren mehr als 600 Lobbyisten aus dem Öl-, Gas- und Kohlegeschäft registriert.[172] In Glasgow auf der COP 26 im Jahr zuvor waren es schon ungefähr 500 Lobbyisten gewesen.

Die 28. Weltklimakonferenz (COP 28) fand 2023 in der Millionenmetropole Dubai in den Vereinigten Arabischen Emiraten statt. Diese Konferenz war der bis dahin größte Weltklimagipfel. Knapp 100 000 Personen hatten sich nach Angaben der Vereinten Nationen für die Konferenz angemeldet. Das war ein neuer Rekord für die COPs. Ich frage mich, was all die Leute da eigentlich zu suchen hatten. Diejenigen, die nach Dubai gereist waren und keiner Delegation angehörten, sollten sich fragen: Ist ihre Teilnahme wirklich so wichtig gewesen, dass sie nicht auch hätten zuhause bleiben können? Ich jedenfalls bin nicht in Dubai gewesen und auch zu keiner der vorangehenden Konferenzen gereist, außer als die COP 23 2017 in Bonn stattgefunden hatte.

Ich denke, dass es auch deswegen so viele Teilnehmende in Dubai waren, weil jeder Wirtschaftszweig versucht hatte, möglichst viel für sich selbst zu erreichen, d. h. erst einmal von Klimaschutzmaßnahmen verschont zu bleiben. Auf der Weltklimakonferenz in Dubai waren fast 5000 Lobbyisten für Kohle, Öl und Gas offiziell akkreditiert – noch einmal deutlich mehr als auf dem Treffen in Ägypten im Jahr zuvor.[173] Damit hatten die Lobbyisten der fossilen Industrie mehr Zugangspässe erhalten als alle Delegationen der zehn durch die Erderwärmung verwundbarsten Staaten. Somalia, der Tschad, Niger, Guinea-Bissau, Mikronesien, Tonga, Eritrea, der Sudan, Liberia und die Salomonen stellten zusammen lediglich etwas mehr als 1500 Delegierte.[174]

Die große Zahl von Lobbyisten aus der fossilen Industrie auf der COP 28 – die auch aus der EU kamen – hatte mich keineswegs gewundert, geht es für die Länder mit Reserven an fossilen Brennstoffen schließlich darum, den eigenen Wohlstand für Jahrzehnte auf nicht nachhaltige Weise zu sichern, wenn möglich sogar noch zu steigern. Was sonst wollten all die Lobbyisten auf der Weltklimakonferenz in Dubai? Ich frage mich darüber hinaus, ob die große Zahl von Umweltaktivisten aus aller Welt auf den COPs angemessen ist. Würden es nicht auch deutlich weniger tun? Jede Flugreise verursacht schließlich enorme Mengen von Treibhausgasen. Auf der anderen Seite sind die COPs inzwischen auch so etwas wie eine riesige Messe für klimaschonende Technologien, was auf jeden Fall sinnvoll ist.

Der Ablauf der COP 28 war so wie der auf den COPs in den Vorjahren. Die Konferenz begann mit eindringlichen Appellen von prominenten Persönlichkeiten.[175] So forderte UN-Generalsekretär António Guterres ein rasches Aus für die Nutzung fossiler Energieträger. Nur eine einmütige Verständigung der Länder darüber hätte aus meiner Sicht als ein Erfolg der Konferenz gewertet werden können. »Wir können einen brennenden Planeten nicht retten mit einem Feuerwehrschlauch aus fossilen Brennstoffen«, sagte Guterres in Dubai. Die Weltgemeinschaft sei meilenweit von den Zielen entfernt, die sie sich selbst 2015 in dem Pariser Klimaabkommen gesteckt habe. Der britische König Charles III. appellierte zu Beginn der Konferenz an die Delegierten, die gemeinsame Hoffnung am Leben zu erhalten mit den Worten: »2050 werden unsere Enkel nicht fragen, was wir sagten, sie müssen mit den Konsequenzen dessen leben, was wir getan haben – oder eben nicht.« Charles III. bekräftigte die Worte des UN-Generalsekretärs. Er sei tief besorgt, dass die Weltgemeinschaft furchtbar weit vom Weg abgekommen sei.

Anders als frühere COPs hatte die Konferenz in Dubai mit einer vertrauensbildenden Maßnahme begonnen. Gleich zu Beginn des Gipfels hatten die Staaten einen lange umstrittenen Hilfsfonds funktionsfähig gemacht, um klimabedingte Schäden und Verluste vor allem in ärmeren Ländern auszugleichen. Viele, darunter auch Umweltverbände, werteten das als historischen Schritt, obwohl die Zusage der Länder in Höhe von einigen hundert Millionen US-Dollar nur ein Tropfen auf den heißen Stein sein kann. Allein die Ahrtalflut 2021 bei uns in Deutschland hatte Schäden im Bereich von etwa 30 Milliarden Euro verursacht. Schon wurde in den Medien voreilig von einem Durchbruch gesprochen, wie so oft in den vergangenen Jahren, was mich persönlich maßlos ärgert. Die finanziellen Hilfen, so löblich sie auch sein mögen, sind einerseits viel zu gering, sie lösen andererseits das Problem der globalen Erwärmung nicht. Gerade die reichen Länder versuchen sich ihrer Verantwortung für den Klimawandel mit Geld an die armen Länder zu entledigen. Harjeet Singh vom Verband Climate Action Network (CAN)[176] sagte hierzu: »Wir können nicht nur über den Ausgleich für Schäden und Verluste reden, wir müssen die Ursachen angehen. Wir wissen: Mehr fossile Brennstoffe bedeuten mehr Schäden und Verluste.« Und diese Aussage kann ich nur unterstreichen. Einen Deal in Form eines Ablasshandels braucht die Welt nicht. Wir kommen der Begrenzung der globalen Erwärmung durch Geldtransfers so gut wie keinen Schritt näher, wenn wir nicht gleichzeitig die weltweiten Treibhausgasemissionen senken. Und da sind gerade die Industrieländer gefordert, zu denen ich auch China zähle, die zweitgrößte Wirtschaftsmacht der Welt. Nur sie können einen bedeutenden Beitrag zum Klimaschutz leisten.

Insgesamt ist die Gruppe der G20 für rund 80 Prozent der weltweiten energiebedingten CO_2-Emissionen verantwortlich. Der Gruppe der G20 gehören 19 Staaten, die EU und seit 2023 auch die Afrikanische Union an.[177] Die Mitgliedstaaten der G20 sind: Argentinien, Australien, Brasilien, China, Deutschland, Frankreich, Großbritannien, Indien, Indonesien, Italien, Japan, Kanada, Mexiko, Russland, Saudi-Arabien, Südafrika, Südkorea, Türkei und die USA. Besonders besorgniserregend sind die Anstiege der Emissionen von 2022 auf 2023 in den beiden bevölkerungsreichsten Ländern Indien und China. In Indien betrug der Zuwachs gut acht Prozent und in China vier Prozent, wobei der jährliche Pro-Kopf-Ausstoß in Indien bei nur 2 Tonnen CO_2 liegt, während China mit 8 Tonnen CO_2 bereits auf europäischem Niveau angekommen ist. Sollte Indien den Weg Chinas gehen und seinen Wohlstand hauptsächlich mithilfe von Kohle erreichen wollen, würde das Land in den kommenden Jahrzehnten China bei den CO_2-Emissionen ein- und vielleicht sogar überholen. In diesem Fall würde die Welt die Pariser Klimaziele auf jeden Fall verfehlen, wenn China seine Emissionen nicht innerhalb kürzester Zeit drastisch senken sollte, was nicht zu erwarten ist.

Die obigen Betrachtungen zeigen es. Im Moment doktert die Welt nur an den Symptomen der Krankheit herum, die da globale Erwärmung heißt. Eine wirksame Therapie wäre die Verringerung der Treibhausgasemissionen. Zuallererst müssten die Topemittenten ihre Emissionen schnell senken, das gilt insbesondere für China und die USA, die wie oben bereits erwähnt gemeinsam einen Anteil von 45 Prozent an den weltweiten Emissionen haben. Durch das Lindern von Symptomen, etwa durch Geldtransfers von den Industrie- zu den Entwicklungsländern, begrenzen wir den Anstieg der Treibhausgase in der Atmosphäre nicht. So erwartet das Global Carbon Project[178] einen weiteren Anstieg der jährlichen weltweiten CO_2-Emissionen von 40 Milliarden Tonnen im Jahr 2023 auf bis zu 43 Milliarden Tonnen im Jahr 2050 – entgegen der Vereinbarung des Pariser Klimaabkommens, die Emissionen bis 2050 auf Netto-Null zu senken, d. h. wenn noch Treibhausgase ausgestoßen werden, müssen diese durch entsprechende Senken kompensiert werden.

Für mich hatte die COP 28 schon vor Beginn der Konferenz ihre Glaubwürdigkeit verloren. Deswegen noch ein paar Sätze zum Gastgeber der Konferenz. Die Vereinigten Arabischen Emirate gehören zu den zehn größten Erdöl- und Erdgasproduzenten der

Welt. Sie verfügen über 100 Milliarden Barrel[179] nachgewiesener Ölreserven und gut drei Prozent der globalen Gasreserven. Gewinne aus dem Export von Öl und Gas machen den größten Teil der Staatseinnahmen der Emirate aus. Die Emirate wollen ihre Öl- und Gasproduktion bis 2030 auf insgesamt fünf Milliarden Barrel ausbauen und dafür mehr als 600 Milliarden US-Dollar investieren. Sie machen auch keinen Hehl daraus. Für mich klingt es wie ein schlechter Witz, dass die COP 28 in den Vereinigten Arabischen Emiraten abgehalten wurde. Der Präsident des Gipfels war Sultan Ahmed Al Jaber, Vorstandsvorsitzender (CEO) der Abu Dhabi National Oil Company (ADNOC), der zwölftgrößten Erdölgesellschaft der Welt. Nach Medienberichten soll Al Jaber vor der Konferenz in einer Videoschalte gesagt haben, dass es »keine Wissenschaft« gebe und kein Szenario, die belegen würden, dass der Ausstieg aus fossilen Energieträgern die Erderwärmung notwendig auf 1,5 Grad gegenüber der vorindustriellen Zeit begrenzen würde.[180] Ich weiß nicht, wie Sie das sehen, liebe Leserinnen und Leser. Für mich jedenfalls hatte man hier den Bock zum Gärtner gemacht. Zumindest hat ein erheblicher Interessenkonflikt bestanden, auch wenn Al Jaber ebenfalls im Bereich der erneuerbaren Energien aktiv ist.

Entsprechend mager waren dann auch die Ergebnisse der Konferenz. Die Abschlusserklärung ruft lediglich zur »Abkehr« von den fossilen Brennstoffen auf. Etlichen Ländern war das viel zu wenig, sie hatten sich einen klaren »Ausstieg« erhofft. Der ehemalige Außenminister und US-Klimabeauftragte John Kerry erklärte, seine Regierung habe sich klarere Formulierungen gewünscht. Als Erfolg hätte ich die Verständigung auf einen Fahrplan für den Ausstieg aus Kohle, Öl und Gas gewertet, was in Dubai aber nicht durchsetzbar gewesen war. Es war allerdings auch das erste Mal überhaupt, dass die »Abkehr« von den fossilen Energien im Schlusstext einer Klimakonferenz auftauchte. Allein das sagt schon sehr viel über die Effizienz der Weltklimakonferenzen aus. Die Abschlusserklärung von Dubai enthält auch Verweise auf sogenannte Übergangsenergien wie Erdgas und auf die umstrittenen Technologien zur Abscheidung und Speicherung von CO_2. Einen starken Willen zur Abkehr von den fossilen Brennstoffen kann ich in der Abschlusserklärung nicht erkennen. Der würde sich anders lesen.

Außerdem hat es auch die Atomkraft in das Dokument geschafft. Die COP 28 hat es erneut gezeigt: Die kurzfristigen wirtschaftlichen Interessen der Länder dominieren die Verhandlungen. Nachhaltigkeitsaspekte spielen kaum eine Rolle. Das so oft als Energievorzeigeland gepriesene Frankreich, das bei seiner Energieversorgung zum überwiegenden Teil auf Atomkraft setzt, war übrigens Nutznießer unserer Stromüberschüsse in Deutschland. Im Vergleich zum Vorjahr war 2022 der Nettoexport von Deutschland nach Frankreich sogar doppelt so hoch.[181] In Frankreich waren mehrere Kernkraftwerke aufgrund von Wartungs- und Sanierungsarbeiten nicht am Netz, geplant und zum Teil auch ungeplant. Im Sommer 2022 verschärfte sich die Lage in Frankreich aufgrund von Hitze und Trockenheit und der sich daraus ergebenden Schwierigkeiten für die Kühlung der Kraftwerke wegen der niedrigeren Pegelstände der Flüsse. Gibt es die globale Erwärmung in Frankreich etwa nicht? Warum haben die Verantwortlichen nicht daran gedacht, dass im Zuge der globalen Erwärmung Probleme mit der Kühlung auftreten können? Mussten nicht auch schon früher in Frankreich wegen Hitze und Dürre Atommeiler gedrosselt oder einige Blöcke vom Netz genommen werden?

Mit dem lahmen Tempo, das die Weltpolitik vorlegt, fürchte ich, wird die Welt noch nicht einmal bis zum Ende des Jahrhunderts aus den fossilen Brennstoffen ausgestiegen sein mit der Folge einer dramatischen Klimaveränderung. Trotz des Schönfärbens der Ergebnisse von Dubai durch zahleiche Politikerinnen und Politiker und Nichtregierungsorganisationen, auch deutschen – zum Teil wurde einmal mehr das Wort historisch bemüht –, kann ich nicht erkennen, dass die Welt durch die Konferenz in Dubai beim Klimaschutz auch nur einen Schritt vorangekommen wäre. Ich wundere mich schon seit Jahren über den mangelnden Realitätssinn vieler Delegierter. Am Ende war die COP 28 aus meiner Sicht jedenfalls nichts anderes gewesen als eine riesengroße Greenwashing-Veranstaltung, eine große Bühne für die Vereinigten Arabischen Emirate, die überhaupt kein Interesse an der Abkehr von den fossilen Brennstoffen haben.

Die Weltklimakonferenzen werden das Klimaproblem nicht lösen, davon bin ich zutiefst überzeugt. Nur zu Ihrer Erinnerung: Seit der 1. Weltklimakonferenz (COP 1) 1995 in Berlin ist der weltweite CO_2-Ausstoß um ungefähr 60 Prozent angewachsen. Bliebe der weltweite CO_2-Ausstoß in etwa auf dem heutigen Niveau, wäre selbst die 2-Grad-Grenze möglicherweise schon in etwa 30 Jahren überschritten. Andere und vor allem kleinere Formate, bei denen sich nur die größten Emittenten treffen würden, könnten zielführender sein als das Konzept der Weltklimakonferenzen.

Genau genommen verbleibt man bei den Klimaverhandlungen im Ungefähren, ein klares Bekenntnis der Länder zum Klimaschutz fehlt. Die fossile Industrie scheint so mächtig zu sein, dass sie die Geschicke der Welt bestimmt. Die Menschheit tritt deswegen auf der Stelle und scheint sogar den Rückwärtsgang einzulegen. In immer mehr Ländern werden die Anstrengungen zum Klimaschutz zurückgefahren. Auch bei uns in Deutschland. Mehr denn je lautet die entscheidende Frage bei der Begrenzung der globalen Erwärmung: Wie schaffen wir global innerhalb weniger Jahrzehnte die Transformation der Energiesysteme, also den Umbau der Energiesysteme auf der ganzen Welt mithilfe der erneuerbaren Energien? Die Länder, die über große Reserven an fossilen Brennstoffen verfügen, haben daran kein gesteigertes Interesse. Das Festhalten an den fossilen Brennstoffen garantiert ihnen nicht nur hohe Einnahmen, sondern auch Macht. Siehe Russland, das trotz seines Angriffskrieges auf die Ukraine in keiner Weise in der Welt isoliert ist, weil es zum Beispiel Länder wie China und Indien mit billiger Energie versorgt. Öl und Gas sind schon längst zu einem geopolitischen Machtinstrument geworden. Übrigens, trotz der verhängten Sanktionen und der Zerstörung der Nord-Stream-Pipelines fließt weiterhin russisches Gas als LNG[182] über Schiffe auch nach Europa und Deutschland.

Wie aber schaffen wir es, die internationale Zusammenarbeit unter den heutigen denkbar schlechten Bedingungen trotzdem so zu stärken, dass der Planet lebenswert bleibt? Diese zentrale Frage wird trotz aller Proteste von Klimaaktivisten und der teilweise heftigen gesellschaftlichen Auseinandersetzungen rund um das Thema Klimaschutz bei uns in Deutschland kaum thematisiert. Deutschland muss beim Klimaschutz auf jeden Fall mehr tun. Das möchte ich überhaupt nicht infrage stellen. Wie aber wollen wir Diktaturen wie Russland davon überzeugen, beim Klimaschutz mitzuziehen? Über die globale Dimension der Klimakrise wird bei uns viel zu wenig diskutiert, obwohl sie fundamental für die Begrenzung der globalen Erwärmung ist. Ganz im Gegenteil, oftmals wird – ich nehme an ungewollt – der Eindruck erweckt, dass Deutschland eine Klimakatastrophe im Alleingang verhindern könnte, würde es nur schnell genug klimaneutral werden, oder dass wir dadurch unser Klima in Deutschland schützen könnten.

China habe ich schon mehrfach angesprochen. Der weltweit mit Abstand größte CO_2-Verursacher soll 2022 mehr Kohlekraftwerke als der Rest der Welt zusammengenommen genehmigt haben.[183] Die Gesamtleistung der neu genehmigten Anlagen war 2022 mit gut 100 Gigawatt – die Leistung eines mittleren Atomkraftwerks beträgt etwa 1,4 Gigawatt – ungefähr viermal so hoch wie im Vorjahr. Im Schnitt wurden zwei Kraftwerke pro Woche genehmigt.[184] Damit ist das ohnehin wenig ambitionierte Klimaziel Chinas in Gefahr, Klimaneutralität bis 2060 zu erreichen. Außerdem sollen die chinesischen Emissionen erst ab 2030 sinken. China setzt demnach auch in der Zukunft massiv auf die Kohlekraft. Kohle ist aber der schmutzigste fossile Brennstoff – und das nicht nur bezogen auf den CO_2-Ausstoß pro Energieeinheit – und deckt derzeit ungefähr zwei Drittel des chinesischen Energiebedarfs. Wenn die Länder unserer Erde nicht alle schnellstmöglich in eine postfossile Welt streben, sehe ich wenig Hoffnung für die Verhinderung einer Klimakatastrophe.

Denn bei der Begrenzung das Klimawandels ist schnelles Handeln auf der globalen Skala geboten. Das hatte der Weltklimarat IPCC in seinem letzten Bericht noch einmal unterstrichen. Dort heißt es unter anderem: »Alle globalen modellierten Pfade, die die Erwärmung ohne oder mit begrenzter Überschreitung auf 1,5 °C (>50 %)[185] begrenzen, und diejenigen, die die Erwärmung auf 2 °C (>67 %) begrenzen, beinhalten schnelle und tiefgreifende sowie in den meisten Fällen sofortige Senkungen der Treibhausgasemissionen in allen Sektoren in diesem Jahrzehnt.«[186] Wenn man sich allein die Anstrengungen in China ansieht, sind wir meilenweit davon entfernt, das umzusetzen, was die Wissenschaft selbst für die Einhaltung der 2-Grad-Grenze errechnet hat. Nun möchte ich nicht nur China an den Pranger stellen. Kein einziges Land ist bei seinen Klimaschutzanstrengungen auf einem Kurs, der mit der 1,5-Grad-Grenze kompatibel wäre, weswegen wir diese Marke auf jeden Fall überschreiten werden, was ich oben schon ausgeführt habe.

Wie schaffen wir es, dass sich die Welt insgesamt innerhalb der nächsten wenigen Jahrzehnte auf den Pfad der Nachhaltigkeit begibt? Diese Frage wird mir oft gestellt. Ich muss es ganz offen einräumen: Darauf habe ich noch keine befriedigende Antwort gefunden. Hier geht es nicht nur vordergründig um Klimaschutz, sondern auch um geopolitische und weltwirtschaftliche Dimensionen. Theoretische Konzepte, die etwa auf dem Prinzip der Gerechtigkeit fußen, existieren schon lange, sie helfen uns aber nicht weiter, weil ihre Umsetzbarkeit unter den heutigen Bedingungen nicht gegeben ist. Wie wollen Sie den Industrieländern erklären, dass sie kaum noch Treibhausgase ausstoßen dürfen oder für teures Geld Emissionszertifikate von den Entwicklungsländern erwerben müssen? Wie wollen Sie China mit ins Boot bekommen, das immer noch darauf beharrt, als Entwicklungsland behandelt zu werden, was bei nüchterner Betrachtung nur ein Vorwand ist, um keinen gerechten Beitrag zum Klimaschutz leisten zu müssen und von diversen Vorteilen zu profitieren, die man Entwicklungsländern zubilligt? Wie wollen Sie Länder wie Saudi-Arabien oder auch Norwegen, die noch große Reserven an fossilen Brennstoffen besitzen, davon überzeugen, auf deren Förderung zu verzichten? Denn die Einhaltung des Pariser Klimaabkommens erfordert, dass der allergrößte Teil der bekannten Reserven an fossilen Brennstoffen in der Erde verbleibt.

Ich finde, dass solche zentralen Fragen viel zu wenig in der Öffentlichkeit diskutiert werden. Wir müssen uns an den Realitäten orientieren, und die sind, wie sie sind. Auf jeden Fall ist die Welt komplex und auf Eigennutz ausgelegt. Daraus folgt, dass Länder nur dann beim Klimaschutz mitmachen werden, wenn sie einen unmittelbaren Nutzen für sich erkennen können. Wäre es nicht die Aufgabe von internationalen Institutionen wie der Weltbank, hier Vorschläge zu unterbreiten, wie ein Ausgleich zwischen den Ländern aussehen könnte, der von ihnen auch akzeptiert würde? Ich als Naturwissenschaftler besitze nicht die Kompetenzen, um ein solches Regime zu entwickeln. Die Weltklimakonferenzen jedenfalls scheinen mit der Aufgabe überfordert zu sein, wenn man es an deren Ergebnissen misst.

Fakt ist: Nur der zukünftige weltweite Ausstoß von Treibhausgasen ist in erster Linie für die zukünftige Klimaentwicklung entscheidend, die zurückliegenden Emissionen sind es weniger. Es hängt also vor allem von der Geschwindigkeit ab, mit der die Welt die Treibhausgasemissionen senkt.

Mein Hinweis auf die globale Dimension des Klimaproblems soll keineswegs ein Totschlagargument sein, als wenn alles Handeln sinnlos wäre. Und schon gar nicht soll er als Beleg dafür herhalten, dass es ohnehin sinnlos wäre, wenn wir in Deutschland mit gutem

Beispiel vorangingen und die Energiewende zügig und mit zugegebenermaßen erheblichen Kosten umsetzten. Auch Deutschland hat schließlich das Pariser Klimaabkommen unterzeichnet und muss die Verpflichtungen im Rahmen seiner Zusagen einhalten. Das ist das Wenigste, was man von einem demokratischen Staat erwarten kann. Immerhin haben wir seit 1990 über 40 Prozent der Treibhausgase eingespart. Damit gehören wir zweifellos zu den Ländern, die vorangehen. Zum Vergleich: China hat seinen CO_2-Ausstoß im selben Zeitraum ungefähr vervierfacht, was einem Anstieg von 400 Prozent bedeutet. Das Reich der Mitte hatte schon 2005 den bis dahin größten Emittenten USA überholt und ist heute mit großem Abstand vor den USA der weltweit größte Verursacher von CO_2. Allerdings musste sich China erst einmal aus großer Armut herausentwickeln. Und andere Länder wollen es den Chinesen gleichtun. Hier zeigt sich, dass es den Industrieländern nicht gleichgültig sein kann, was im Rest der Welt passiert. Noch einmal: Treibhausgase wie CO_2 sind überall wirksam, unabhängig vom Ort ihres Ausstoßes.

Wir in Deutschland betreiben einen realen Klimaschutz, er ist messbar und besteht nicht nur aus Ankündigungen. Die Emissionen sind hierzulande in den letzten Jahrzehnten deutlich gesunken. So haben erneuerbare Energien 2023 in Deutschland etwas über 50 Prozent des Bruttostromverbrauchs gedeckt.[187] Im Vergleich zum Vorjahr entsprach das einem Plus von fünf Prozent. 2030 sollen es sogar 80 Prozent sein. Der Stromsektor ist aber nur einer der Sektoren, bei denen CO_2 entsteht. Deutschland hätte seine Gesamtemissionen viel stärker senken können als bisher. Ich finde, es hätte sie sogar viel stärker senken müssen, weil wir die Möglichkeiten dazu gehabt hätten. So fehlt es bei uns immer noch an einer nachhaltigen Verkehrsinfrastrukturpolitik. Man hat in der Vergangenheit auf das Auto gesetzt und tut es immer noch. Die autofreundliche Stadt scheint nach wie vor erstrebenswert zu sein. Der Güterverkehr über die Straße boomt, und man hat die Bahn so lange vernachlässigt, bis sie nun als Scheintote dahinvegetiert. Auch im Wärmebereich sind wir nicht richtig aus den Startlöchern gekommen. Das Gebäudeenergiegesetz, Heizungsgesetz genannt, über das 2023 so vehement gestritten worden war, kann man durchaus als Rohrkrepierer werten. Der Schuss ist gewaltig nach hinten losgegangen, und das wird die so dringend benötigte Wärmewende erheblich verlangsamen und zusammen mit der fehlenden Verkehrsstrategie das Erreichen der deutschen Klimaziele für 2030 und auch danach gefährden, wenn nicht unmöglich machen.

Wir haben die Solarindustrie an die Chinesen verloren. Vieles, was wir an wirtschaftlicher Stärke im Bereich der nachhaltigen Stromproduktion hätten erlangen können, haben wir einfach hergeschenkt. Heute, wo eine möglichst unabhängige Energieversorgung für Deutschland zu einer Schicksalsfrage geworden ist, müssen wir es bitter bereuen, diesen Fehler begangen zu haben. Und wir sind nun auch noch dabei, den Markt für Elektrofahrzeuge den asiatischen Produzenten zu überlassen. Wir Deutsche erkennen schon wieder nicht, wohin die Reise geht. Natürlich verstehe ich, dass es in einem Land wie China keine freie Marktwirtschaft gibt und der dortigen Wirtschaft mit riesigen Subventionen auf den internationalen Märkten Wettbewerbsvorteile verschafft werden. Wir können aber nicht zusehen, wie uns die Zukunftstechnologien mit unlauteren Mitteln aus der Hand gerissen werden. Und ich meine nicht nur die Politik, sondern auch Teile der Wirtschaft und hier insbesondere die großen Konzerne. Die dürfen auch gerne mal im Interesse des Landes Entscheidungen treffen und nicht immer nur im Interesse ihrer Aktionäre. Der unbestreitbare wirtschaftliche Erfolg dieser Konzerne kommt nur einer kleinen Gruppe von Anlegern in Form von Dividenden zugute.

Schlimmer noch, Deutschland gerät zusehends in gefährliche Abhängigkeiten, die auch die Energiewende bei uns gefährden. Wir sind wirtschaftlich schon ziemlich erpressbar geworden, was sich spätestens dann zeigen wird, wenn China Taiwan angreift mit dem Ziel, die Weltherrschaft über die Mikrochipproduktion zu erlangen.

Wo wird unsere Freiheit bleiben, die Freiheit des sogenannten Westens, wenn China und Russland gemeinsam gegen uns zu Felde ziehen? Nicht militärisch, sondern wirtschaftlich. Heute regieren Unrecht und Gewalt in den beiden Ländern. Menschenrechte stehen nur auf dem Papier. Es hat sich das Gesetz des Stärkeren durchgesetzt. Krieg ist als politisches Instrument zurückgekehrt. Russland hatte schon 2014 die Krim annektiert. Dann folgte 2022 der Krieg gegen die ganze Ukraine. Dieser Krieg mitten im Herzen Europas ist an Brutalität nicht zu überbieten, und er dauert immer noch an. China steht Russland zur Seite, zumindest verurteilt es Russland wegen des Angriffskrieges nicht.

Russland und China verbünden sich gegen den Westen. Sie wollen eine neue Weltordnung schaffen, nach ihren menschenverachtenden Regeln. Wenn es ihnen nützt, werden sie auch den Umwelt- und Klimaschutz in den westlichen Ländern ausbremsen. Die deutsche Solarindustrie beispielsweise ist weitgehend von China abhängig, und diese Abhängigkeit gefährdet die Energiewende hierzulande, die ohnehin nur schleppend vorankommt. Die Abhängigkeit unserer Solarindustrie sei noch viel größer als die Abhängigkeit von Russland beim Gas, so ein Branchenkenner.[188] Was wird aus unserer Industrie werden, wenn China Solarpaneele als Waffe gegen uns einsetzt wie Russland sein Erdgas? Deutschland wie auch die gesamte freie Welt müssen dagegenhalten und dürfen nicht aus kurzfristigen Erwägungen heraus den einfachen Weg gehen, der unweigerlich in die Abhängigkeit führen würde.

Es ist im ureigensten wirtschaftlichen Interesse der Industrieländer, sich verstärkt den Zukunftstechnologien zuzuwenden und so schnell wie möglich unabhängig von den konventionellen Energien zu werden. Das gilt gerade für Deutschland. Atomkraft, das sei an dieser Stelle ausdrücklich gesagt, ist für mich völlig unakzeptabel und mit einer nachhaltigen Energieversorgung nicht vereinbar, auch wenn die Nuklearenergie wie auch das Erdgas im Rahmen des European Green Deal einen grünen Anstrich erhalten haben. Länder wie Frankreich, die stark auf die Atomkraft setzten, werden das vielleicht noch bitter bereuen. Angesichts des Militärputsches im afrikanischen Niger schrieb die *WirtschaftsWoche*: »Hier braut sich das nächste Energieproblem für Europa zusammen.«[189] Atomkraftwerke benötigen Uran. Laut EU-Atombehörde Euratom stammte 2022 mehr als ein Viertel des in die EU importierten Urans aus dem afrikanischen Land. Was, wenn sich die Geschichte mit dem russischen Erdgas wiederholt? Nur eben mit Uran. Wenn das Uran als Waffe eingesetzt wird, so wie es Russland mit dem Erdgas im Zuge des Ukrainekrieges getan hat.

Wie man es dreht und wendet: Atomkraft war und wird auch in der Zukunft eine überaus unsichere und vor allem unverhältnismäßig teure Art der Energieproduktion bleiben. Großbritannien will in der Zukunft wieder verstärkt auf Atomkraft setzen. Das könnte zu einem finanziellen Desaster führen. Die Präsidentin des deutschen Bundesverbands Erneuerbare Energie (BEE), Simone Peter, kommentierte die neueste Strompreis-Prognose zu dem im Bau befindlichen britischen Atomkraftwerk Hinkley Point C mit den folgenden Worten: »Atomenergie demontiert sich weiter selbst und wird dabei zu einem teuren Alptraum für Verbraucherinnen und Verbraucher, Staaten und Unternehmen.«[190] Und *spiegel.de* überschrieb einen Artikel zu dem Kraftwerk mit »Britisches Atomkraftwerk wird zum Milliardengrab«.[191] Den Bürgerinnen und Bürgern aber wird vorgegaukelt, dass Atomstrom billig sei, was erwiesenermaßen nicht stimmt.

Die Skepsis gegenüber der Atomkraft war schnell verflogen, als wir in Deutschland gemerkt haben, dass Klimaschutz systemische Veränderungen verlangt. So sind in Deutschland inzwischen mehr als die Hälfte der Menschen in Umfragen für die Atomkraft, während vor ein paar Jahren noch mehr als die Hälfte gegen sie waren. Zu diesem Sinneswandel beigetragen hat vor allem der Gasboykott Russlands. Das zeigt einmal mehr, dass Menschen für scheinbar einfache Lösungen empfänglich sind und die potenziellen Nachteile der Atomkraft nur allzu gern vergessen, wenn mit der Wende hin zu einer nachhaltigen Energieversorgung Ernst gemacht werden soll. Das war auch bei dem sogenannten Heizungsgesetz so, als zahlreiche Hausbesitzer sich noch schnell eine neue Öl- oder Gasheizung haben einbauen lassen, obwohl sich das in ein paar Jahren wegen des steigenden CO_2-Preises in Deutschland und mehr Druck auf den Wärmesektor seitens der EU als großer Fehler entpuppen könnte.

Gründe der Skepsis

Trotz des sich während der letzten Jahre augenscheinlich verändernden Klimas und der vielen Warnsignale, die uns der Planet schon geschickt hat, muss ich selbst heute noch in Teilen der Bevölkerung eine recht große Skepsis feststellen, ob denn die ansteigenden Temperaturen oder die Zunahme der wetterbedingten Katastrophen tatsächlich mit den menschlichen Aktivitäten in Zusammenhang zu bringen sind. Oder ob es denn überhaupt schlimm wäre, wenn es auf der Erde ein paar Grad wärmer werden würde. Aus meinen vielen Gesprächen mit Personen bei den unterschiedlichsten Gelegenheiten habe ich gelernt, dass es für die Skepsis eine Reihe von Gründen zu geben scheint. Eines ist mir dabei klar geworden. Das Misstrauen gegenüber den wissenschaftlichen Ergebnissen hat nicht nur mit einem mangelnden Verständnis der wesentlichen Klimaprozesse zu tun. Selbstherrlichkeit in Form von Besserwisserei ist zum Beispiel ein weiterer Grund für das Ignorieren von wissenschaftlichen Ergebnissen. Diese Art der Selbstüberschätzung ist mir selbst bei Menschen mit einem Hochschulabschluss begegnet, hin und wieder auch bei Personen, die in der Wissenschaft, nicht aber in der Klimaforschung tätig sind.

Ein anderer Grund für die Skepsis in der Bevölkerung ist die Angst vieler Menschen, Veränderungen und Wohlstandsverluste durch Klimaschutzmaßnahmen hinnehmen zu müssen, was verständlich sein mag, aber im Prinzip unbegründet wäre, wenn die Regierung eine sozial ausgewogene Klimapolitik betreiben würde. Das ist jedoch in Deutschland nicht der Fall. Ein Beispiel für die soziale Schieflage von Maßnahmen war das Anheben des CO_2-Preises durch die Bundesregierung Ende Dezember 2023, um nach dem ein paar Wochen zuvor ergangenen Urteil des Bundesverfassungsgerichts einen verfassungskonformen Haushalt für das Jahr 2024 vorzulegen. Durch die Erhöhung der Abgabe werden Energie und Benzin wie auch viele andere Produkte für die Bürgerinnen und Bürger tendenziell teurer. Die Anhebung des CO_2-Preises trifft hauptsächlich die einkommensschwachen Teile der Bevölkerung, die ohnehin jeden Cent umdrehen müssen. Menschen mit geringem Einkommen müssen an anderer Stelle entlastet werden, sonst verlieren wir ihre Zustimmung für den Weg in die Klimaneutralität. Immerhin hat der deutsche Staat 2023 Einnahmen aus dem europäischen und dem nationalen Emissionshandelssystem von über 18 Milliarden Euro erzielt.[192]

Dass man erst im Bundesfinanzministerium jahrelang darüber nachdenken muss, auf welchem Wege man die Menschen entlasten kann, ist für mich nicht zu verstehen. Es kann doch für den Staat nicht so schwer sein, einen Weg zu finden, um den Menschen Geld zukommen zu lassen. Umgekehrt funktioniert es doch bestens. Die Ampelregierung hat den Bürgerinnen und Bürgern eine finanzielle Entlastung in Form des Klimageldes in Aussicht gestellt, was im Koalitionsvertrag nachzulesen ist. Das Klimageld wird wohl in dieser Legislaturperiode nicht mehr kommen, was großen Frust erzeugt. Ohne die Akzeptanz großer Teile der Bevölkerung sind Klimaschutzmaßnahmen so gut wie nicht durchsetzbar, und schon gar nicht in diesen Krisenzeiten, in denen wir leben.

In der Summe scheint es für eine nicht geringe Zahl von Bürgerinnen und Bürgern einfach praktischer und aus ihrer Sicht auch von finanziellem Vorteil zu sein, das Klimaproblem entweder ganz zu leugnen oder zumindest einige wesentliche Fakten in Zweifel zu ziehen in der Hoffnung, dass sich, wenn es genügend ähnlich Denkende gibt, erst einmal nichts verändert. Dabei handelt es sich um eine Art Selbstschutz. Wenn der Mensch als Grund für die globale Erwärmung keine gewichtige Rolle spielt oder seine Rolle noch gar nicht endgültig geklärt ist, dann kann alles so bleiben, wie es ist.

Die Partei Alternative für Deutschland (AfD) bedient sich dieses Narrativs und versucht die Leute für dumm zu verkaufen. Auf der Internetseite der AfD heißt es: »Die Aussagen des Weltklimarats, dass Klimaänderungen vorwiegend menschengemacht seien, sind wissenschaftlich nicht gesichert. Sie basieren allein auf Rechenmodellen, die weder das vergangene noch das aktuelle Klima korrekt beschreiben können.«[193] Was für ein Blödsinn! Die internationale Klimaforschungsgemeinde hat schon vor vielen Jahren Klarheit geschaffen und den Menschen als Verursacher der globalen Erwärmung mit wissenschaftlichen Methoden identifiziert. Außerdem wurde die Erderwärmung bereits vor weit über einhundert Jahren von der Wissenschaft mithilfe der physikalischen Gesetze vorhergesagt, sollte die Konzentration des Kohlendioxids in der Atmosphäre ansteigen. Und genau das ist passiert. Die AfD stellt sich demnach mit ihren haltlosen Thesen gegen die internationale Klimaforschung.

Skepsis ist ein willkommenes Einfallstor für Konzerne und Parteien, die nichts Gutes im Schilde führen. Zweifel werden sowohl von der fossilen Industrie als auch von den Rechtsextremisten der AfD geschürt, um ihr eigenes Süppchen zu kochen. Die Öl- und Gaskonzerne tun dies, weil ihr schmutziges Geschäft mit den fossilen Brennstoffen für sie zu lukrativ ist, um es nur wegen der Gefährdung der Umwelt aufzugeben. Greenwashing scheint für die Konzerne ein probates Mittel zu sein, um die Menschen über ihre wahren Absichten im Unklaren zu lassen. Politische Parteien wie die AfD versuchen durch das Säen von Zweifeln Ängste in der Bevölkerung auszunutzen, um Wählerstimmen zu gewinnen, was ihnen in den letzten Jahren auf eine für mich erschreckende Weise in einer Größenordnung gelungen ist, die ich vor einem Jahrzehnt noch nicht für möglich gehalten hätte. Die Kronzeugen, die Konzerne und Parteien wie die AfD präsentieren, um die menschliche Klimabeeinflussung infrage zu stellen, mögen sie Doktoren- oder Professorentitel besitzen oder nicht, geben einen hanebüchenen Unsinn von sich und verstehen vom Klima offensichtlich nicht die Bohne. YouTube-Videos, in denen diese sogenannten Expertinnen und Experten vorgeben, den Menschen die Welt richtig zu erklären, sind zugegebenermaßen clever gemacht. Deswegen kann man als Laie nicht ohne Weiteres erkennen, dass sie in die Irre geführt werden sollen. Viele Aussagen in den Videos stimmen, dann gibt es einige Halbwahrheiten oder es werden zum Verständnis wichtige Dinge einfach weggelassen, und am Ende werden unzulässige Schlussfolgerungen gezogen, weil Äpfel mit Birnen verglichen werden. In der Fachliteratur sucht man nach den sogenannten wissenschaftlichen Erkenntnissen, die diese Damen und Herren verbreiten, vergeblich. Mehr möchte ich dazu nicht sagen, nur so viel, dass es mich maßlos traurig macht, dass eine Partei wie die AfD, die sich konsequent Fakten widersetzt, demokratiefeindlich und rassistisch ist, einen so großen Zuspruch in der Bevölkerung erhält.

Jeder kalte Tag, jeder Tag mit Schneefall kommt den Klimaleugnern wie gerufen, um ihre Zweifel an der menschlichen Klimabeeinflussung zu artikulieren, was ich an den vielen E-Mails ablesen kann, die ich dann bekomme. So geschehen Anfang Dezember 2023, als es in München historische Schneefälle gegeben hatte. Die Dinge sind aber nicht immer so simpel, wie sie scheinen. Auch bei den Rekordschneefällen hatte vermutlich die globale Erwärmung ihre Hände mit im Spiel. Die von den aufgeheizten Meeren erwärmte feuchte Luft – der Nordatlantik und das Mittelmeer waren zu der Zeit immer noch außergewöhnlich warm gewesen – stieß auf kalte Polarluft. Es entstand eine sogenannte

Frontalzone. Diese bewegte sich so gut nicht vom Fleck und sorgte schließlich dafür, dass es zu den extremen Schneefällen im Süden der Republik kam.

Hier ein Auszug aus einer E-Mail, die ich am 4. Dezember 2023 bekommen hatte: »Sparen Sie sich das Märchen vom Klimawandel, das habe ich als Chemiker, Physiker und Biologe nie geglaubt. Anbei Fotos aus meiner Heimatstadt mit dem angeblich nicht vorhandenen Schnee. Bis zum Mittag erwarte ich entweder Ihre Rechtfertigung oder Ihre Kündigung …« Diese Mail möchte ich nicht weiter kommentieren.

Nagende Zweifel

Es ist nicht nur die in Teilen der Bevölkerung vorhandene Skepsis gegenüber der Klimaforschung, wie sie in der obigen E-Mail in einer sehr speziellen Art und Weise zum Ausdruck kommt, die mich zweifeln lässt, ob wir die Klimakrise bewältigen werden. Auch die weltpolitische Lage gibt Anlass zur Sorge, worauf ich schon mehrfach hingewiesen habe. Ich frage mich, ob die Welt in dem Zustand, in dem sie sich derzeit befindet, überhaupt noch imstande ist, globale Krisen zu lösen. Nehmen wir als Beispiel die Überfischung der Weltmeere. Die Handelsminister der 166 Mitgliedsländer der Welthandelsorganisation (WTO) konnten sich Ende Februar/Anfang März 2024 in Abu Dhabi selbst nach einer Verlängerung der Verhandlungen nicht auf gemeinsame Maßnahmen zum besseren Schutz der Fischbestände einigen. Das geplante weltweite Abkommen, nach dem alle Subventionen eingedämmt werden sollten, die Überfischung oder Überkapazitäten unterstützen, ist nach dem Scheitern der Konferenz meiner Meinung nach in weite Ferne gerückt, obwohl in Genf, dem Sitz der WTO, weiterverhandelt werden soll. Die Fischerei-Expertin der Umweltstiftung WWF, Anna Holl-Buhl, sagte nach dem Scheitern: »Im

Poker zwischen Industrie- und Entwicklungsländern gab es leider kein Happy End. Das Ergebnis der Verhandlungen ist de facto ein Persilschein, den Raubbau an den Meeren fortzusetzen. In der Folge wird die Überfischung mit weiteren staatlichen Geldern belohnt.«[194] Weltweit würden Jahr für Jahr mindestens 22 Milliarden US-Dollar an Finanzhilfen in den Sektor fließen, so der WWF. Die größten Mittelgeber seien China, Japan, die EU und die USA. Fast 85 Prozent der Subventionen gingen an die industrielle Großfischerei. Insbesondere Kleinfischer in den Entwicklungsländern hätten das Nachsehen.[195]

Werden wir ein derartiges Fiasko auch bei der Begrenzung des Klimawandels erleben? Die Regierungen der Länder hätten sich schon längst darüber verständigen müssen, eine Art Notfallplan für das Weltklima zu entwickeln und diesen Schritt für Schritt umzusetzen. Das ist überhaupt nicht in Sicht, selbst bei einem wohlwollenden Blick auf die Dinge. Die Welt fällt just in dem Moment auseinander, in dem die Dringlichkeit des gemeinsamen Handelns, um eine Klimakatastrophe zu verhindern, nicht größer sein könnte. Die Gefahr wächst, dass die Erde infolge weiter ansteigender Temperaturen zu einem entfesselten Planeten wird, der nicht mehr zu bändigen ist. Niemand kann exakt vorhersagen, ab welcher Erwärmung so eine Situation eintreten würde. Allein der bisherige Temperaturanstieg ist eigentlich schon zu groß, wenn man das Ausmaß der Auswirkungen betrachtet und die langzeitlichen Auswirkungen wie die über viele Jahrhunderte weiter ansteigenden Meeresspiegel mitberücksichtigt. Wichtig wäre es, dass die Menschen jetzt alles unternehmen, um die globale Erwärmung zumindest auf 2 Grad Celsius im Vergleich zur vorindustriellen Zeit zu begrenzen. Vieles spricht aus wissenschaftlicher Sicht dafür, dass bei Überschreiten der 2-Grad-Marke Krisen globalen Ausmaßes zunähmen mit der Folge, dass den Menschen allmählich die Kontrolle über die Geschehnisse auf der Erde aus den Händen gleiten würde.

Dabei geht es nicht nur um die Auswirkungen der Klimakrise auf das Wettergeschehen oder um die sich erhöhenden Meeresspiegel, sondern auch um die enormen Risiken für die Weltwirtschaft und für die Weltsicherheit. Ich frage mich ernsthaft, inwieweit die so notwendige international koordinierte Vorgehensweise zum Schutz des Planeten und der Menschen einfach nur noch Wunschdenken und damit realitätsfremd ist. Noch aber möchte ich die Hoffnung nicht aufgeben. Immerhin haben wir auch den Kalten Krieg friedlich überwunden und die deutsche Wiedervereinigung vollendet, womit einige Jahre vorher so gut wie niemand gerechnet hatte. Warum sollte sich so etwas nicht wiederholen, sprich eine Wendung hin zu einer friedlichen Koexistenz? Nur dann werden wir auch den Welthandel reformieren können, damit er sich nicht weiter an der Umwelt versündigt. Wird den Ländern dieser Kraftakt noch gelingen oder sind die Beharrungskräfte einfach zu stark?

Gegen die fossile Industrie scheint die Politik im Moment jedenfalls auf verlorenem Posten zu stehen, oder ihr fehlt der Wille, vielleicht auch der Mut zu einer Veränderung der Verhältnisse, unter denen die Weltwirtschaft operiert. Die Menschen haben sich in eine fatale Abhängigkeit von den fossilen Brennstoffen begeben, aus der es kaum ein Entrinnen zu geben scheint. Dabei wird wohl auch Korruption eine wesentliche Rolle spielen. In den USA beispielsweise gibt es eine recht große Nähe zwischen der Republikanischen Partei und der fossilen Industrie, die sich auch in Geldspenden an die Partei niederschlagen. Solange die Machtverhältnisse jedoch so einseitig verteilt bleiben, wie sie sind, wird die Welt in Sachen Klimaschutz weiterhin auf der Stelle treten. Die Weltpolitik ist derzeit offensichtlich mit dem Klimaproblem überfordert, was immer die Gründe dafür sein mögen. Doch dann stellt sich unweigerlich die Frage, ob die Wende denn vielleicht von unten gelingen kann. Viele Menschen, mit denen ich gesprochen habe, glauben daran. Ich bin eher skeptisch. Denn die allermeisten Menschen auf der Welt besitzen gar keine Möglichkeit, wirklich etwas Substanzielles für den Klimaschutz beizutragen, und müssen zuallererst ihren Alltag meistern oder schlicht ihre Existenz sichern.

Noch ist unsere Welt geprägt von Gier, Hass, Gewalt und Krieg. Ein Verbrecher wie der ehemalige US-Präsident Donald Trump schickt sich an, erneut für die Präsidentschaft zu kandidieren mit guten Chancen auf eine zweite Präsidentschaft. Einer, der zum Sturm aufs Capitol und zum Staatsstreich aufgerufen hatte, nachdem er die Wahl Ende 2020 verloren hatte, was er nicht hinzunehmen bereit war und ist. Trump erfand die Legende von der gestohlenen Wahl, und seine Anhänger scheinen seiner Geschichte blind zu folgen, was sich nicht nur auf seine Gefolgschaft außerhalb des politischen Betriebs bezieht, sondern auch auf eine große Zahl von republikanischen Abgeordneten in den beiden Kammern des amerikanischen Parlaments. Die allermeisten Menschen in Deutschland blicken fassungslos auf die Person Donald Trump und das Geschehen in den USA. Wie ist es möglich, dass ein Mann wie Trump, der Gesetze bricht, wie es ihm in den Kram passt, und der immun gegen Strafverfolgung zu sein scheint, zum Präsidenten der USA werden kann? Die ganze Welt hat zugesehen, wie er versucht hatte, die Amtsübergabe an Joe Biden mit allen Mitteln zu verhindern. Es hatte sogar Tote beim Sturm aufs Capitol gegeben. Der Mann ist gefährlich für die USA und die ganze Welt, und trotzdem lieben seine Anhänger ihn abgöttisch.

All seine Verfehlungen scheinen Donald Trump bisher jedenfalls nichts anhaben zu können. Und das wird wohl auch so bleiben. Wenn es hart auf hart kommt, weiß er auch den obersten Gerichtshof, den Supreme Court, hinter sich. Anders als das deutsche Bundesverfassungsgericht ist der Supreme Court extrem mächtig. Trump hatte den Supreme Court während seiner Präsidentschaft mit einigen seiner Gefolgsleute besetzt, die ihm jetzt auf dem Weg zur erneuten Präsidentschaft gute Dienste leisten könnten, falls es für ihn in Gerichtsprozessen wegen Wahlbetrugs oder Anstiftung zum Umsturz unangenehm werden sollte. Das scheint nach ein paar Entscheidungen des Supreme Courts in seiner jetzigen Besetzung schon klar zu sein. Das oberste Gericht der USA ist nicht mehr die unabhängige letzte Instanz, die es doch eigentlich sein sollte. Trump ist auch ein Mann – und damit kehren wir zum Klima zurück –, der den anthropogenen Klimawandel leugnet. Mit ihm als Präsidenten würden die USA, das Land mit den zweithöchsten CO_2-Emissionen weltweit, als potenzielle Lokomotive für den Klimaschutz ausfallen. Und das zu einem Zeitpunkt, da sich die USA unter Joe Biden gerade aufgemacht haben, ihre Wirtschaft mehr in Richtung Grün zu verändern.

Die Welt versinkt im Sumpf der Lüge und der Aggression. Gibt es denn überhaupt keine guten Nachrichten mehr aus dem politischen Raum? In den zwischenstaatlichen Beziehungen sehe ich sie nicht, obwohl gute Beziehungen zwischen den Ländern im Kampf gegen den Klimawandel doch so wichtig wären. Das Motto in der internationalen Politik scheint gegenwärtig zu lauten: »Jeder gegen jeden.« So gehört es inzwischen auch schon fast zur Normalität, dass Regierungschefs eines Landes versuchen, eine ganze Gruppe von Staaten wie die EU oder die NATO zu erpressen, um ihre eigenen Interessen durchzusetzen, die nicht einmal denen des Landes entsprechen müssen. Regierungschefs wie Viktor Orbán aus Ungarn oder Recep Erdoğan aus der Türkei legen schon seit Jahren ein solch völlig unangemessenes Gebaren in Form von Erpressungsversuchen an den Tag. Und sie kommen vielfach damit durch. Da kann einem wirklich die Hutschnur reißen. Und schließlich, um das Bild der gegenwärtigen weltpolitische Lage zu komplettieren, sind die Demokratien westlicher Prägung auf dem Rückzug. Die Erfahrung lehrt uns, dass es Umweltschutz aber nur in einer freien Welt gibt.

Auch in Deutschland greifen antidemokratische Tendenzen mehr und mehr um sich. Die AfD wird vom Verfassungsschutz als rechtsextremistischer Verdachtsfall geführt, und einige Landesverbände der Partei sind bereits als gesichert rechtsextrem von dem

Dienst eingestuft worden. Seit 2019 darf man Björn Höcke, den AfD-Fraktionschef im thüringischen Landtag, laut eines Gerichtsurteils als Faschisten bezeichnen, da dieses Werturteil »auf einer überprüfbaren Tatsachengrundlage« beruhe, so das Verwaltungsgericht Meiningen. Ich bin schockiert über den Aufstieg der AfD, einer Partei, die von Demokratie, freien Medien und Fakten nicht viel zu halten scheint. Und die den menschengemachten Klimawandel leugnet oder kleinredet. Im Mai 2023 hatte ich das zweifelhafte Vergnügen, mit dem energiepolitischen Sprecher der AfD-Bundestagsfraktion, Steffen Kotré, in der ZDF-Talkshow *Markus Lanz* zu »diskutieren«.[196] Ein sachliches Gespräch war mit Herrn Kotré einfach nicht möglich. Der Mann verbreitete Unwahrheiten am laufenden Band und wiederholte sie gebetsmühlenartig. Und Herr Kotré versuchte immer dann schnell das Thema zu wechseln, wenn er wegen fehlender Belege für seine Behauptungen oder schlicht mangelnder Fachkenntnis in die Enge getrieben wurde. Die AfD steht bei den Wählerinnen und Wählern hoch im Kurs. Bekommen wir demnächst bei uns amerikanische Verhältnisse, bei denen Fakten zu Meinungen unter vielen werden? Oder haben wir diese Verhältnisse etwa schon?

Ist unter solchen Gegebenheiten eine langfristig angelegte Politik überhaupt möglich? Ist eine international koordinierte Klimapolitik zum Schutze des Planeten nicht von vornherein zum Scheitern verurteilt, weil doch immer nur die kurzfristigen wirtschaftlichen Interessen oder wahltaktische Überlegungen das Handeln bestimmen? Was denken Sie? Wir dürfen bei der Bewertung der aktuellen Lage keinesfalls den globalen Charakter des Klimaproblems vergessen, d. h., dass alle Länder im selben Boot sitzen. Die Länder sind voneinander abhängig, ob sie es wollen oder nicht. Sie können nur gemeinsam die Lebensgrundlagen auf der Erde schützen. Und das stimmt mich nachdenklich. Internationale Zusammenarbeit ist im Moment nicht gerade die Königsdisziplin in der Weltpolitik.

Aufholjagd

Das sollte sie aber schnellstens werden. Die Weltpolitik muss das Thema globale Erwärmung endlich ernst nehmen. Wie ich es oben dargestellt habe, befinden wir uns bei der Bewahrung der günstigen klimatischen Bedingungen auf der Erde schon in einer Art Endspiel. Allerdings liegen die Menschen im Finale um das Klima weit hinten. Auf Deutschland und die 1,5-Grad-Grenze bezogen kam ein Bericht des Wuppertal Instituts aus dem Jahr 2020 zu folgendem Schluss: »Insgesamt legen die Analysen in dieser Studie nahe, dass das Erreichen von CO_2-Neutralität bis zum Jahr 2035 aus technischer und ökonomischer Sicht zwar extrem anspruchsvoll wäre, grundsätzlich aber möglich ist.«[197] Damit seien allerdings massive Herausforderungen und strukturelle Veränderungen verbunden. Die Zielerreichung hänge »aber nicht nur von der technologischen und ökonomischen Machbarkeit, sondern auch erheblich von der gesellschaftlichen Bereitschaft zu massiven Veränderungen, einem außerordentlichen politischen Gestaltungswillen mit einer konsequenten Fokussierung auf die Umsetzung sowie weiteren Rahmenbedingungen wie einer verstärkten internationalen Zusammenarbeit ab«. Entscheiden Sie selbst, liebe Leserinnen und Leser, ob sich dies unter den heutigen Bedingungen umsetzen ließe. Ich denke nicht, weswegen ich mich persönlich schon längst von der 1,5-Grad-Grenze verabschiedet habe.

In diesem Zusammenhang möchte ich erwähnen, dass die 1,5-Grad-Marke 2023 im Jahresmittel zwar noch nicht in allen Temperaturanalysen überschritten worden war, wohl aber schon im Juli 2023, dem bisher heißesten Monat seit Messbeginn. Die globale Erwärmung auf 2 Grad Celsius zu begrenzen wäre ein noch erreichbares Ziel, würde aber ebenfalls eine riesengroße Kraftanstrengung bedeuten, müssten dazu die weltweiten Treibhausemissionen in der zweiten Hälfte dieses Jahrhunderts auf null sinken (Abbildung 4). Die Welt ist derzeit noch meilenweit von dem

2-Grad-Ziel entfernt, weil die Treibhausgasemissionen trotz aller Versprechungen und Bemühungen einiger Länder einfach nicht sinken wollen. Und dennoch wäre es machbar, die 2-Grad-Marke nicht zu überschreiten. Die Mittel dazu hält die Menschheit in Händen: Grenzenlos verfügbare saubere Energie in Form von Sonnen- und Windenergie sowie Erdwärme, die Technologie zu deren Nutzung und Speicherung wie auch die Finanzmittel für die erforderlichen gigantischen Investitionen.

Die klimatischen Bedingungen verändern sich mit einer für uns in der Wissenschaft außergewöhnlich hohen Geschwindigkeit, wenn man die aktuellen Entwicklungen an denen der Vergangenheit misst. Die Erwärmung über den Landregionen ist dabei im Mittel deutlich stärker ausgeprägt als über den Weltmeeren, die langsamer reagieren. Es verwundert daher nicht, dass in Deutschland beispielsweise die Erwärmung schon fast 2 Grad Celsius beträgt. Der Großteil der globalen Erwärmung, etwa zwei Drittel, hat sich in den letzten Jahrzehnten entwickelt. Seit 1970 hat sich die Temperatur an der Erdoberfläche global um ungefähr 1 Grad Celsius erhöht. Würde sich dieser Trend unvermindert fortsetzen, würde die Erwärmung gegen Ende des Jahrhunderts schon im Bereich von etwa 3 Grad Celsius liegen, in Deutschland entsprechend höher. Nimmt man die von den Ländern derzeit beschlossenen Klimaschutzanstrengungen als Berechnungsgrundlage, würden wir 2100 bei einer globalen Erwärmung von etwa 2,7 Grad Celsius landen.[198] Vorausgesetzt, dass die vorgelegten Ziele der Länder auch wirklich umgesetzt würden, was man angesichts der vielen Krisen und des zögerlichen Handelns der Länder in der Vergangenheit durchaus in Zweifel ziehen darf. Im Moment sieht es danach aus, dass weder die Europäische Union noch Deutschland ihre Klimaziele für 2030 erreichen werden.

Entscheidender für die Begrenzung des Klimawandels werden in der Zukunft aber andere Regionen und Länder sein. Auf welches Maß wir die globale Erwärmung begrenzen werden, wird unter anderem sehr stark davon abhängen, ob und wie schnell die Emissionen in den beiden Ländern mit den derzeit größten CO_2-Emissionen, China und die USA, sinken werden. China investiert wie kaum ein anderes Land in erneuerbare Energien. Das könnte auch dazu beigetragen haben, dass 2023 das Wirtschaftswachstum in China trotz großer hausgemachter Probleme noch einigermaßen stabil war. Die chinesische Wirtschaft wurde in den letzten Jahren durch COVID-19 und die Probleme im Bausektor erheblich geschwächt. Zum Teil konnte das durch einen beispiellosen Anstieg der Investitionen im Bereich der erneuerbaren Energien kompensiert werden. Investiert worden sei nach Angaben des in Finnland ansässigen Umwelt-Thinktanks Centre for Research on Energy and Clean Air sowohl in den Einsatz sauberer Technologien wie Solarenergie und Elektrofahrzeuge als auch in die Produktion.[199] So sei die Herstellung von Batterien, Solarmodulen, Elektrofahrzeugen und vielen anderen Zukunftstechnologien massiv ausgeweitet worden. China ist mit ungefähr 1400 Gigawatt (GW)[200] installierter Leistung das Land mit der größten Kapazität an erneuerbaren Energien. Das Reich der Mitte hat zum Beispiel schon so viele Solaranlagen installiert wie der Rest der Welt zusammen. Und das hilft selbstredend auch beim Klimaschutz und könnte – das wäre meine Hoffnung – ein Wendepunkt bei den chinesischen CO_2-Emissionen sein, sollte die massive Investitionstätigkeit in saubere Technologien in den kommenden Jahren und Jahrzehnten anhalten. Die Entwicklung im Bereich grüner Technologie in China stützt die Annahme, dass das Land vielleicht schon ab 2025 sinkende CO_2-Emissionen verzeichnen wird. Auch in den USA sind die erneuerbaren Energien im Aufwind. Die installierte Leistung beläuft sich dort auf über 350 GW und soll sich in den kommenden Jahren noch vervielfachen. Sowohl aus China als auch aus den USA kommen einige sehr gute Nachrichten, auch wenn beide Länder immer noch am Tropf der fossilen Brennstoffe hängen.

Die Aufholjagd scheint begonnen zu haben. Das wurde aber auch höchste Zeit, wenn es denn wirklich so sein sollte. Denn die Welt hat keine Zeit mehr zu verlieren, nicht zuletzt auch deswegen, weil der Bremsweg einiger Komponenten des Erdsystems ziemlich lang ist. Die Meeresspiegel zum Beispiel reagieren extrem langsam auf die globale Erwärmung, vor allem wegen der trägen kontinentalen Eismassen auf Grönland und in der Antarktis. Wir sprechen hier über Zeiträume von Jahrhunderten bis hin zu Jahrtausenden, bevor der Verlust der Eismassen und damit der Anstieg der Meeresspiegel zum Stillstand kommen würde. Wenn die Länder den Klimaschutz weiterhin verzögern, könnte es sich bei dem finalen Meeresspiegelanstieg um eine Größenordnung von zehn Metern oder mehr handeln, was beträchtliche Teile der Weltbevölkerung betreffen würde. So leben unterhalb von zehn Metern über dem mittleren Meeresspiegel allein in China 244, in Indien 216, in Bangladesch 109 und in Indonesien 93 Millionen Menschen.

Ist die Welt wirklich dazu bereit, alle Kräfte zu mobilisieren, eine Aufholjagd zu starten, damit sie das Endspiel um das Klima doch noch gewinnt? Oder ist der heutigen Generation am Ende die Zukunft egal? Dabei meine ich hauptsächlich die Menschen in den reichen Ländern, die die globale Erwärmung in erster Linie zu verantworten haben. Nur sie verfügen über die Möglichkeiten, den Klimawandel aufzuhalten, indem sie selbst ihre Emissionen senken und die aufstrebenden Länder in die Lage versetzen, sich nachhaltig zu entwickeln. Es wäre so einfach, das Ruder herumzureißen, würde man nur die Vernunft walten lassen. Das Umsteuern bestünde zuallererst darin, dass wir die Spielregeln ändern, nach denen der Welthandel funktioniert. Wir müssen zudem hinterfragen, wie wir auf der Erde leben. Wohlstand darf nicht auf Verschwendung fußen, und Letztere kann nicht der Lebensinhalt von uns Menschen sein. Und dann stellt sich noch die Frage, wie die Menschen miteinander umgehen. Gemeinsinn sollte wieder vor Individualismus kommen, auf der zwischenmenschlichen und zwischenstaatlichen Ebene. Wenn sich die Menschen nur bekriegen, werden sie sich immer größeren Krisen gegenübersehen.

Die Menschen sollten bei all ihren Aktivitäten stets das Wohl der Gemeinschaft und des Planeten im Blick haben. Wie das gelingen kann, weiß ich auch nicht. Ich habe mir seit Jahrzehnten darüber das Hirn zermartert. Verordnen kann man das Gute jedenfalls nicht. Ich halte auch nichts davon, CO_2-Budgets oder Ähnliches für jede Bürgerin und jeden Bürger einzuführen. Schließlich möchte ich nicht in einer Diktatur oder einem Überwachungsstaat leben. Wir sollten lieber Anreize schaffen, damit nachhaltiges Verhalten und Wirtschaften selbstverständlich wird. Mein Motto lautet: »Klimaschutz muss Spaß bringen.« Dazu muss sich unser Wirtschaftssystem grundlegend verändern. Und das muss und kann nur die Weltpolitik hinbekommen. In der Theorie klingt es einfach: Umweltzerstörung darf nicht gefördert und umweltfreundliches Verhalten muss belohnt werden. Das würde die dringend benötigten Finanzmittel für den schnellen Umbau der Weltwirtschaft freimachen und vor allem auch Innovationen stimulieren, die den Weg in eine nachhaltige Ökonomie erleichtern und auch beschleunigen. Anders wird es nicht funktionieren, wir Menschen sind nun einmal Egoisten. Der Egoismus und die Aussicht auf Erfolg bieten aber auch eine riesengroße Chance, vielleicht sogar die einzige realistischerweise noch verbleibende, um die Umwelt zu schützen, weil es sich um Faktoren handelt, die Umbrüche in recht kurzer Zeit ermöglichen könnten. Deswegen würde ich den Kapitalismus auch nicht von vornherein abschreiben, weil er die notwenige Dynamik entfachen kann. Er ist allerdings insofern reformbedürftig, als die Gewinne auch dem Gemeinwohl zugutekommen müssen und nicht auf Kosten der Umwelt erzielt werden.

Vieles wäre noch möglich. Das können wir gerade in den USA beobachten, wo milliardenschwere Finanzmittel den Umbau der dortigen Wirtschaft beschleunigen sollen. US-Präsident Joe Biden hatte im August 2022 den Inflation Reduction

Act auf den Weg gebracht. Das Gesetz umfasst ein Volumen von insgesamt rund 370 Milliarden US-Dollar, was knapp 350 Milliarden Euro entspricht. Das Programm streckt sich über einen Zeitraum von zehn Jahren. Biden kündigte wenige Monate später an, dass die USA den »schnellsten, sichersten und grünstigen Schienenverkehr der Welt« bekommen sollen. Es ist kaum zu glauben, in dem Autoland schlechthin, in den USA, hat man die Zeichen der Zeit erkannt.

Und der amtierende Präsident macht schon ernst und schmiedet Pläne. Von 2028 an, dem Jahr der Olympischen Spiele im kalifornischen Los Angeles, soll eine Hochgeschwindigkeitsbahnstrecke die Millionenstadt und die Glücksspielmetropole Las Vegas im Bundesstaat Nevada verbinden. Es wäre die erste Strecke für Hochgeschwindigkeitszüge in der Geschichte des Landes. Die Züge sollen die mehr als 400 Kilometer zwischen Los Angeles und Las Vegas in gut zwei Stunden zurücklegen – ungefähr doppelt so schnell wie ein Auto. Die US-Regierung will das Projekt des privaten Betreibers Brightline mit bis zu drei Milliarden Dollar unterstützen, das sind ungefähr 2,8 Milliarden Euro.[201] Auch zwischen Los Angeles und San Francisco ist eine Schnellzugstrecke geplant. Insgesamt will Joe Biden, der als Bahnfan gilt, zehn wichtige Bahnprojekte im Land mit 8,2 Milliarden Dollar fördern. Die Gelder für den Bahnausbau kommen aus dem bereits 2021 beschlossenen Infrastrukturfonds. Und beim Ausbau der E-Mobilität wie auch bei der Senkung der Abgaswerte von Verbrennern macht Biden ebenfalls kräftig Druck, um seine Pläne noch vor Ende seiner Amtszeit umzusetzen für den Fall, dass Ex-Präsident Donald Trump nach den Wahlen 2024 ins Weiße Haus zurückkehren sollte.[202] Der Inflation Reduction Act beinhaltet auch Steuererleichterungen, deren Höhe nicht gedeckelt ist. Schätzungen zufolge kann sein Volumen daher bis zu 1200 Milliarden Dollar erreichen.[203] Vielleicht ist Ihnen aufgefallen, dass das milliardenschwere Programm zum Umbau der US-Wirtschaft das

Wort Klima nicht enthält. Die Diskussion um den Klimawandel spaltet die Nation wie nur wenige andere Themen, weswegen der Präsident das K-Wort tunlichst vermieden hat.

Die Lage in Deutschland

Deutschland muss aufpassen, dass es bei der Transformation hin zu einer nachhaltigen Wirtschaft nicht abgehängt wird. Mit dem Umbau geht es bei uns nur schleppend voran. Klimaschutz sei teuer, den könne man sich im Moment nicht leisten. Es gebe gerade Wichtigeres. Hatten wir nicht diese Sätze von deutschen Politikerinnen und Politikern gehört, nachdem das Bundesverfassungsgericht im November 2023 den von der Regierung vorgelegten Bundeshaushalt in Teilen für verfassungswidrig befunden hatte und sich eine Finanzierungslücke in zweistelliger Milliardenhöhe aufgetan hatte? Auch die Wirtschaft schlug in diese Kerbe. So sagte Arbeitgeberpräsident Rainer Dulger in einem Interview: »Ich hoffe, dass politische Zielsetzungen infrage gestellt und grüne Projekte der Ampel jetzt zurückgestellt werden. Sie passen nicht mehr in die Zeit und schwächen den Wirtschaftsstandort.«[204]

Umgekehrt wird ein Schuh draus. Die Ausrede der mangelnden Finanzierbarkeit und der Gefährdung des Wirtschaftsstandortes ist zum Standardrepertoire einiger Teile der Politik und der Wirtschaft geworden, damit sie sich nicht den Herausforderungen des Klimaschutzes stellen müssen. Was für eine kurzsichtige Sichtweise! Klimaschutz ist viel mehr, als manche denken mögen. Investitionen in eine neue Energieinfrastruktur auf der Basis der erneuerbaren Energien oder in den Ausbau der Netze, wobei ich nicht nur die Energienetze meine, sind wichtige Zukunftsinvestitionen. Die Welt verändert sich gerade rasend schnell. Das können wir am Beispiel Chinas und der USA beobachten, die beim Ausbau der erneuerbaren Energien eine ungeheuer große Geschwindigkeit an den Tag legen. Entweder wir sind bei den neuen Entwicklungen dabei, oder wir fallen zurück, wie es bei anderen Zukunftstechnologien wie der Digitalisierung und der Künstlichen Intelligenz leider schon der Fall ist und vielleicht auch bei der E-Mobilität passieren könnte. Klimaschutz hat viele Dimensionen. Ich verwende in den letzten Jahren mehr und mehr das Wort Zukunftsfähigkeit, um deutlich zu machen, dass der Umbau der Wirtschaft hin zu einer nachhaltigen Ökonomie weit über den Schutz des Klimas hinausgeht.

Interessant war es auch, im Nachgang zum Urteil des Bundesverfassungsgerichts zum Bundeshaushalt zu beobachten, wie in Talkshows Klimaschutzprojekte des Öfteren von Teilen der Union und auch der FDP als eine Art Spielwiese der Partei Bündnis 90/ Die Grünen herabgewürdigt wurden. Die Bündnisgrünen müssten jetzt in Zeiten von Krisen und knapper Kassen auf ihre Klimaprojekte verzichten. Wie bitte? Was sollen denn solche Einlassungen bedeuten? Gibt es das Klimaproblem nur wegen der Grünen? Wäre das Problem also gelöst, wenn es keinen Klimaschutz gäbe? Oder ist ein gesundes Klima so etwas wie ein »Nice to have«, ein Luxus, auf den man gut verzichten kann? Ich habe die Ablehnung von Klimaprojekten als ziemlich entlarvend empfunden, hat sie doch verdeutlicht, wie wenig Wert in bestimmten Politik- und Wirtschaftskreisen auf ein intaktes Klima und die längerfristige Zukunft gelegt wird.

An die nachfolgenden Generationen scheint in diesen Kreisen kaum jemand zu denken, obwohl das Bundesverfassungsgericht 2021 in seinem Urteil zum deutschen Klimagesetz mehr Anstrengungen zur Senkung der Treibhausgasemissionen eingefordert hatte.[205] Was in der Zukunft aus dem Planeten werden soll, scheint vielen Verantwortlichen in Politik und Wirtschaft offensichtlich nicht so wichtig zu sein. Hauptsache der kurzfristige Vorteil stimmt. Das mag aus wahltaktischen oder betriebswirtschaftlichen Gründen nachvollziehbar sein, was es nicht besser macht. Wird damit von den Bremsern beim Klimaschutz aus Politik und Wirtschaft, wenn ich das damalige Urteil des Bundesverfassungsgerichts richtig verstehe, nicht ein kollektiver Verfassungsbruch begangen? Das Gericht hatte in seiner Begründung dargelegt, dass Verzögerungen bei der Senkung der Treibhausgasemissionen die Freiheitsrechte der jungen Menschen in der Zukunft verletzen würden.

Warum sollte Deutschland mehr Klimaschutz betreiben? Es gibt einige gute Gründe. Erstens, weil es um globale Gerechtigkeit geht und damit auch um Glaubwürdigkeit auf der internationalen Bühne. Deutschland besitzt eine historische Verantwortung, die sich aus der langen Verweildauer der Treibhausgase in der Atmosphäre ergibt. Immerhin stehen wir als vergleichsweise kleines Land bei den kumulierten historischen CO_2-Emissionen auf Platz 6 der Weltrangliste und sind damit einer der Hauptverursacher der globalen Erwärmung, auch wenn die USA als Spitzenreiter fünfmal mehr ausgestoßen haben. Zweitens, weil unser Pro-Kopf-Ausstoß um ein Vielfaches höher ist als der in vielen anderen Ländern und beispielsweise mindestens viermal so hoch ist wie der in Indien. Drittens, Deutschland ist ein technologisch hochstehendes Land mit hervorragenden Köpfen und top ausgebildeten Ingenieuren. Das Land kann der Welt durch die Entwicklung sauberer und effizienter Technologien einen großen Dienst erweisen, was es mit der frühzeitigen Hinwendung zu den erneuerbaren Energien auch schon getan hat. Ohne Deutschland stünde die Welt heute deutlich schlechter da, weil die erneuerbaren Energien noch viel zu teuer wären. Und schließlich viertens, weil wir uns wirtschaftliche Vorteile verschaffen und den Menschen in Deutschland den Wohlstand sichern können. Andere Länder wie China und die USA schlafen nicht, sie gehen voran und bringen Milliardensummen für den ökologischen Umbau ihrer Wirtschaften auf.

Die Welt scheint verstanden zu haben, dass sich die Funktionsweise der Wirtschaft ändern muss, wenn der Planet lebensfreundlich bleiben soll. Das Prinzip Wohlstand auf Kosten der Umwelt wird mehr und mehr in Zweifel gezogen. Ob diese Einsicht noch rechtzeitig kommt, steht in den Sternen. Deutschland darf, um international wettbewerbsfähig zu bleiben, bei der ökologischen Transformation seiner Wirtschaft nicht zurückfallen. Das sture Festhalten an den alten Technologien und der Verzicht auf Zukunftsinvestitionen werden auf lange Sicht unsere Wettbewerbsfähigkeit schwächen. Viele Unternehmen sind sich dessen bewusst und haben sich schon auf den Weg gemacht, ihre Produktion in Richtung Nachhaltigkeit umzustellen, oder sie erwägen in andere Länder abzuwandern, in denen die Bedingungen für Investitionen in grüne Technologie günstiger sind. Die deutsche Politik muss den ökologischen Umbau der Wirtschaft unterstützen, sollte mutig sein, nicht am falschen Ende sparen und Investitionen in die Zukunft nicht auf sogenannte bessere Zeiten verschieben, die bei einem strikten fiskalischen Sparkurs sicherlich nicht kommen werden. Jetzt werden die Weichen für die Zukunft gestellt, im Hinblick auf Klima, Wirtschaft und Wohlstand.

Deutschland läuft Gefahr, seine Klimaschutzziele zu reißen. Wenn es ernst wird, dann kneifen die Politikerinnen und Politiker hierzulande. Sie fürchten die Rache der Wählerinnen und Wähler. Und die wollen vielfach überhaupt keine Veränderungen, egal ob es um Windräder und Stromleitungen geht oder um neue Trassen für die Bahn. Ich möchte an dieser Stelle den ehemaligen Bundespräsidenten Walter Scheel (FDP) zitieren, der vor über einem halben Jahrhundert bei seiner Ernennung zum Vizekanzler sagte: »Es kann nicht die Aufgabe eines Politikers sein, die öffentliche Meinung abzuklopfen und dann das Populäre zu tun. Aufgabe des Politikers ist es, das Richtige zu tun und dann populär zu machen.«[206]

Ich blicke mit großer Sorge auf die gegenwärtigen Entwicklungen in Deutschland. Ist Deutschland überhaupt noch regierbar? Proteste, wohin man blickt. Wutbürgerinnen und Wutbürger sind auf dem Vormarsch. Die Proteste verursachen enorme Verzögerungen beim Ausbau der Infrastruktur und treiben die Kosten in die Höhe. Ohne Veränderungen werden wir unseren Wohlstand verlieren, das muss allen Menschen in diesem Land klar sein. Hinzu kommt noch das für mich inzwischen unerträgliche Parteiengezänk, was sich nicht nur auf Klimaschutzprojekte bezieht. Wieso zum Beispiel musste die Union das Wachstumschancengesetz mit dem Agrardiesel verknüpfen?[207] Hier hatten offensichtlich Parteiinteressen Vorrang gegenüber den Interessen des Landes. Ich hoffe nicht, dass die Union den Weg der Republikanischen Partei in den USA einschlagen wird und aus rein opportunistischen Erwägungen heraus wichtige Vorhaben so lange verhindert, bis sie selbst die Regierung stellen kann. So blockiert die Union auch Pläne zum Schutz des Bundesverfassungsgerichts, und das zu einer Zeit, in der die Demokratie in Deutschland durch die Rechtsextremisten der AfD extrem gefährdet ist.[208]

Vorhaben wie der Umbau der Wirtschaft erfordern eine langfristige Strategie, und die entsprechenden Maßnahmen sollten unbedingt im Konsens beschlossen und umgesetzt werden. Was die Ampelregierung und die Union 2023 aufgeführt hatten, kann man nur noch als Trauerspiel bezeichnen. Die total verrückte Debatte über das Gebäudeenergiegesetz (GEG), auch Heizungsgesetz genannt, war dafür in vielerlei Hinsicht beispielhaft. Die Diskussion war derart emotional aufgeladen und mit einer Aggressivität geführt worden, mit so vielen Halb- und Unwahrheiten wie kaum eine andere Debatte zuvor. Sachargumente traten beim Streit um das Heizungsgesetz in den Hintergrund, und Begriffe wie »Heizhammer« oder »Energie-Stasi« bestimmten die mediale Debatte und die Auseinandersetzung zwischen denjenigen politischen Parteien, die für sich in Anspruch nehmen, die seriösen Parteien im Bundestag zu sein. Von einer faktenbasierten Auseinandersetzung war nun in der Diskussion um das Heizungsgesetz wahrlich nichts zu spüren gewesen, was die Unzufriedenheit in der Bevölkerung befeuerte und am Ende nur den Rechtsextremisten der AfD zugutekam. Was sich Politikerinnen und Politiker, egal ob von der Ampelregierung oder der Union, gegenseitig an Beleidigungen an den

Kopf geworfen hatten, verfehlte seine Wirkung nicht, obwohl die schlimmen Folgen für die Demokratie sicherlich unbeabsichtigt, aber vorhersehbar waren. Die AfD lachte sich ins Fäustchen, und sie tut es wohl immer noch, eine Partei, die den menschengemachten Klimawandel leugnet und von Demokratie oder Freiheit nicht viel zu halten scheint.

Bei der Bundestagswahl 2021 hatte die AfD knapp über zehn Prozent für sich verbuchen können. Die Erfolge setzten sich auch in den darauffolgenden Landtagswahlen fort. Und die AfD liegt weiter im Aufwärtstrend, obwohl sie vom Verfassungsschutz als Verdachtsfall geführt wird, weil es »ausreichende tatsächliche Anhaltspunkte für verfassungsfeindliche Bestrebungen innerhalb der Partei« gebe.[209] 2024 stehen drei Landtagswahlen in Ostdeutschland an. In allen drei Ländern liegt die AfD laut Umfragen vorn. Auch wenn man unzufrieden mit der aktuellen Politik sein mag, kann das ein Grund sein, Verfassungsfeinde, Rassisten und Klimaleugner zu wählen? Ich frage Sie, wollen wir antidemokratischen Kräften unser Land überlassen, Leuten, die für Fakten nicht mehr zugänglich sind oder die sie wissentlich ignorieren? Einer Partei, die eine Nähe zu Wladimir Putin hat und unser Land ins Chaos stürzen würde, wenn sie an die Macht käme? Wir sollten große Herausforderungen wie die Klimakrise oder die momentane wirtschaftliche Schwäche annehmen und couragiert anpacken, anstatt unser Land zwielichtigen Personen anzuvertrauen. Und ich erwarte von allen politischen Parteien, von der Wirtschaft wie auch von jedem Bürger und jeder Bürgerin, bei der Lösung der Probleme konstruktiv mitzuwirken und nicht immer nur den eigenen Vorteil zu suchen.

Während im Hinblick auf die Dekarbonisierung im Wärmebereich bei uns in Deutschland zwar noch sehr viel getan werden muss, aber immerhin Bewegung zu erkennen ist, steht der Verkehrssektor mehr als alle anderen Bereiche für den politischen Unwillen in Deutschland, grundlegende Veränderungen anzugehen. Im Verkehrsbereich sind die CO_2-Emissionen immer noch ungefähr auf dem Stand von 1990. Damit hat es in diesem Sektor über 30 Jahre lang keine wesentlichen Fortschritte gegeben. Die Emissionen sind praktisch nicht gesunken, was bei der technologischen Entwicklung etwa bei der Effizienzsteigerung im Verbrauch von PKW-Motoren kaum zu glauben ist und getrost als Armutszeugnis für die deutsche Verkehrspolitik bezeichnet werden darf. Selbst ein Tempolimit, das eine Mehrheit der Bevölkerung befürwortet,[210] ist bis zum heutigen Tag nicht durchsetzbar gewesen, weil es den politischen Konsens für diese überaus sinnvolle und längst überfällige Maßnahme bei uns nicht gibt.

Sicherlich spielen bei den mangelnden Emissionssenkungen im Verkehrssektor auch die wirtschaftlichen Interessen der deutschen Automobilindustrie eine gewichtige Rolle, die offenbar einen großen Druck auf die Politik auszuüben imstande ist und bis zuletzt an ihrem nicht zukunftsfähigen Geschäftsmodell auf der Basis großer Verbrennerfahrzeuge festhalten will. Hinzu kommt, dass die Förderung von elektrisch betriebenen Fahrzeugen – der sogenannte Umweltbonus – Ende 2023 ausgelaufen ist. Wegen des Urteils des Bundesverfassungsgerichts zum Haushalt fehlten im Klima- und Transformationsfonds (KTF) 60 Milliarden Euro. Die Bundesregierung musste daher im Bundeshaushalt 2024 kurzfristig Einsparungen vornehmen. Der Stopp der Förderung wird den ohnehin schleppenden Ausbau der E-Mobilität noch weiter bremsen. Außerdem sind unsere Stromer viel zu teuer, und die Ladeinfrastruktur ist nur schlecht ausgebaut. Sowohl Wirtschaft als auch Politik machen bei der E-Mobilität keine gute Figur. Das könnte sich sehr bald rächen. Die Konkurrenz aus Asien hat in den letzten Jahren nicht nur mächtig aufgeholt, sondern versucht den deutschen Automobilmarkt mit relativ preiswerten E-Autos zu erobern. Wer die Zukunft verschläft, der läuft Gefahr, ganz vom Markt zu verschwinden. Ich hoffe, dass die deutsche Automobilindustrie dieses Schicksal nicht erleiden wird. Es wäre ein Desaster für Deutschland.

Im Zeitalter der Polarisierungen

Wir leben in einer Zeit, in der die westlichen Demokratien enormen Fliehkräften ausgesetzt sind. Ihre Gesellschaften drohen sich zu spalten und auch zu verrohen, was wir zum Beispiel in den USA, aber auch schon mit Abstrichen in Deutschland beobachten können. Das sind denkbar schlechte Voraussetzungen für das Lösen von Problemen jeglicher Art. Diese verhängnisvolle Entwicklung wurde bei uns in Deutschland während der Coronapandemie deutlich, als Diskussionen darüber entbrannten, ob die Politik Freiheitsrechte zum Schutz der Bevölkerung einschränken darf, ob man sich impfen lassen sollte oder nicht, und als später über eine Impfpflicht diskutiert wurde. Es entstand eine merkwürdige und zugleich gefährliche Bewegung in Form der Querdenker, die aus ganz unterschiedlichen Gruppen zusammengesetzt war, für deren Anhänger Pöbeleien und Hass etwas Alltägliches und undemokratisches Verhalten das Normalste von der Welt zu sein schienen. Medien wurden von den Querdenkern als Lügenpresse beschimpft und einige Medienvertreter sogar körperlich angegangen. Einige meiner Kolleginnen und Kollegen aus der virologischen Forschung wurden während der Coronapandemie für Teile der Bevölkerung zu Hassfiguren, nur weil sie über den Stand der Wissenschaft Auskunft gaben. Das Wutbürgertum nimmt bei uns in Deutschland immer noch zu. So demonstrieren inzwischen auch Landwirtinnen und Landwirte in einer völlig unakzeptablen, ja kriminellen Art und Weise gegen Subventionskürzungen, wobei sogar schon unbeteiligte Menschen zu Schaden gekommen sind.[211] Wo sind wir inzwischen in diesem Land gelandet? Werden wir noch tiefer fallen? Ich fürchte ja, wenn man es an Äußerungen von Politikerinnen und Politikern der AfD oder der WerteUnion misst.

Als jemand, der in der Öffentlichkeit steht, erlebe ich hautnah, wie sehr sich die Gesellschaft gerade auch beim Thema Klimaschutz polarisiert. Die große Zahl von beleidigenden E-Mails oder Hass-E-

Mails mit zum Teil rassistischem Inhalt, die mich erreichen, zeugt davon. Ich habe das Gefühl, dass die Diskussion über bestimmte Themen und insbesondere über das Thema Klima schon religiöse Züge angenommen hat, insofern, als es nicht mehr um Fakten, sondern nur noch um Glauben geht. Der menschengemachte Klimawandel sei erfunden, es gebe ihn gar nicht oder er sei so schwach, dass er irrelevant ist, so ist aus bestimmten Kreisen zu hören. Ein Problem besteht sicherlich darin, dass sich immer mehr Menschen in Echokammern sozialer Netzwerke befinden, nur noch einseitige Informationen konsumieren und Desinformation auf den Leim gehen. Sie haben sich von der Wirklichkeit abgekoppelt, trauen weder der Politik noch den traditionellen Medien oder der Wissenschaft. Das kann am Ende sogar dazu führen, dass sich einige dieser Menschen radikalisieren. Wer deren Ansichten nicht teilt, ist minderwertig und darf aufs Übelste beschimpft oder sogar mit Gewalt überzogen werden.

Besonders offensichtlich ist diese Entwicklung in den USA, wo ein Mann wie der ehemalige Präsident Donald Trump, zugleich oberster Klimaleugner, scheinbar alles machen kann, ohne dass seine Anhängerschaft auch nur einen Millimeter von ihm abrücken würde. Ganz im Gegenteil, er schafft es sogar, alle Verfehlungen zu seinen Gunsten zu nutzen. So steigern die laufenden Gerichtsverfahren gegen ihn – wie das Verfahren im Bundesstaat Georgia gegen Trump wegen versuchten Wahlbetrugs – sogar seine ohnehin schon grenzenlose Beliebtheit bei der republikanischen Fangemeinde. Trump ist für seine Anhänger der Heilsbringer.

Viele seiner Wähler sind weiß, leben auf dem Land, sind arm und haben eine geringe Lebenserwartung, weil medizinische Versorgung für sie unerschwinglich ist. In der Tat ist in den USA die durchschnittliche Lebenserwartung deutlich geringer als in anderen Industrieländern, wobei es erhebliche regionale Unterschiede von bis zu 20 Jahren gibt, die hauptsächlich die enorme Diskrepanz in den Einkommen dokumentieren. In den USA wird im Schnitt früher gestorben als zum Beispiel in Kuba, der Tschechischen Republik oder im Libanon.[212] Einen Klimaschutz, der etwas kostet, sei es auch noch so wenig, können sich viele Amerikanerinnen und Amerikaner nicht leisten, für sie geht es in erster Linie darum, ihren täglichen Lebensbedarf zu decken. Sie haben also andere Interessen, als sich um die Umwelt zu kümmern, weswegen sie aus Angst vor einem noch weiteren Abstieg entweder den menschengemachten Klimawandel leugnen oder vehement gegen jegliche Klimaschutzmaßnahmen sind.

Donald Trump verspricht diesen Menschen das Paradies auf Erden und diffamiert Andersdenkende, was eines seiner Erfolgskonzepte ist. Die Rechtsextremisten der AfD versuchen, es ihm gleichzutun, und kopieren seine Strategie. Sie bedienen sich wie Trump einer Sprache, die das Land in Brand zu setzen geeignet ist. Ich betrachte mit allergrößter Sorge die Tendenz zurSpaltung und Radikalisierung in unserer Gesellschaft, die schon so weit fortgeschritten ist, dass Kommunalpolitikerinnen und Kommunalpolitiker angegriffen oder die Grünen daran gehindert werden, Parteiveranstaltungen durchzuführen.

Was sind die Ursachen für die gefährlichen Tendenzen, die in den westlichen Ländern um sich greifen und Freiheit und Demokratie gefährden? Das Problem ist vielschichtig, und ich will mir in keiner Weise anmaßen, eine umfassende Problemanalyse geben zu wollen. Fehlende soziale Gerechtigkeit ist einer der Gründe. Sie ist eine der Grundvoraussetzungen für die Stabilität einer freiheitlichen Gesellschaft. Arm und Reich driften jedoch immer weiter auseinander, auch bei uns in Deutschland. Viele Menschen wissen nicht mehr, wie sie über die Runden kommen sollen, und sehnen sich nach den guten alten Zeiten zurück. Die Populisten von Rechtsaußen versprechen ihnen, dass diese Zeiten wiederkehren würden, wenn sie an die Macht kämen. Die Welt hat sich aber grundlegend geändert, und wir stehen vor völlig neuen Herausforderungen, die sich zum Beispiel aus der Globalisierung oder der gewandelten geopolitischen Lage ergeben. Wir müssen die neuen Verhältnisse annehmen, ob es uns nun passt oder nicht. Der Klimawandel ist eine dieser großen Herausforderungen unserer Zeit. Alle Länder tragen Verantwortung für die sich verändernden klimatischen Verhältnisse, wenngleich die Verantwortung sehr unterschiedlich verteilt ist und hauptsächlich immer noch bei den Industrienationen liegt. Die Aufgabe der Begrenzung der globalen Erwärmung wird nicht kleiner, wenn man die globale Erwärmung leugnet oder den Menschen als deren Verursacher in Zweifel zieht, so wie es die AfD tut. Das macht die Sache nur noch schlimmer, weil wir wertvolle Zeit verlieren, die wir eigentlich gar nicht mehr haben.

Auf der anderen Seite akkumuliert sich ein unfassbar großer Reichtum bei einigen wenigen Personen und Konzernen, die in ihrer Mehrheit für den Umweltschutz kaum etwas übrighaben, keinerlei Veränderungen wünschen und Umweltschutzmaßnahmen hartnäckig mit all der ihnen zur Verfügung stehenden gewaltigen Machtfülle bekämpfen. Die Öl- und Gaskonzerne, die seit Jahrzehnten formidable Gewinne einfahren, stehen stellvertretend für diese Gruppe. Sie zocken nicht nur die Menschen ab, sondern versuchen sich auch noch durch Greenwashing einen grünen Anstrich zu geben. Die Superreichen und multinationalen Konzerne leisten keinen fairen Beitrag zur Finanzierung des Gemeinwesens, weshalb immer mehr Ländern gewissermaßen die Luft zu Atmen ausgeht, sie müssen sich verschulden. Staatsverschuldung ist aber nicht kostenlos, verursacht hohe Lasten, die die Spielräume für andere Ausgaben einschränken. Die meisten Menschen haben das Nachsehen, für sie bleibt nicht viel übrig, was wir an den Problemen im Gesundheitswesen und in der Altenpflege oder an der Unterfinanzierung der Universitäten und der Schulen beobachten können. Das führt zu einer großen Unzufriedenheit in der Bevölkerung, was die Polarisierung der Gesellschaften fördert, weil sich viele Menschen den Populisten und Extremisten zuwenden.

Leute wie Donald Trump oder Parteien wie die AfD gaukeln den Menschen vor, sie würden die Ungerechtigkeiten beseitigen.

Das Gegenteil wäre der Fall. Hauptsächlich würden sie die Reichen noch reicher machen, weil sie an den überholten wirtschaftlichen Strukturen festhalten und die Steuern auf ein lächerliches Maß absenken wollen. Außerdem würde das Klima endgültig unter die Räder kommen. Trump beispielsweise versprach im Wahlkampf 2024 die Öl- und Gasförderung im Falle eines Sieges zu intensivieren. »Wir werden bohren, Baby, bohren«, kündigte er mit Blick auf die fossilen Ressourcen seines Landes an.[213] Das würde die Ungerechtigkeit zementieren und wahrscheinlich noch vergrößern. Warum? Der Klimawandel trifft vor allem erst einmal die Schwachen und die Armen. Wenn man ihn leugnet und nichts gegen die globale Erwärmung unternimmt, trifft man auch große Teile der eigenen Wählerschaft.

Die Irreführung der Öffentlichkeit durch die angebliche Widerlegung von wissenschaftlichen Fakten ist eine Art Paradedisziplin der Populisten und spaltet Gesellschaften. Das Leugnen von Fakten hat eine lange Historie. Eines der prominentesten Beispiele war die Kampagne der Tabakindustrie in den 1960er Jahren gegen den wissenschaftlichen Konsens, dass Rauchen wie auch Passivrauchen die Gesundheit gefährden, mit dem Ziel, strengere Gesetze zu verhindern. Dieselbe Strategie mussten wir in den letzten Jahrzehnten bei der Debatte um den Klimawandel erleben, und sie war zum Teil sehr erfolgreich in dem Sinne, dass tiefgreifende Klimaschutzmaßnahmen verhindert oder zumindest verzögert wurden. Auch die Tatsache, dass 2023 die 28. Weltklimakonferenz in den Vereinigten Arabischen Emiraten stattgefunden hatte, einem der größten Ölexporteure, steht für die Macht der fossilen Industrie. Die 29. Weltklimakonferenz wird 2024 in Aserbaidschan stattfinden, einem Land, in dem der Öl- und Gassektor der Kern der dortigen Industrie ist. Unabhängig davon finde ich es bedenklich, dass Weltklimakonferenzen in Staaten stattfinden, in denen die Menschenrechte nichts zählen, was sowohl in den Vereinigten Arabischen Emiraten als auch in Aserbaidschan der Fall ist. Auch in Ägypten werden die Menschenrechte wenig geachtet. Das Land hatte 2022 die 27. Weltklimakonferenz ausgerichtet.

Es ist schwierig, bei bestimmten Gruppen den Verschwörungserzählungen noch etwas entgegenzusetzen geschweige denn sie davon zu überzeugen, dass sie sich auf einem Irrweg befinden. Zahlreiche Studien zeigen, dass in der Fachliteratur ein überwältigender Konsens über den Menschen als Verursacher der globalen Erwärmung besteht. Die wenigen in der Fachliteratur veröffentlichten Studien, die abweichende Ergebnisse präsentieren, sind nachweislich mit gravierenden Fehlern behaftet. So wurden Arbeiten widerlegt, die gezeigt haben wollten, dass die Satellitenmessungen während der letzten Jahrzehnte so gut wie keine Erwärmung an der Erdoberfläche liefern oder dass die sogenannte Klimasensitivität relativ gering sei, d. h. die Empfindlichkeit der Temperatur an der Erdoberfläche gegenüber CO_2, sodass man sich keine Sorgen machen müsse, wenn die Konzentration des Gases in der Atmosphäre ansteigt. Es wurden in diesen Studien eine Reihe von Fehlern identifiziert. Es wurden ungeeignete statistische Methoden verwendet oder Schlussfolgerungen gezogen, die auf falsch verstandener Physik basieren. Außerdem konnten einige Ergebnisse konträrer Arbeiten nicht reproduziert werden. Die Reproduzierbarkeit von Resultaten ist aber eine fundamentale Voraussetzung für seriöse Wissenschaft.

Angesichts ihres mangelnden Einflusses in der Wissenschaft wenden sich solche Wissenschaftlerinnen und Wissenschaftler direkt an die Öffentlichkeit. Die Meinungen dieser Scharlatane werden darüber hinaus von Organisationen wie konservativen Denkfabriken, Unternehmen der fossilen Industrie und von einschlägigen Medien massenhaft verbreitet, was die Sichtbarkeit der angeblichen wissenschaftlichen Gegenpositionen deutlich erhöht. Dies alles verfehlt seine Wirkung nicht und führt zu einer enormen Verunsicherung in der Bevölkerung, was der Spaltung von Gesellschaften Vorschub leistet. Beim Klimaschutz kommt die Welt so gut wie nicht voran, auch deswegen nicht, weil viele Menschen ob der auf sie niederprasselnden und zum Teil widersprüchlichen Informationen in Bezug auf die Ursachen der globalen Erwärmung verwirrt sind, teilweise zu Klimaskeptikern werden oder sich entnervt von der Diskussion abwenden und sich zurückziehen.

Ein weiterer Grund für die Polarisierung in Gesellschaften ist gezielte Falschinformation, die heutzutage durch das Internet und die sozialen Medien leicht an den Mann und die Frau zu bringen ist. Viele unzufriedene Menschen verschanzen sich in sozialen Netzwerken und bedienen sich dubioser Quellen, um sich zu informieren. Dort werden ihnen Gründe für ihre Misere präsentiert, mal sind die Ausländer schuld und mal die Grünen oder irgendeine andere Gruppe. Derlei Informationen kommen oftmals auch aus dem Ausland. Sie sollen wie ein Spaltpilz wirken. Länder wie etwa Russland haben ein großes Interesse daran, die westlichen Gesellschaften zu destabilisieren, und versorgen sie mithilfe der modernen Kommunikationstechnologie mit gezielter Desinformation, um Stimmung gegen die Demokratie und die Institutionen zu machen. Aussagen von AfD-Politikerinnen und Politikern zum Ukrainekrieg und zu russischen Regimegegnern lassen eine gewisse Nähe zu den Urhebern der Fehlinformationen aus Russland vermuten. Auch Donald Trump sagt man eine gewisse Nähe zu Russland nach.

Viele Menschen wissen gar nicht mehr, wie sie mit dem Klimaproblem umgehen sollen. Einerseits gibt eine Mehrheit der Befragten in Umfragen an, dass sie sich vor den Auswirkungen der globalen Erwärmung wie den zunehmenden Wetterextremen fürchten. Andererseits gibt ebenfalls eine Mehrheit der Menschen in anderen Umfragen an, dass ihnen der Klimaschutz in Deutschland zu schnell gehe. Wie erklärt sich diese Widersprüchlichkeit? Die Welt befindet sich in einem Zustand großer Unsicherheit. Die Menschen sind krisengeschüttelt: Finanzkrise, Coronakrise, Klimakrise, der Ukrainekrieg und seine Folgen wie die Energiekrise oder die Inflation und zuletzt der Nahostkrieg, um nur einige Beispiele zu nennen. Und die Menschen haben es satt, in ihrer Freiheit eingeschränkt zu werden oder Wohlstandsverluste hinnehmen zu müssen. Die Menschen möchten, dass eine gewisse Stabilität in ihr Leben zurückkehrt. Ich kann das gut verstehen.

Aber die Welt ist spätestens nach dem Angriff Russlands auf die Ukraine am 24. Februar 2022 nicht mehr die, die sie vorher war. Bundeskanzler Olaf Scholz hatte kurz nach dem Angriff im Deutschen Bundestag von einer Zeitenwende gesprochen. Die Sicherheitslage hat sich auch für Deutschland praktisch von heute auf morgen grundlegend verändert und neue mögliche Machtkonstellationen offenbart. Meine Sicht auf die Dinge ist da ziemlich einfach: Russland und auch China versuchen derzeit, dem demokratischen Westen zu schaden, wo immer es möglich ist. Das eint sie. Und damit sind die beiden Länder ein Stück weit erfolgreich, ohne sich zu sehr selbst zu schaden. Russland und auch China versuchen uns wirtschaftlich in die Knie zu zwingen in der Hoffnung, dass die Bevölkerung umschwenkt und der Demokratie den Rücken kehrt. Außerdem ziehen sie immer mehr Länder auf ihre Seite – zum Beispiel einige afrikanische Staaten, die vom Westen maßlos enttäuscht sind, der ihre Rohstoffe gerne zu billigen Preisen genommen hat, ohne dass die Masse der Menschen dort davon profitiert hätte. Nur eine kleine Schar von Halunken konnte die Vorteile für sich verbuchen. Geht der demokratische Westen mit seinen Werten unter, wären die Voraussetzungen für Umweltschutz auch nicht mehr vorhanden. Das lehrt uns einfach die Geschichte. Diktatorische Regime scheren sich nicht um die Umwelt.

Viele Menschen bei uns in Deutschland verspüren wegen der Krisen in den vergangenen Jahren, die teils immer noch anhalten, Unbehagen und auch Angst, weil sie nicht abschätzen können, wie sich ihre Lage in der Zukunft entwickeln wird. Das scheint die Stunde der Populisten und Rechtsextremisten zu sein. Aber Vorsicht ist geboten, wenn allzu simple Lösungen für die Probleme angeboten werden. Zwar kommt in Deutschland die AfD im Gewand des Anwalts der Bürgerinnen und Bürger daher, und doch hat sie nichts weniger im Sinn, als unsere Demokratie abzuschaffen, eine Diktatur zu errichten ohne Freiheit oder kulturelle Vielfalt. Und natürlich auch ohne Klimaschutz. Der sei ja unnötig, weil es gar kein Klimaproblem gibt, und darüber hinaus kostet er nur Geld. Rechtsextremisten ist nicht zu trauen, das wissen wir Deutsche aus eigener leidvoller Erfahrung.

Hierzu ein Beispiel aus der jüngeren Vergangenheit aus Österreich. Zwei prominente Vertreter der Freiheitlichen Partei Österreichs (FPÖ), eine Partei, die eine klare Nähe zum Rechtsextremismus erkennen lässt, waren in einen Politskandal verstrickt, der seinesgleichen sucht. Er könnte als Blaupause für den Fall dienen, dass die AfD auf Bundesebene zu einer führenden politischen Kraft und Teil der Bundesregierung werden würde. Die sogenannte Ibiza-Affäre führte im Mai 2019 zum Bruch der Regierungskoalition aus der Österreichischen Volkspartei (ÖVP) und der FPÖ. Ausgelöst wurde die Affäre durch die Veröffentlichung eines Videos, in dem Heinz-Christian Strache, bis dahin Vizekanzler und Bundesparteiobmann der FPÖ, und Johann Gudenus, bis dahin Nationalratsabgeordneter und geschäftsführender FPÖ-Klubobmann, zu sehen sind. In den im Juli 2017, wenige Monate vor der Nationalratswahl heimlich gedrehten Aufnahmen ist ein Treffen der beiden Politiker mit einer angeblichen Nichte eines russischen Oligarchen in einer Villa auf der spanischen Insel Ibiza zu sehen. Darin offenbaren die beiden Herren, ohne auch nur einen Hauch von Skrupeln erkennen zu lassen, ihre Bereitschaft zur Korruption, Verletzung der Gesetze zur Parteienfinanzierung sowie zur verdeckten Übernahme der Kontrolle über die *Kronenzeitung*, die auflagenstärkste österreichische Tageszeitung. Die AfD hat übrigens »große inhaltliche Schnittmengen in der politischen Ausrichtung« mit den Freiheitlichen in Österreich bekundet.[214]

Wie auch in einigen anderen Ländern polarisiert die Diskussion um den Klimawandel und die Notwendigkeit oder Angemessenheit von Klimaschutzmaßnahmen zusehends unsere Gesellschaft. Meine Befürchtung ist es, dass die Polarisierung am Ende den Extremisten der AfD zugutekommt. Sie bieten die einfachste Lösung für das Klimaproblem an, nämlich, dass es gar keine oder eine nur unwesentliche menschliche Klimabeeinflussung gibt, was man in deren Parteiprogramm nachlesen kann. Und in dem Fall entfiele auch die Notwendigkeit für Klimaschutzmaßnahmen. Die Energieversorgung solle weiterhin auf den fossilen Brennstoffen, gerne auch aus Russland, und der Atomkraft fußen. Einfache Lösungen, selbst wenn sie wie im Falle der AfD auf dem Ignorieren von Fakten basieren, scheinen bei vielen Menschen anzukommen, was einer der Gründe dafür ist, dass die AfD inzwischen Rekordumfragewerte erreicht und bundesweit bei etwa 20 Prozent liegt. Ich kann es zwar sehr gut verstehen, wenn Menschen fürchten, Wohlstandsverluste hinnehmen zu müssen. Ich kann aber beim besten Willen nicht verstehen, warum sie sich dann Verfassungsfeinden und Rassisten zuwenden. In diesem Zusammenhang möchte ich an das Geheimtreffen in Potsdam Ende November 2023 erinnern, an dem auch AfD-Mitglieder teilgenommen hatten. Ein Thema war offenbar die Vertreibung von Millionen von Menschen aus Deutschland – auch solcher mit deutschem Pass.[215] Deutschland ist auf dem Weg der Spaltung. Dass es so ist, darüber kann es keinen Zweifel geben. So spaltet gerade auch die Debatte um die Themen Klimawandel und Klimaschutz unsere Gesellschaft.

Auf der einen Seite gibt es in Teilen der Politik und der Wirtschaft einen Opportunismus. Ich habe oben auf das Greenwashing von Parteien und Unternehmen hingewiesen, was erkennen lässt, dass es diese mit dem Klimaschutz nicht so ernst nehmen. Auf der anderen Seite gibt es äußerst besorgte Teile der Bevölkerung, denen die Angst vor einer übermäßigen globalen Erwärmung förmlich ins Gesicht geschrieben steht und denen der Klimaschutz nicht schnell genug gehen kann. Die wohl prominenteste Vertreterin dieser Gruppe ist die Bewegung Letzte Generation, die versucht hatte, durch zivilen Ungehorsam, zum Beispiel durch Straßenblockaden oder Lahmlegen des Luftverkehrs, schnellere Klimaschutzmaßnahmen zu erzwingen. Ich halte diese Form des Protestes sowohl für ungerechtfertigt – der Zweck heiligt nicht die Mittel – als auch für kontraproduktiv, weil sie die Polarisierung der Gesellschaft fördert. Außerdem wurde in der Öffentlichkeit kaum noch über das eigentliche Thema diskutiert, welche Klimaschutzmaßnahmen für Deutschland geeignet wären. Die Proteste brachten zudem beträchtliche Teile der Bevölkerung gegen die Letzte Generation und auch gegen die Klimaschutzbewegung insgesamt auf. Völlig unbeteiligte Menschen standen im Stau oder hatten ihr Flugzeug verpasst, was zu viel Unmut geführt hatte. Autofahrer wurden handgreiflich und versuchten die Protestierenden mit Gewalt von der Straße zu entfernen. Ein Autofahrer hatte nach Angaben der Polizei bei einer Straßenblockade in München im August 2023 zwei Protestierende mit Schrittgeschwindigkeit vor sich hergeschoben. Ich verurteile solche Gegenreaktionen aufs Schärfste.

Man kann ein Unrecht nicht durch ein anderes rechtfertigen. Die Letzte Generation lief Gefahr das Gegenteil von dem zu erreichen, was sie eigentlich bezweckte, und der Begriff Klimaschutz hätte zu einem Reizwort werden können. Zum Glück hat die letzte Generation angekündigt, von solchen Blockadeaktionen Abstand zu nehmen. Ich hoffe zudem, dass es für andere gesellschaftliche Gruppen nicht zum Standard wird, ungesetzliche und teilweise gefährliche Mittel zum Durchsetzen ihrer Ziele zu ergreifen. Die teils völlig unakzeptablen Bauernproteste waren hoffentlich die letzten dieser Art, für die es null Toleranz geben darf. Es darf auch nicht mit zweierlei Maß gemessen werden. Während die Mitglieder der Letzten Generation zum Teil in die Nähe von Terroristen gerückt wurden, habe ich solche Stimmen im Zusammenhang mit den eskalierenden Bauernprotesten nicht vernommen. Die Gesellschaft muss endlich wieder zueinander finden und darf nicht auseinanderfallen. Das erfordert eine grundlegende Veränderung in der politischen Auseinandersetzung wie auch im Miteinander der Menschen untereinander und vor allem mehr Gesprächsbereitschaft.

Technologischer Fortschritt

Wie ich in meinem letzten Buch *Countdown* geschrieben habe, bin ich hin- und hergerissen. Auf der einen Seite sehe ich als Wissenschaftler die Fakten, d. h. die nackten Zahlen, und diese lassen wenig Spielraum für Hoffnung. So steigt der Gehalt von CO_2 und der anderen von den Menschen emittierten Treibhausgase in der Atmosphäre weiterhin schnell an, und das nach inzwischen 28 Weltklimakonferenzen. Insofern habe ich erhebliche Zweifel, ob die Menschen wirklich eine Überhitzung der Erde, die die Lebensbedingungen auf der Erde dramatisch verschlechtern würde, vermeiden werden. Andererseits weiß ich aber auch, dass der für die Begrenzung des Klimawandels notwendige Technologiewandel sehr schnell, nämlich innerhalb weniger Jahrzehnte vonstattengehen kann. Das zeigt uns die Geschichte. Der Übergang vom Pferdewagen zum Automobil, der Übergang von der Dampf- zur Diesellokomotive oder der Übergang vom Festnetz- zum Mobiltelefon haben uns vor Augen geführt, wie schnell ein solcher Wandel erfolgen kann. Das aus meiner Sicht Besondere an diesen Beispielen ist die Tatsache, dass die Übergänge erfolgt sind, ohne dass die Menschen bevormundet wurden, und dass sie außerdem vom Wandel profitiert haben. Nur so wird es auch bei der Lösung des Klimaproblems gehen können, wovon ich zutiefst überzeugt bin.

Eine Trendwende beim internationalen Klimaschutz ist derzeit nicht in Sicht. Noch nicht. Ein wenig Hoffnung habe ich mir trotz des bisherigen Versagens der Weltpolitik und der alarmierenden Nachrichten aus den letzten Jahren über den Zustand des Planeten bewahrt. Die Weltgemeinschaft müsste den Umweltschutz als gemeinsames Projekt verstehen, das allen Ländern in ihrer Entwicklung nützt. Wäre das zu viel verlangt von der Gattung Homo sapiens, die den Begriff Vernunft in ihrem Namen trägt? Homo sapiens bedeutet der vernünftige Mensch. Es gibt keine Grenzen für den Erfindergeist der Menschen. Wenn die Rahmenbedingungen stimmen, wird vieles möglich sein, was wir heute als unmöglich erachten, wie zum Beispiel eine weltweite Energiewende innerhalb weniger Jahrzehnte.

In der Folge möchte ich einige wenige Beispiele für die Energieproduktion aus erneuerbaren Quellen beschreiben, die in der Zukunft eine wichtige Rolle spielen könnten, ohne den Anspruch auf Vollständigkeit erheben zu wollen. Dabei werde ich sowohl auf Großprojekte wie auch auf sehr kleinräumige Anwendungen eingehen. Wir müssen das volle Spektrum der Möglichkeiten nutzen, das uns zur Verfügung steht. Vielfalt ist wichtig, auch in der Energieproduktion, weswegen die Energiesysteme der Zukunft standortangepasst sein müssen. Es gibt die Möglichkeiten für eine nachhaltige Energieversorgung, wir müssen sie nur nutzen und konsequent weiterentwickeln.

In der Taiwanstraße vor der Ostküste Chinas beispielsweise ist im Sommer 2023 ein Windrad mit einem Rekord-Rotordurchmesser von 260 Metern in Betrieb genommen worden.[216] Es handelt sich um die derzeit größte Windkraftanlage der Welt. Sie soll bis zu 16 Megawatt (MW) Strom liefern.[217] Kohlekraftwerke erreichen im Schnitt Leistungen zwischen 100 und 1000 MW. Wohlgemerkt, wir sprechen hier über ein einziges Windrad. Die Anlage könnte ungefähr 20 000 durchschnittliche Haushalte in Deutschland mit Strom versorgen. Außerdem senkt sie die Kosten für Offshore-Windparks in einem erheblichen Maße.[218] Jährlich soll das Windrad mindestens 60 Millionen Kilowattstunden Strom erzeugen. Unter Idealbedingungen erzeugt eine einzige Umdrehung des Windrads schon um die 40 Kilowattstunden elektrische Energie. Diese eine Umdrehung reicht aus, um den Akku eines kleineren Elektroautos zu laden. Auch in der EU und den USA wird an immer größeren und damit leistungsfähigeren Windturbinen gearbeitet. Ich gehe davon aus, dass schon bald noch leistungsfähigere Offshore-Windanlagen als die in China auf den Markt kommen werden.

Ein anderes Beispiel für eine innovative Stromerzeugung aus erneuerbaren Quellen kommt aus Deutschland. Südlich von München, in der Kleinstadt Geretsried, entsteht ein neuartiges Geothermiekraftwerk.[219] Geothermische Kraftwerke nutzen die Wärme aus dem Erdinneren. Mit dem neuen Verfahren könnte möglicherweise an vielen Orten in Deutschland Wärme aus der Erde gewonnen werden. In der Anlage in Geretsried will man aus 4500 Metern Tiefe Energie gewinnen. Wärmeschleifen bilden im Untergrund einen riesigen Wärmetauscher. Wasser wird in die Tiefe geleitet, erhitzt sich in dem bis zu 170 Grad heißen Gestein und kommt in dem geschlossenen System mit einer Temperatur von bis zu 120 Grad Celsius wieder an der Oberfläche an. Die Technik wurde bisher nur in einer kleinen Versuchsanlage in der Nähe der kanadischen Stadt Calgary in den Rocky Mountains getestet. Die Anlage in Geretsried soll 2026 fertiggestellt und als grundlastfähiges Kraftwerk zur Stromgewinnung betrieben werden. In einem weiteren Schritt soll die Stadt mit ihren 25 000 Einwohnern an die Fernwärme angeschlossen werden. Die Baukosten der Anlage werden auf 250 bis 300 Millionen Euro beziffert. Das Kraftwerk in Geretsried wird die erste große Anlage weltweit mit dem geschlossenen Geothermiesystem. Das Verfahren scheint vielversprechend zu sein und könnte im Erfolgsfall die Wärmewende weit über die Grenzen Deutschlands hinaus beschleunigen.

Und schließlich erwartet man auch große Fortschritte bei der Entwicklung von neuartigen Solarzellen. Dabei spielen kristalline Substanzen eine wichtige Rolle, die Perowskit genannt werden. Solarzellen auf der Basis von Perowskit könnten schon bald Silizium- und andere Dünnschichtsolarzellen ablösen, die nur einen Wirkungsgrad von etwa 25 Prozent erreichen. Perowskit-Solarzellen versprechen einen deutlich höheren Wirkungsgrad, sie sind relativ günstig in der Herstellung und lassen sich gut mit anderen Materialien zu sogenannten Tandemsolarzellen verbinden. Der Vorteil der neuartigen Tandemtechnologie besteht darin, dass im Gegensatz zu herkömmlichen Solarzellen auch die blauen Lichtanteile genutzt werden können.[220] Perowskit kann die sehr kurzwellige Energie des blauen Lichts auf das Element Ytterbium übertragen, ein silberglänzendes Schwermetall, das wiederum Energie in Form von Licht im nahen Infrarot aussendet. Letzteres kann von Silizium aufgenommen und verarbeitet werden. Kombiniert man diese Materialien in Tandemzellen, können recht hohe Wirkungsgrade erzielt werden. Als gleich zwei Forschungsgruppen über Tandemzellen mit einer Effizienz von über 30 Prozent berichteten, was man mit Fug und Recht als eine kleine Revolution in der Solarzellenentwicklung bezeichnen darf, griff im Juli 2023 das renommierte Wissenschaftsmagazin *Science* die Errungenschaften prominent auf.[221] Um allerdings auf dem Strommarkt bestehen zu können, müssen die neuartigen Solarzellen mindestens 20 Jahre lang mit nur minimalen Beeinträchtigungen funktionieren. Ich bin zuversichtlich, dass wir in den nächsten Jahren enorme Fortschritte bei der Effizienz von Solarzellen sehen werden wie auch noch weiter fallende Preise.

Sonnenenergie kann nicht nur auf Landflächen genutzt werden. Sogenannte Schwimmende Photovoltaik (FPV)[222] bezeichnet Photovoltaikanlagen auf Gewässerflächen. Die Kühlung durch das Wasser ermöglicht es FPV-Anlagen, höhere Erträge im Vergleich zu konventionellen Anlagen an Land zu erzielen. Insbesondere in Asien sind schon vergleichsweise große Anlagen installiert oder in der Planung. China hat die größte schwimmende Solaranlage der Welt in Betrieb. Die befindet sich in der als chinesisches Solar Valley bezeichneten Stadt Dezhou in der chinesischen Provinz Shandong gut 300 Kilometer südlich von Peking. Sie liegt auf einem Stausee und hat eine Leistung von 320 Megawatt (MW).

In Deutschland kämen geflutete Tagebauflächen, Kiesseen und auch Stauseen für die Installation von FPV-Anlagen in Betracht. Die erste und vergleichsweise kleine FPV-Anlage Deutschlands ist seit Ende Mai 2019 mit einer Leistung von knapp 750 Kilowatt (kW) am Netz, auf einem Baggersee in der Nähe der badischen Stadt Renchen.[223] Der Strom wird zum Großteil direkt von dem dortigen Kieswerk verbraucht. Die Anwendungsmöglichkeiten von FPV sind vielfältig. So wäre die Integration von FPV auf Abdeckfolien von landwirtschaftlichen Wasserreservoiren oder Fischfarmen möglich.[224] FPV auf Wasserreservoiren hätte beispielsweise den Vorteil einer geringeren Verdunstung und Verschmutzung, während gleichzeitig Strom für die Pumpanlagen zur Verfügung stünde. Schwimmende Photovoltaik könnte einen wichtigen Beitrag zur Energiewende in Deutschland leisten und die Debatte über die Landnutzung entschärfen. Die schwimmenden Anlagen konkurrieren nicht mit der Landwirtschaft, mit zu schaffendem Wohnraum oder mit dem Naturschutz. Der FPV-Sektor zeigt eine große Wachstumsdynamik. Das Potenzial von schwimmenden PV-Anlagen ist enorm. Es wird geschätzt, dass weltweit bis zu 400 Gigawatt (GW) Strom mit schwimmenden PV-Anlagen erzeugt werden könnten.

Die Nutzung der Solarenergie ist noch längst nicht an ihre Grenzen gestoßen, wie die obigen Beispiele verdeutlichen, wobei ich nicht einmal über die Wüsten der Erde und deren riesiges Energiepotenzial gesprochen habe. Eigentlich beginnt die Welt erst jetzt, das schier unerschöpfliche Potenzial der Sonnenkraft anzuzapfen. Ich erwarte in den nächsten Jahren einen gewaltigen Boom in der Nutzung der Solarenergie, auch weil die Politik immer mehr ihre Vorzüge erkennt und fossile Energie infolge der CO_2-Bepreisung stetig teurer werden wird.

Die weltweiten Pläne zur sogenannten Dekarbonisierung, d. h. dem Ausstieg aus den fossilen Brennstoffen, sehen vor, dass kohlenstofffreie Energiequellen bis 2050 oder 2060 im großen Umfang eingesetzt werden. Dabei ist die Solarenergie die Energieressource mit dem größten Potenzial auf der Erde, und ihre wirtschaftliche Attraktivität nimmt bei steigenden Investitionen in Form eines sich selbst verstärkenden Prozesses schnell zu. Eine neue Studie gibt Hoffnung für eine schnelle und weltweite Energiewende und bezieht sich dabei ausschließlich auf die Sonnenenergie.[225] Die sei nahezu überall auf der Welt verfügbar, und die Kosten für Solaranlagen seien schon deutlich gesunken. Die Solarbranche sei demnach ein lohnendes Investment, sowohl aus Nachhaltigkeitsaspekten als auch für die Menschen, denen die Erderwärmung egal ist. Deshalb werde sich die Sonnenenergie in den nächsten Jahrzehnten als wichtigste Energiequelle durchsetzen. Die Autoren der Studie zeigen, dass aufgrund der technologischen Entwicklung, die durch die Politik der Vergangenheit bereits in Gang gesetzt wurde, schon ein globaler Kipppunkt überschritten sein könnte, ab dem die Solarenergie die globalen Strommärkte erobert, ohne dass weitere klimapolitische Maßnahmen erforderlich wären. Unsicherheiten würden sich jedoch hinsichtlich der Netzstabilität in einem von erneuerbaren Energien dominierten Stromsystem, der Verfügbarkeit ausreichender Finanzmittel in unterentwickelten Volkswirtschaften, der Kapazität der Lieferketten und des politischen Widerstands in Regionen, die Arbeitsplätze verlieren könnten, ergeben. Politische Maßnahmen zur Beseitigung dieser Hindernisse könnten möglicherweise wirksamer sein als Preisinstrumente, um den Übergang zu sauberer Energie zu beschleunigen, so die Autoren. Mit diesem positiven Ausblick möchte ich dieses Buch beenden in der Hoffnung, dass das als unmöglich Erscheinende doch noch möglich wird.

Anmerkungen

1 https://www.un.org/en/conferences/environment/stockholm1972

2 https://www.mauricestrong.net/index.php?option=com_content&view=article&id=154&Itemid=78

3 https://clubofrome.de/die-grenzen-des-wachstums/

4 https://www.oxfam.org/en/press-releases/richest-1-emit-much-planet-heating-pollution-two-thirds-humanity

5 https://www.oxfam.de/presse/pressemitteilungen/2022-11-07-klimakiller-reichtum-milliardaer-verursacht-so-viel

6 https://www.oxfam.org/en/research/inequality-inc

7 Der im Jahr 1957 geschaffene S&P 500 Index (Standard & Poor's 500 Index) ist einer der am meisten beachteten Aktien-Indizes der Welt. Er bildet die Kursentwicklung der 500 größten börsennotierten US-Unternehmen ab und repräsentiert damit ca. 75 % des US-amerikanischen Aktienkapitals.

8 https://policy-practice.oxfam.org/resources/carbon-billionaires-the-investment-emissions-of-the-worlds-richest-people-621446/

9 https://archive.org/details/systemerror2017

10 https://www.mpp.mpg.de/forschung/stringtheorie

11 Infrarotstrahlung ist für das menschliche Auge nicht sichtbar. Sie wird auch als Wärmestrahlung bezeichnet.

12 https://climate.copernicus.eu/global-climate-highlights-2023

13 https://www.science.org/doi/10.1126/science.adi5177

14 ppm: parts per million, Teile pro eine Million.

15 https://www.quarks.de/podcast/quarks-science-cops-der-fall-eike-so-dreist-tricksen-klimawandel-verharmloser/

16 Die CO_2-Emissionen sind energiebedingt (fossil) oder auf Landnutzungsänderungen zurückzuführen, wobei Erstere mit etwa 90 Prozent den Löwenanteil beitragen.

17 https://climate.copernicus.eu/global-temperature-exceeds-2degc-above-pre-industrial-average-17-november

18 https://www.meteoschweiz.admin.ch/ueber-uns/meteoschweiz-blog/de/2023/08/die-rekorde-purzeln.html#:~:text=im%20Voraus%20zeigten.-,Nicht%20nur%20an%20zahlreichen%20Messstationen%20wurden%20f%C3%BCr%20die%20zweite%20Augusth%C3%A4lfte,Montag%20auf%20rekordhohe%205298%20Meter.

19 https://www.carbonbrief.org/state-of-the-climate-2023-smashes-records-for-surface-temperature-and-ocean-heat/

20 Cheng, L., Abraham, J., Trenberth, K.E. et al. New Record Ocean Temperatures and Related Climate Indicators in 2023. Adv. Atmos. Sci. (2024). https://doi.org/10.1007/s00376-024-3378-5

21 Es gibt eine geringfügige Abhängigkeit vom verwendeten Datensatz.

22 La Niña ist eine natürliche Abkühlung des tropischen Pazifiks, die alle paar Jahre auftritt, und die Gegenphase zu El Niño.

23 1 ZJ (Zettajoule) sind 10^{21} Joule (eine 1 mit 21 Nullen dahinter). 1J = 1 Ws. 10,7 ZJ entsprechen der von der Sonne auf die Erdoberfläche abgestrahlten Energie pro Tag.

24 https://www.eurekalert.org/news-releases/1030710

25 Diese Konferenz muss unterschieden werden von den Vertragsstaatenkonferenzen (COPs), die alljährlich unter dem Dach der Vereinten Nationen stattfinden.

26 https://www.ndr.de/geschichte/chronologie/Schneekatastrophe-im-Winter-1978-79-Erneuter-Alarm-im-Februar,schneekatastrophe222.html

27 Flohn, Hermann (1941): Die Tätigkeit des Menschen als Klimafaktor. In: Zeitschrift für Erdkunde 9, 13–22.

28 https://www.unep.org/resources/emissions-gap-report-2023

29 Ins Deutsche übersetzt heißt der Bericht aus dem Jahr 2022: »Emissionslückenbericht 2022: Das sich schließende Fenster – Die Klimakrise erfordert eine rasche Umgestaltung der Gesellschaft«.

30 https://www.unep.org/resources/emissions-gap-report-2022?gclid=EAIaIQobChMI6qD3uq7w_wIVYQYGAB3xcALfEAAYASAAEgLR-PD_BwE

31 https://web.de/magazine/wissen/psychologie/neurowissenschaftler-henning-beck-erklaert-denkfehler-schaffen-38769198

32 https://www.dwd.de/DE/presse/pressemitteilungen/DE/2023/20230830_deutschlandwetter_sommer2023_news.html

33 https://www.dwd.de/DE/presse/pressemitteilungen/DE/2023/20230929_deutschlandwetter_september2023_news.html

34 https://www.bundesregierung.de/breg-de/schwerpunkte/klimaschutz/kosten-klimawandel-2170246

35 https://www.dwd.de/DE/service/lexikon/Functions/glossar.html?lv3=100732&lv2=100652

36 https://climate.copernicus.eu/summer-2023-hottest-record

37 https://www.spektrum.de/news/der-sommer-2023-ist-der-heisseste-seit-aufzeichnungsbeginn/2177724#:~:text=%C2%BBUnser%20Klima%20implodiert%20schneller%2C%20als,Guterres%20zu%20den%20Copernicus%2DDaten.

38 https://public.wmo.int/en/media/press-release/global-temperatures-set-reach-new-records-next-five-years

39 https://www.tagesschau.de/ausland/europa/spanien-katalonien-duerre-notstand-100.html

40 https://www.zeit.de/wissen/umwelt/2024-02/katalonien-duerre-spanien-wassernotstand-fs

41 https://www.br.de/nachrichten/deutschland-welt/schwere-unwetter-in-italien-tote-nach-ueberschwemmungen,TeatxGn

42 https://www.auswaertiges-amt.de/de/ReiseUndSicherheit/italiensicherheit/211322#content_0

43 https://www.merkur.de/welt/klimawandel-italien-wetter-experten-warnung-prognose-alarmstufe-rot-trockenheit-duerre-wassermangel-zr-92285682.html

44 Eine Niederschlagshöhe von 1 Millimeter (mm) entspricht der Niederschlagsmenge von 1 Liter auf den Quadratmeter (l/m²).

45 Das Wort Medicane setzt sich aus Mediterranean (Mittelmeer) und Hurricane (Hurrikan) zusammen.

46 https://www.dwd.de/DE/service/lexikon/begriffe/M/Medicane.html?view=renderHelp

47 https://www.dwd.de/DE/service/lexikon/begriffe/S/Saffir-Simpson-Hurrikanskala.html

48 http://www.ceam.es/ceamet/SST/SST-trend.html

49 https://www.worldweatherattribution.org/interplay-of-climate-change-exacerbated-rainfall-exposure-and-vulnerability-led-to-widespread-impacts-in-the-mediterranean-region/

50 Ein Hektar (ha) entspricht einem Quadrat von 100 x 100 Metern, also 10 000 Quadratmetern (m²). Das ist etwa die Größe eines Fußballfeldes.

51 https://www.epa.gov/laws-regulations/summary-clean-air-act

52 https://www.nbcnews.com/news/us-news/live-blog/poor-air-quality-live-updates-rcna91545

53 https://www.nature.com/articles/s41586-023-06398-6

54 https://www.worldweatherattribution.org/extreme-heat-in-north-america-europe-and-china-in-july-2023-made-much-more-likely-by-climate-change/

55 https://climatereanalyzer.org/clim/sst_daily/

56 https://svs.gsfc.nasa.gov/14312

57 Als Zyklon wird ein tropischer Wirbelsturm über dem Indischen Ozean bezeichnet. Über dem Atlantik heißen tropische Wirbelstürme Hurrikane.

58 https://www.nesdis.noaa.gov/news/tropical-cyclone-freddy-breaks-records-lashing-madagascar

59 https://newsroom.unsw.edu.au/news/science-tech/cyclone-ilsa-just-broke-australian-wind-speed-record-expert-explains-why-science#:~:text=Ilsa%20smashed%20into%20the%20largely,about%20218%20kilometres%20per%20hour.

60 Es gibt 5 Kategorien für tropische Wirbelstürme, wobei die Kategorie 5 die stärkste ist.

61 https://www.nesdis.noaa.gov/news/category-5-hurricane-otis-devastates-acapulco-mexico

62 Ein Tropensturm ist die Vorstufe eines Hurrikans.

63 https://www.nature.com/articles/s41467-023-40605-2

64 https://www.dwd.de/DE/forschung/wettervorhersage/num_modellierung/01_num_vorhersagemodelle/numerischevorhersagemodelle_node.html;jsessionid=0E031B066727241422A5C09A51FB07B0.live31094

65 Die Änderung der durchschnittlichen horizontalen Windgeschwindigkeit und -richtung mit der Höhe wird als vertikale Windscherung bezeichnet.

66 https://www.dwd.de/DE/wetter/thema_des_tages/2017/7/13.html

67 https://www.noaa.gov/news/record-shattering-earth-had-its-hottest-july-in-174-years

68 https://www.woodwellclimate.org/staff/jennifer-francis/

69 https://edition.cnn.com/2023/07/08/world/extreme-global-temperature-heat-records-climate/index.html

70 https://www.ipcc.ch/sr15/

71 https://www.de-ipcc.de/256.php

72 William D. Nordhaus, Can We Control Carbon Dioxide?, IIASA Working Paper 75-63, Laxenburg 1975, S. 22f.

73 https://www.bpb.de/shop/zeitschriften/apuz/32582/warum-zwei-grad/

74 https://www.nobelprize.org/prizes/economic-sciences/2018/press-release/

75 https://unfccc.int/most-requested/key-aspects-of-the-paris-agreement

76 Wobei es genau heißt »deutlich unter 2 Grad«, was aber nicht näher definiert wurde.

77 https://journals.ametsoc.org/view/journals/bams/98/9/bams-d-16-0007.1.xml

78 https://www.nature.com/articles/d41586-023-03775-z#ref-CR3

79 https://www.science.org/doi/10.1126/science.aah3443

80 https://www.who.int/europe/news/item/07-11-2022-statement---climate-change-is-already-killing-us--but-strong-action-now-can-prevent-more-deaths

81 Ballester, J., Quijal-Zamorano, M., Méndez Turrubiates, R.F. et al. Heat-related mortality in Europe during the summer of 2022. Nat Med (2023). https://doi.org/10.1038/s41591-023-02419-z

82 https://www.rki.de/DE/Content/GesundAZ/H/Hitzefolgekrankheiten/Bericht_Hitzemortalitaet.html

83 https://www.who.int/europe/news/item/07-11-2022-statement---climate-change-is-already-killing-us--but-strong-action-now-can-prevent-more-deaths

84 https://www.rki.de/DE/Content/GesundAZ/K/Klimawandel_Gesundheit/KlimGesundAkt.html

85 https://www.bundesgesundheitsministerium.de/ministerium/meldungen/lauterbach-hitzeschutz-ist-lebensschutz.html

86 https://www.bmz.de/de/themen/one-health

87 https://www.bmuv.de/themen/gesundheit/gesundheit-im-klimawandel/ueberblick-gesundheit-im-klimawandel

88 https://www.bmuv.de/themen/gesundheit/gesundheit-im-klimawandel/infektionserreger

89 https://www.who.int/news-room/fact-sheets/detail/climate-change-and-health

90 https://cop28healthletter.com/

91 https://www.mpg.de/21184507/luftverschmutzung-fossile-brennstoffe-todesfaelle

92 https://www.klimareporter.de/klimakonferenzen/124-laender-unterschreiben-historische-deklaration-zu-klima-und-gesundheit

93 https://forestdeclaration.org/resources/forest-declaration-assessment-2023

94 https://www.wwf.de/2023/oktober/wwf-trendumkehr-bei-globaler-entwaldung-nicht-erreicht

95 https://www.wri.org/forests

96 https://webarchive.nationalarchives.gov.uk/ukgwa/20230418175226/https://ukcop26.org/glasgow-leaders-declaration-on-forests-and-land-use/

97 https://www.bmel.de/DE/themen/wald/waelder-weltweit/entwaldungsfreie-Lieferketten-eu-vo.html

98 https://www.tagesschau.de/wirtschaft/umweltschutz-importverbot-rohstoffe-entwaldungsgebiete-101.html

99 https://www.dw.com/de/eu-gesetz-zum-schutz-des-amazonas/a-63996440

100 https://auroraer.com/

101 https://www.ndr.de/nachrichten/schleswig-holstein/Schottergaerten-trotz-Verbots-Husum-will-mehr-kontrollieren,schotter116.html

102 https://www.bund-sh.de/presse/pressemitteilungen/detail/news/bund-sh-begruesst-erlass-zu-schottergaerten/

103 https://www.bpb.de/themen/nordamerika/usa/317398/der-vietnamkrieg/

104 https://www.bmuv.de/themen/europa-internationales/internationales/das-umweltprogramm-der-vereinten-nationen

105 https://www.bmz.de/de/service/lexikon/klimaabkommen-von-paris-14602

106 https://www.bundesfinanzministerium.de/Content/DE/Pressemitteilungen/Briefmarken/2022/2022-05-13-sonderpostwertzeichen-50-jahre-weltumweltkonferenz.html

107 https://www.zukunftsinstitut.de/artikel/der-corona-effekt-4-zukunftsszenarien/

108 https://www.deutschlandfunknova.de/beitrag/klimakrise-warum-wir-die-erderwaermung-so-gut-verdraengen-koennen

109 Im Englischen spricht man von dem »runaway greenhouse effect«.

110 https://www.netflix.com/de/title/81252357

111 https://www.kino.de/film/dont-look-up-2021/news/dont-look-up-ende-darum-liebt-leonardo-dicaprio-das-finale-des-netflix-films-so-sehr/

112 https://www.spiegel.de/politik/deutschland/klimaschutz-haelfte-der-deutschen-findet-klimaschutzpolitik-vergleichsweise-unwichtig-spiegel-umfrage-a-f674ad9f-9b67-448c-ad6a-cb37b5a59b5e

113 https://www.dwd.de/DE/klimaumwelt/klimaueberwachung/deutschland/brdmap_ubr_text_aktl_zz.html

114 Friedmann erhielt 1976 den Wirtschaftsnobelpreis.

115 https://www.nytimes.com/1970/09/13/archives/a-friedman-doctrine-the-social-responsibility-of-business-is-to.html

116 https://www.genonachrichten.de/2016/03/22/sparda-muenchen-mit-gemeinwohlbilanz-von-332-auf-559-punkte/

117 https://www.handelsblatt.com/unternehmen/energie/energie-gaskrise-sorgt-fuer-milliardengewinn-bei-rwe/28798318.html

118 https://thischangeseverything.org/book/. Auf Deutsch »Die Entscheidung: Kapitalismus vs. Klima« (2016).

119 https://www.umweltbundesamt.de/greenwashing-sustainable-finance#die-nachfrage-nach-glaubwurdigkeit

120 https://www.zdf.de/zdfunternehmen/nachhaltigkeit-green-production-110.html

121 https://expertenrat-klima.de/content/uploads/2023/08/ERK2023_Stellungnahme-Klimaschutzprogramm_Pruefbericht-2023-Gebaeude-Verkehr_Pressemitteilung.pdf

122 https://www.agora-energiewende.de/aktuelles/deutschlands-co2-ausstoss-sinkt-auf-rekordtief-und-legt-zugleich-luecken-in-der-klimapolitik-offen

123 https://www.energycomment.de/new-report-the-dirty-dozen/

124 CCS: Carbon Capture and Storage.

125 https://www.sueddeutsche.de/wirtschaft/shell-rekordgewinn-energiepreise-1.5743696

126 https://www.theguardian.com/business/2024/jan/01/oil-companies-shareholders-payouts-bp-shell-chevron-exxonmobil-totalenergies

127 1 Billion sind 1000 Milliarden.

128 https://climateanalytics.org/press-releases/oil-and-gas-majors-could-have-paid-for-their-share-of-climate-loss-and-damage-and-still-earned-10-trillion-usd-new-report

129 https://influencemap.org/pressrelease/Big-Oil-s-Low-Carbon-Investments-and-Lobbying-Do-Not-Match-its-Green-PR-19648

130 https://influencemap.org/pressrelease/Big-Oil-s-Low-Carbon-Investments-and-Lobbying-Do-Not-Match-its-Green-PR-19648

131 https://www.wiwo.de/unternehmen/energie/pioneer-natural-resources-oelriese-exxon-kauft-konkurrenten-fuer-fast-60-milliarden-dollar/29439964.html

132 https://www.nytimes.com/2023/09/15/business/california-oil-lawsuit-newsom.html

133 https://www.faz.net/aktuell/wirtschaft/unternehmen/ex-dws-chef-woehrmann-ging-mit-8-millionen-euro-abfindung-18756701.html

134 https://www.finanzwende.de/themen/oekologische-finanzwende/greenwashing-champion-dws/

135 https://www.handelsblatt.com/finanzen/banken-versicherungen/banken/ex-dws-nachhaltigkeitschefin-fuer-greenwashing-ist-das-eine-hohe-strafe/29412168.html

136 https://www.ifo.de/medienbeitrag/2019-07-12/was-uns-die-energiewende-wirklich-kosten-wird#:~:text=Die%20kumulativen%20systemischen%20Mehrkosten%20f%C3%BCr,Bruttoinlandsprodukts%20aus%20dem%20Jahr%202018.

137 https://aktuell.uni-bielefeld.de/2022/11/02/wie-beschleunigt-der-klimawandel-das-artensterben/

138 https://unfccc.int/resource/docs/convkp/convger.pdf

139 https://www.aerzteblatt.de/nachrichten/146897/Appell-fuer-Anerkennung-von-Klimakrise-als-Gesundheitsnotstand

140 Pörtner, H.-O., Scholes R. J., Agard J. et al. Scientific outcome of the IPBES-IPCC co-sponsored workshop on biodiversity and climate change. IPBES Secretariat, 2021. doi:10.5281/zenodo.4659159

141 https://www.klimawandel-gesundheit.de/planetary-health/

142 Ripple, William J. et al. «Many risky feedback loops amplify the need for climate action.« One Earth 6.2 (2023): 86-91

143 https://easac.eu/publications/details/key-messages-from-european-science-academies-for-unfccc-cop26-and-cbd-cop15

144 https://gml.noaa.gov/ccgg/trends/gr.html

145 Der Anstieg belief sich von ca. 180 ppm während des Höhepunkts der letzten Eiszeit auf ca. 280 ppm in der vorindustriellen Zeit.

146 https://www.carbonbrief.org/analysis-global-co2-emissions-could-peak-as-soon-as-2023-iea-data-reveals/

147 https://wiki.bildungsserver.de/klimawandel/index.php/Verbleibendes_CO2-Budget

148 https://www.mcc-berlin.net/forschung/co2-budget.html (Stand 26. Juli 2023)

149 https://www.globalcarbonproject.org/carbonbudget/22/files/GCP_CarbonBudget_2022.pdf

150 https://www.nature.com/articles/s41558-023-01848-5

151 Als Aerosole werden in der Meteorologie feste oder flüssige, in der Atmosphäre schwebende Partikel bezeichnet.

152 https://www.geomar.de/news/article/climate-engineering-geringes-potential-grosse-nebenwirkungen

153 https://www.fr.de/wissen/verdunkelung-sonne-erderwaermung-klimawandel-umstrittenes-geoengineering-usa-veroeffentlichen-bericht-92383393.html

154 https://www.de-ipcc.de/350.php

155 https://www.ipcc.ch/report/ar6/wg1/downloads/report/IPCC_AR6_WGI_FOD_Chapter04.pdf

156 https://www.ecowatch.com/geoengineering-scientists-climate-change.html

157 https://agupubs.onlinelibrary.wiley.com/doi/epdf/10.1029/2023EF003663

158 https://journals.ametsoc.org/view/journals/clim/25/18/jcli-d-11-00655.1.xml

159 https://www.geomar.de/der-ozean-als-klimaschuetzer/kohlenstoffaufnahme-im-ozean/alkalinitaetserhoehung-im-ozean#:~:text=Wenn%20man%20Mineralien%20wie%20Silikat,ins%20Oberfl%C3%A4chenwasser%20des%20Ozeans%20eingeleitet.

160 https://www.domradio.de/artikel/geruechte-um-drei-buchstaben

161 Die gefühlte Temperatur drückt aus, wie ein Mensch die Temperatur in seiner Umgebung wahrnimmt.

162 https://climate.copernicus.eu/european-summer-2023-season-contrasting-extremes

163 https://www.tagesschau.de/ausland/afrika/weltklimakonferenz-119.html

164 https://www.reuters.com/world/asia-pacific/australia-offer-climate-refuge-all-residents-tuvalu-report-2023-11-10/

165 https://www.dw.com/de/inselstaat-tuvalu-gr%C3%BCndet-erste-digitale-nation/a-63803995

166 Stand 2021, https://de.statista.com/statistik/daten/studie/179260/umfrage/die-zehn-groessten-c02-emittenten-weltweit/

167 https://climatereanalyzer.org/clim/t2_daily/?dm_id=world

168 https://www.t-online.de/nachrichten/panorama/wetter/id_100208436/klimakrise-ausser-kontrolle-wie-das-extremwetter-nordamerika-im-griff-hat.html

169 www.ipcc.ch

170 dpa-infocom, dpa:230716-99-419031/2

171 https://climateactiontracker.org/countries/germany/

172 https://www.theguardian.com/world/2022/nov/22/fears-over-oil-producers-influence-with-uae-as-next-host-of-cop-climate-talks

173 https://climatenetwork.org/2023/12/05/press-release-fossil-fuel-companies-getting-away-with-murder-as-cop28-sees-lobbyist-explosion/

174 https://www.zdf.de/nachrichten/politik/ausland/klimakonferenz-un-cop28-lobbyisten-oel-gas-100.html#xtor=CS5-281

175 https://www.tagesschau.de/ausland/asien/cop-klimakonferenz-dubai-100.html

176 https://climatenetwork.org/

177 https://www.bundesregierung.de/breg-de/themen/internationale-zusammenarbeit-g7-g20/das-ist-g20-387324

178 https://www.globalcarbonproject.org/carbonbudget/

179 1 Barrel sind 159 Liter

180 https://www.theguardian.com/environment/2023/dec/03/back-into-caves-cop28-president-dismisses-phase-out-of-fossil-fuels

181 https://www.smard.de/page/home/topic-article/444/209624

182 LNG (Liquefied Natural Gas) ist Englisch und bedeutet verflüssigtes Erdgas.

183 https://www.tagesschau.de/wirtschaft/weltwirtschaft/china-ausbau-kohlekraftwerke-101.html

184 https://energyandcleanair.org/publication/china-permits-two-new-coal-power-plants-per-week-in-2022/

185 Die Prozentzahlen geben die Wahrscheinlichkeit an, mit der man ein bestimmtes Ziel erreichen kann.

186 https://www.de-ipcc.de/media/content/Hauptaussagen_AR6-SYR.pdf

187 https://www.zsw-bw.de/presse/aktuelles/detailansicht/news/detail/News/erneuerbare-energien-deckten-2023-erstmals-mehr-als-die-haelfte-des-stromverbrauchs.html

188 https://www.focus.de/finanzen/news/energiewende-deutsche-solar-industrie-ist-abhaengig-von-china_id_186254542.html

189 https://www.wiwo.de/technologie/wirtschaft-von-oben/wirtschaft-von-oben-222-uran-aus-dem-niger-hier-braut-sich-das-naechste-energieproblem-fuer-europa-zusammen/29295338.html

190 https://www.fr.de/politik/atomkraft-grossbritannien-plant-mit-teurem-strom-92776895.html

191 https://www.spiegel.de/wirtschaft/unternehmen/grossbritannien-atomkraftwerk-hinkley-point-c-wird-immer-mehr-zum-milliardengrab-a-fae5f821-b3a9-4786-b924-34a1fa94f6f9

192 https://www.dehst.de/SharedDocs/pressemitteilungen/DE/2024_001_jahresabschluss-2023-euets-nehs.html

193 https://www.afd.de/energie-umwelt-klima/

194 https://www.sueddeutsche.de/wirtschaft/welthandel-fischereiabkommen-auf-wto-konferenz-gescheitert-dpa.urn-newsml-dpa-com-20090101-240301-99-188721

195 https://www.wwf.de/2024/februar/wto-im-trueben-gefischt

196 https://www.zdf.de/nachrichten/politik/lanz-afd-klima-kotre-energiewende-russland-100.html

197 https://epub.wupperinst.org/frontdoor/deliver/index/docId/7606/file/7606_CO2-neutral_2035.pdf

198 https://climateactiontracker.org/global/temperatures/

199 https://www.tagesschau.de/wirtschaft/china-erneuerbare-energien-100.html

200 1 GW = 1 Milliarde Watt, 1 MW = 1 Million Watt

201 https://www.latimes.com/california/story/2023-12-05/socal-to-vegas-in-two-hours-high-speed-rail-comes-closer-to-reality-with-3-billion-award

202 https://www.auto-motor-und-sport.de/verkehr/usa-biden-epa-schaerfere-abgasregeln-emissionsvorschriften/

203 https://www.bertelsmann-stiftung.de/de/unsere-projekte/nachhaltig-wirtschaften/projektnachrichten/inflation-reduction-act

204 https://www.bild.de/politik/inland/politik-inland/arbeitgeber-chef-schlaegt-voll-alarm-klimaschutz-macht-die-wirtschaft-kaputt-86218984.bild.html

205 https://www.bundesverfassungsgericht.de/SharedDocs/Pressemitteilungen/DE/2021/bvg21-031.html

206 https://www.zitate.eu/autor/walter-scheel-zitate/280792

207 https://www.deutschlandfunk.de/wachstumschancengesetz-wirtschaft-100.html

208 https://www.sueddeutsche.de/politik/schutz-bundesverfassungsgericht-karlsruhe-union-blockade-bundesregierung-1.6386257

209 https://www.verfassungsschutz.de/SharedDocs/pressemitteilungen/DE/2022/pressemitteilung-2022-1-afd.html

210 https://www.zeit.de/politik/2022-04/umfrage-tempolimit-autobahn-lindner-130

211 https://www.spiegel.de/panorama/justiz/bauernproteste-in-brandenburg-misthaufen-und-guelle-auf-der-strasse-fuenf-verletzte-a-c4610ba7-ae60-4e56-9ddd-a6bd5d6369ed

212 https://www.morgenpost.de/politik/article238097047/usa-tod-lebenserwartung-zahlen-ursache.html

213 https://www.fr.de/politik/wahlsieg-trump-usa-praesident-energiepolitik-rueckschritt-klimawandel-92793202.html

214 https://www.derstandard.de/story/2000129639526/welche-verbindungen-es-zwischen-der-deutschen-afd-und-oesterreich-gibt

215 https://www.tagesschau.de/inland/innenpolitik/afd-neonazis-geheimtreffen-100.html

216 https://www.t-online.de/digital/aktuelles/id_100215946/groesstes-windrad-der-welt-260-meter-rotor-mit-16-megawatt-in-china.html

217 1 Megawatt ist 1 Million Watt

218 Unter Offshore-Windenergie versteht man die Stromerzeugung durch Windparks auf dem Meer.

219 https://www.tagesschau.de/wirtschaft/energie/geothermie-geretsried-100.html

220 https://efahrer.chip.de/news/geniale-effizienz-solarfolie-faengt-verschwendete-lichtwellenlaengen-ein_108750

221 Science Vol. 369, No. 6511

222 engl. »Floating Photovoltaics «

223 https://www.enbw.com/unternehmen/eco-journal/schwimmende-photovoltaikanlage.html

224 https://www.ise.fraunhofer.de/de/leitthemen/integrierte-photovoltaik/schwimmende-photovoltaik-fpv.html

225 https://www.nature.com/articles/s41467-023-41971-7

Über den Autor

© Jan Steffen IFM Geomar

MOJIB LATIF, geb. 1954, ist Professor am GEOMAR Helmholtz-Zentrum für Ozeanforschung Kiel und wurde im Jahre 2000 mit dem »Max-Planck-Preis *für öffentliche Wissenschaft*« ausgezeichnet. 2015 erhielt er den »Deutschen Umweltpreis« der Deutschen Bundesstiftung Umwelt. Im Oktober 2023 hat er von Bundespräsident Frank-Walter Steinmeier den Verdienstorden der Bundesrepublik Deutschland verliehen bekommen. Er ist Autor mehrerer Bestseller, die sich mit dem Klimawandel befassen.

Über das Buch

»Aufgrund unserer Sorglosigkeit sind wir Menschen nicht sehr gut darin, herannahende Krisen zu erkennen. Mit jedem Jahr des Aussitzens des Klimaproblems wird es schwieriger, die Temperatur an der Erdoberfläche auf einem Niveau zu stabilisieren, das man noch als lebensfreundlich bezeichnen würde. Wir müssen uns entscheiden. Wie viel ist uns das Klima wert? Soll es eine Ramschware bleiben, soll es weiterhin ein Spekulationsobjekt an den Börsen sein? Denn am Ende ist das die Frage, die die Menschen beantworten müssen.« *Mojib Latif*